普通高等教育机电类专业系列教材

AutoCAD 基础教程及应用实例
（2022 版）

主编　潘苏蓉　杨舒宇

参编　梁　迪　李　莉　张天瑞　刘　飒

机械工业出版社

本书以 AutoCAD 2022 为基础，内容编排由浅入深，通过典型案例介绍了 AutoCAD 2022 的主要功能、绘图过程与应用技巧。

全书共分 12 章，每章学习过程中的注意事项都是编者应用该软件时的切身体会，同时也充分考虑到教师的授课方式及学生与自学者的学习习惯。书中列举了较多绘图设计实例，并给出了详细操作步骤和解题要点，侧重于动手实践和实际应用。读者按本书脉络实践后，能循序渐进地掌握及灵活使用 AutoCAD 2022，进而能够解决相关的工程实际问题。

本书可作为高等院校的 AutoCAD 基础教程及培训班的学习教材，也可供从事计算机辅助设计的相关工程技术人员使用，同时也是读者自学 AutoCAD 2022 的实用参考书。

本书配有电子课件，凡使用本书作为教材的教师可登录机械工业出版社教育服务网 www.cmpedu.com 注册后下载。咨询电话：010-88379375。

图书在版编目（CIP）数据

AutoCAD 基础教程及应用实例：2022 版/潘苏蓉，杨舒宇主编. —北京：机械工业出版社，2023.12（2025.1 重印）

普通高等教育机电类专业系列教材

ISBN 978-7-111-74151-0

Ⅰ.①A… Ⅱ.①潘… ②杨… Ⅲ.①AutoCAD 软件-高等学校-教材 Ⅳ.①TP391.72

中国国家版本馆 CIP 数据核字（2023）第 205158 号

机械工业出版社（北京市百万庄大街 22 号 邮政编码 100037）
策划编辑：薛 礼 责任编辑：薛 礼 赵晓峰
责任校对：肖 琳 张 薇 封面设计：张 静
责任印制：邓 博
北京盛通数码印刷有限公司印刷
2025 年 1 月第 1 版第 3 次印刷
184mm×260mm·19.5 印张·479 千字
标准书号：ISBN 978-7-111-74151-0
定价：59.00 元

电话服务 网络服务
客服电话：010-88361066 机 工 官 网：www.cmpbook.com
　　　　　010-88379833 机 工 官 博：weibo.com/cmp1952
　　　　　010-68326294 金 书 网：www.golden-book.com
封底无防伪标均为盗版 机工教育服务网：www.cmpedu.com

前　言

党的二十大报告指出：教育、科技、人才是全面建设社会主义现代化国家的基础性、战略性支撑。统筹职业教育、高等教育、继续教育协同创新，推进职普融通、产教融合、科教融汇，优化职业教育类型定位。编写本书旨在贯彻落实国家科教兴国战略，推动计算机辅助设计技术的应用和创新，为我国现代化建设提供技术人才支撑。

本书由浅入深，详细地介绍了 AutoCAD 2022 的使用方法和功能；在编写上突出实用性、创新性的特点，介绍了 AutoCAD 2022 在绘图方面的使用方法及技巧，做到理论知识浅显易懂，实际训练内容丰富；选取实例具有代表性和针对性，基础知识与实例有机结合，软件命令与实际应用有机结合。同时，本书每章后面附有思考与练习，读者可以自行检测相关基础知识的应用能力。通过相关拓展训练，读者可以充实思想内涵，进行探索创新。

全书共分为 12 章。第 1 章简要介绍 AutoCAD 2022 的用户界面、文件和命令等内容。第 2 章介绍了 AutoCAD 2022 的基础操作，主要包括坐标系、坐标输入、图形显示控制和精确绘图功能等内容。第 3 章和第 4 章分别介绍了二维图形的绘制和编辑方法。第 5 章介绍了图层的设置与对象特性的控制。第 6 章和第 7 章分别介绍了文本、表格及尺寸的标注方法。第 8 章介绍了图块的操作与外部参照。第 9 章介绍了图形输出，包括模型与布局、图形打印输出的方法等。第 10 章介绍了 AutoCAD 2022 的其他功能，包括查询对象信息、设计中心及参数化绘图等内容。第 11 章介绍了 AutoCAD 2022 三维图形的绘制基础。第 12 章着重介绍了常用的绘图实例，展示了该软件在工程应用中的实用性。

本书第 1、2、12 章由潘苏蓉编写，第 3~6 章由李莉、张天瑞共同编写，第 7~9 章由杨舒宇、刘飒共同编写，第 10、11 章由梁迪编写，全书由潘苏蓉统稿。在本书的审核过程中，冯申、黄晓光老师给予了很多宝贵的建议和无私的帮助，在此深表感谢。

由于编者水平有限，书中难免存在不足之处，希望广大读者批评指正。

编　者

目录

第1章

AutoCAD 2022概述

CAD 是 Computer Aided Design 的缩写，指计算机辅助设计。AutoCAD 是目前应用较广泛的 CAD 软件，具有完善的图形绘制功能和强大的图形编辑功能，可采用多种方式进行二次开发或用户定制，可进行多种图形格式的转换，具有较强的数据交换能力，同时支持多种硬件设备和操作平台，还可以通过多种应用软件适应于建筑、机械、测绘、电子、园林、服装以及航空航天等行业的设计需求。

1.1 AutoCAD 2022 的启动与退出

1.1.1 AutoCAD 2022 的启动

1. 桌面快捷方式

AutoCAD 2022 安装完毕后，Windows 桌面上将添加一个快捷方式图标，如图 1-1 所示。双击快捷方式图标即可启动 AutoCAD 2022。

2. 打开 DWG 类型文件方式

在已安装 AutoCAD 2022 软件的情况下，通过双击已建立的 AutoCAD 图形文件（＊.dwg）可启动 AutoCAD 2022 并打开该文件。

图 1-1　桌面快捷方式图标

3. 开始菜单方式

AutoCAD 2022 安装完毕后，Windows 操作系统的"开始"→"程序"项里将生成一个名为"AutoCAD 2022"的程序组 ![AutoCAD 2022 - 简体中文 (Simplified Chinese)]，单击它即可启动 AutoCAD 2022。

1.1.2 AutoCAD 2022 的退出

退出 AutoCAD 2022 程序常用的几种方式如下。

1. 程序按钮方式

单击 AutoCAD 2022 界面右上角的"关闭"按钮 ![X]，退出 AutoCAD 2022 程序。

2. 菜单方式

双击"应用程序菜单"按钮 ![A]，或单击"应用程序菜单"按钮 ![A]→"关闭"，或单击菜单栏的"文件"→"退出"，退出 AutoCAD 2022 程序。

3. 命令输入方式

在命令行输入"Quit"或"Exit"后按<Enter>键，退出 AutoCAD 2022 程序。

1.2 AutoCAD 2022 的用户界面

启动 AutoCAD 2022 程序后，AutoCAD 2022 的用户界面默认显示"开始"选项卡，如图 1-2 所示。可以查看最近使用的文档、打开已有图形文件或新建图形文件。

注意：在 AutoCAD 2022"开始"选项卡中，单击"新建"按钮，可基于默认的图形样板文件创建新图形。

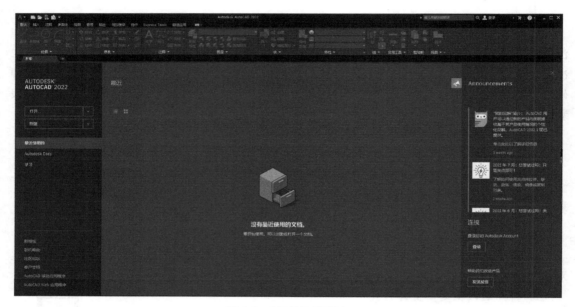

图 1-2 "开始"选项卡

默认绘图用户界面为"草图与注释"工作空间，如图 1-3 所示。主要包括标题栏、"应用程序菜单"按钮、快速访问工具栏、信息中心、功能区、文件选项卡、绘图区、ViewCube 工具、导航栏、UCS 图标、命令行、状态栏和"模型/布局"选项卡等内容。

1. 工作空间

不同的工作空间可控制用户界面元素（功能区控制面板、菜单、工具栏及其他选项板）的显示及显示顺序。

切换工作空间的方式为：单击状态栏右侧的"工作空间"按钮，从弹出的菜单中选择"选项"，以更改、替换当前的工作空间或自定义工作空间。

2. 标题栏

标题栏位于界面的最上方，用来显示 AutoCAD 的程序图标和当前正在执行的图形文件的名称，该名称随着用户所选择的图形文件不同而不同。当文件未命名时，AutoCAD 2022 默认设置为 Drawing1、Drawing2……Drawing n ，其中 n 由新文件数量（新文件数量可在"应用程序菜单"按钮→"选项"对话框→"文件"选项卡中设置）而定。

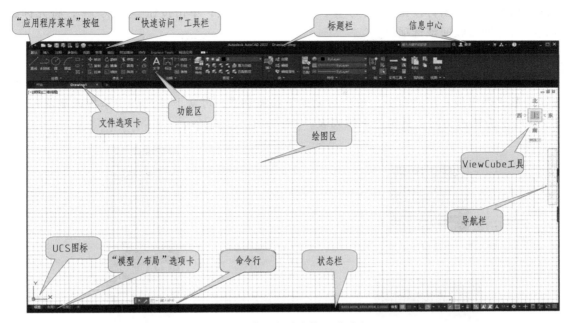

图1-3　"草图与注释"工作空间

标题栏的右侧为搜索框、信息中心、帮助按钮等。在搜索框内输入关键字或短语，可快速搜索相关信息。

标题栏的最右侧为程序的最小化、还原和关闭按钮。

AutoCAD 2022支持多文档环境，同时打开多个图形文件时，通过各文件选项卡进行切换。

3. 功能区

功能区由多个选项卡组成，包括创建或修改图形所需的所有工具，如图1-4所示。选项卡包括"默认""插入""注释"和"参数化"等，每个选项卡下又包含多个选项组，如"默认"选项卡包括"绘图""修改""注释"和"图层"等选项组。

图1-4　功能区

功能区的调用方式：单击菜单栏的"工具"→"选项板"→"功能区"，或在命令行输入RIBBON（打开）或RIBBONCLOSE（关闭）。

用鼠标右键单击功能区，可利用弹出的右键快捷菜单来控制功能区的显示范围和功能。

默认情况下，功能区显示在窗口顶部，浮动的功能区可拖动到绘图区的左侧或右侧。通过选项卡右侧的图标，可设置及显示功能区最小化形式，图1-5所示为功能区最小化选项。

单击带有下拉按钮的面板标题区，可展开该面板的所有工具，图1-6所示为展开的绘图选项组。单击图钉按钮⬚变为◎，则固定该选项组；单击按钮◎变为⬚，将光标移到选项组外即可收回该选项组。

4. 快速访问工具栏

快速访问工具栏 默认显示于功能区的上方，以按钮的形式列出最常用的命令。单击后面的下拉按钮▼，可从下拉列表中添加或删除控件，图 1-7 所示为快速访问工具栏的下拉列表。

图 1-5　功能区最小化选项

图 1-6　展开的绘图选项组

图 1-7　快速访问工具栏下拉列表

5. 菜单

（1）"应用程序菜单"按钮　"应用程序菜单"按钮 位于界面的左上角，单击后将显示用于搜索命令、访问常用工具及浏览文档等的菜单，如图 1-8 所示。

单击其中的"选项"按钮，弹出"选项"对话框，如图 1-9 所示，可进行文件、显示、打开和保存等相关设置。如果想将图形窗口的背景色调成白色，可单击"显示"选项卡中的

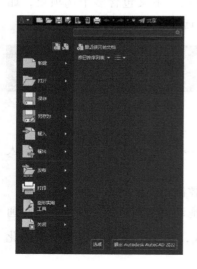

图 1-8　应用程序菜单

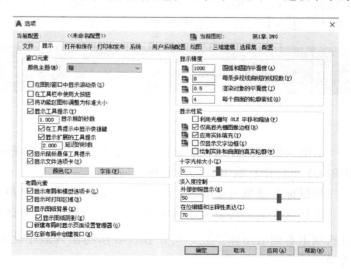

图 1-9　"选项"对话框

"颜色"按钮，在弹出的"窗口颜色"对话框中设置。

（2）菜单栏 在快速访问工具栏的下拉列表中，可控制显示或隐藏菜单栏。

显示的菜单栏位于标题栏的下面，如图1-10所示。菜单栏由"文件（F）""编辑（E）"和"视图（V）"等主菜单构成。每个主菜单下又包含子菜单，有些子菜单还包含下一级子菜单，图1-11所示为"绘图"菜单及子菜单。

图1-10 菜单栏

注意：

1）带有" ▶ "符号的菜单项表示该项还包含下一级子菜单。

2）单击带有"…"符号的菜单项，将打开一个与此命令有关的对话框，可按照此对话框的要求执行该命令。

3）如果需要退出菜单命令的选择状态，则只需将光标移到绘图区，然后单击或按<Esc>键。

（3）右键快捷菜单 单击鼠标右键时，将在光标位置的附近显示右键快捷菜单。

右键快捷菜单及其提供的选项取决于光标位置和其他条件，即是否选定了对象或是否正在执行命令。

如图1-12所示，分别在绘图区或命令行单击鼠标右键时，将弹出不同的右键快捷菜单。

图1-11 "绘图"菜单及子菜单

a) 绘图区的右键快捷菜单

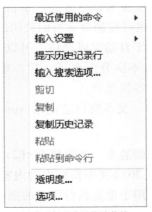

b) 命令行的右键快捷菜单

图1-12 绘图区和命令行的右键快捷菜单

6. 绘图区

绘图区是用户绘图的地方，绘图区没有边界，利用视图窗口的缩放功能，可使绘图区无限放大或缩小。绘图区的右边和下边分别有一个滚动条（通过"应用程序菜单"按钮→"选项"对话框→"显示"选项卡中的选项可设置是否显示滚动条），可使视窗上下、左右移动，便于观察。

绘图区主要包括以下四个部分。

（1）UCS图标　该图标位于绘图区的左下方，显示当前绘图状态所在的坐标系。通常，AutoCAD 2022在绘制新图形时将自动使用世界坐标系（WCS），其 X 轴是水平的，Y 轴是竖直的，Z 轴则垂直于 XY 平面。用户也可根据需要设置用户坐标系（UCS）。

（2）视口控件[-][俯视][二维线框] 选项卡　该选项卡位于绘图区的左上方，将显示当前视口的设置，提供更改视图、视觉样式和其他设置的便捷方式。

（3）光标　根据操作更改光标不同的外观。可以在"选项"对话框的"显示"选项卡中更改十字光标和拾取框光标的大小（"OPTIONS"命令）。

（4）导航工具　导航工具包括 ViewCube 工具和导航栏，如图 1-13 所示，可以控制视图的方向或访问基本导航工具。

导航工具的显示或隐藏可通过功能区的"视图"选项卡→"视口工具"选项组→"ViewCube"或"导航栏"来控制。

图 1-13　ViewCube 工具和导航栏

7. 命令行及文本窗口

（1）命令行　命令行位于绘图区的下方，可调整大小和位置，如图 1-14 所示，主要用于输入命令及显示执行命令的相关信息。

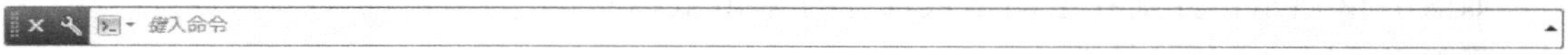

图 1-14　命令行

命令行的调用主要有以下方式：单击"视图"选项卡→"选项板"面板→"命令"，或按<Ctrl+9>组合键也可控制命令行的关闭或显示。

AutoCAD 提供了自动完成选项，可以更有效地访问命令。如在命令行输入"直线"命令的快捷键"L"（不区分大小写）后，系统就会出现一系列与"L"匹配的命令名称、系统变量和命令别名等供选择。

（2）文本窗口　文本窗口是记录 AutoCAD 命令的窗口，是放大的命令行窗口，它记录了已执行的命令。

通过命令行右侧箭头 ▲ 或快捷键<F2>来打开或关闭文本窗口。

由于 AutoCAD 2022 文本窗口中的内容是只读的，因此不能对其修改，但可以将它们复制并粘贴到命令行用于重复执行前面的操作，或粘贴到其他应用程序（例如 Word 等）中。

8. "模型/布局"选项卡

"模型/布局"选项卡 模型　布局1　布局2　＋ 位于绘图区的左下角。单击相应选项卡，即可在模型布局（模型空间）和命名布局（图纸空间）之间切换。

一般可以在模型空间创建二维图形或三维模型，在图纸空间创建用于打印图形的布局。

9. 状态栏

状态栏位于绘图区的右下角，可以快速访问影响绘图环境的工具。包括图形坐标、绘图辅助工具、导航工具以及用于快速查看和注释缩放的工具等，如图 1-15 所示。主要按钮及功能如下：

图 1-15 状态栏

（1）坐标 显示光标所在位置的坐标。

（2）模型空间/图纸空间 预览打开的图形或图形的布局，并在其间进行切换。

（3）绘图辅助工具 包括"栅格""捕捉模式""推断约束""动态输入""正交模式""极轴追踪""等轴测草图""对象捕捉追踪""二维对象捕捉""显示/隐藏线宽""显示/隐藏透明度""选择循环""三维对象捕捉""动态 UCS"等按钮，单击这些按钮可打开和关闭常用的绘图辅助工具，通过按钮的右键快捷菜单可更改这些绘图工具的设置。

（4）注释对象及注释比例  显示注释缩放的若干工具。

（5）切换工作空间  切换不同的工作空间。

（6）注释监视器 仅用于所有事件或模型文档事件的注释监视器。启用该按钮后注释监视器图标被添加到系统托盘中。

（7）快捷特性 启用该按钮后，当光标悬停或选中对象时，显示该对象的快捷特性。

（8）锁定用户界面 可锁定工具栏和窗口的当前位置。

（9）隔离对象 通过隔离或隐藏选择集来控制对象的显示。

（10）全屏显示 将图形显示区域展开为仅显示菜单栏、状态栏和命令行。再次单击该按钮可恢复先前设置。

（11）自定义 ：指定在状态栏中显示的命令按钮，图 1-16 所示为"自定义"命令列表。

图 1-16 "自定义"命令列表

10. 选项板

选项板是在绘图区固定或浮动的界面元素。功能区也是一个包括创建或修改图形所需的所有工具的选项板，其他常用选项板还包括工具选项板和特性选项板等，如图 1-17 和图 1-18 所示。

命令调用主要有以下方式：单击"视图"选项卡→"选项板"面板，或单击菜单栏的"工具"→"选项板"。

AutoCAD 2022 默认创建多个专业选项板，包括米制或英制的螺钉、螺母、焊接符号等常用的机械图块。通过多种方法可以在工具选项板中添加工具，如将对象从图形拖至工具选项板来创建工具。然后可以使用新工具，或创建与拖至工具选项板的对象具有相同特性的对象，加快和简化工作。

图 1-17　工具选项板

图 1-18　特性选项板

1.3　AutoCAD 2022 的文件操作

1.3.1　新建图形文件

在"开始"选项卡上，单击"新建"按钮，将新建图形文件。通过图形文件选项卡
后面的"+"按钮也可直接新建图形文件
（图形文件选项卡可通过功能区的"视图"选项卡→"界面"→"文件选项卡"来调用）。

另外，命令调用还有以下方式：单击"应用程序菜单"按钮　→"新建"→"图形"，或
单击菜单栏的"文件"→"新建"，或单击快速访问工具栏的"新建"按钮　，或在命令行
输入 NEW 或 QNEW。

系统变量的值影响新建图形文件时的提示信息，即系统变量的设置决定了是通过"选
择样板"对话框、"创建新图形"对话框或不使用任何对话框的默认图形样板文件的方式开
始创建新图形，可根据不同的需要设置系统变量。

系统变量 FILEDIA 为 0，通过命令行提示开始。

系统变量 FILEDIA 为 1，通过对话框开始。

系统变量 STARTUP 为 0，在未定义设置的情况下启动图形。

系统变量 STARTUP 为 1，显示"启动"或"创建新图形"对话框。

系统变量 STARTUP 为 2，将显示"开始"选项卡。如果该选项卡在应用程序中可用，
则将显示"自定义"对话框。

系统变量 STARTUP 为 3（初始值），将显示"开始"选项卡并预加载功能区。

1. 从"选择样板"对话框新建图形

样板图是指已有一定绘图环境但未绘制任何实体的图形文件，用户可以利用样板图已有

的绘图环境开始绘图（用户样板图的建立详见第 12 章）。

单击"新建"图形命令（系统变量 FILEDIA 为 1，系统变量 STARTUP 为 0），弹出"选择样板"对话框，如图 1-19 所示。

AutoCAD 2022 样板文件通常保存在 AutoCAD 2022 目录的 Template 子目录下，扩展名为".dwt"，AutoCAD 2022 将所有可用的样板都列入"选择样板"列表框中，以供用户选择。

从列表框中选择样板或单击"打开"按钮以默认模板"acadiso.dwt"直接新建文

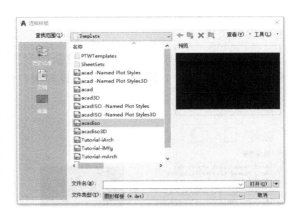

图 1-19　"选择样板"对话框

件。使用默认图形样板时，新的图形将自动使用指定文件中定义的设置。

使用"选项"对话框可以指定默认图形样板文件的位置。

如果不想使用样板文件创建新图形，则可单击"打开"按钮旁边的下拉箭头，选择列表中的"无样板"选项。

2. 从"创建新图形"对话框新建图形

使用"创建新图形"对话框创建新图形时，可以定义图形设置。

当系统变量 STARTUP 为 1，系统变量 FILEDIA 也为 1 时，单击"新建"图形命令，弹出"创建新图形"对话框，如图 1-20 所示。

（1）"从草图开始"　单击"创建新图形"对话框中的第二个按钮，使用"从草图开始"为新图形选择"英制"单位或"公制"○单位。

选定的设置决定系统变量要使用的默认值，这些系统变量可控制文字、标注、栅格、捕捉以及默认的线型和填充图案文件。

图 1-20　"创建新图形"对话框的
"从草图开始"选项

1）英制（英尺或英寸）（I）。采用基于 Acad.dwt 的基本设置创建新图形，单位为英制，默认栅格显示边界为 12in×9in。

2）米制（M）。采用基于 Acadiso.dwt 的基本设置创建新图形，单位为米制，默认栅格显示边界为 420mm×297mm。

（2）"使用样板"　单击"创建新图形"对话框中的第三个按钮，将出现"使用样板"选项卡，如图 1-21 所示。

"选择样板"列表框中如果没有用户需要的样板图，或用户要使用自己定制的样板图文

○　"公制"即"米制"，这里为与图 1-21 一致，保留"公制"。

件，可单击"浏览"按钮选择其他路径下的模板文件，也可通过 Internet 选择或查找互联网上的模板文件。

（3）"使用向导"　单击"创建新图形"对话框中的第四个按钮，将出现"使用向导"选项卡，如图 1-22 所示，用于设置用户绘图所需的绘图环境。

图 1-21　"创建新图形"对话框的
"使用样板"选项

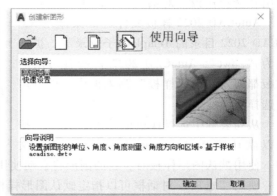

图 1-22　"创建新图形"对话框的
"使用向导"选项

该对话框中的"选择向导"列表框提供了两种方式：高级设置和快速设置。

1）高级设置。在"选择向导"列表框中选择"高级设置"并单击"确定"按钮后，打开"高级设置"对话框。该对话框各选项功能如下：

① 单位：设置绘图单位。AutoCAD 2022 提供了五种绘图单位，即"小数""工程""建筑""分数"和"科学"。用户可根据需要选择一种单位。AutoCAD 2022 默认绘图单位为"小数"。单击"下一步"按钮，则进入"角度"设置对话框。

② 角度：设置角度输入及显示方式。AutoCAD 2022 提供了五种方式，即"十进制度数""度/分/秒""百分度""弧度"和"勘测"。用户可根据需要选择一种。AutoCAD 2022 默认单位为"十进制度数"。用户还可在"精度"下拉列表中选择角度的精度。单击"下一步"按钮，则进入"角度测量"设置对话框。

③ 角度测量：设置零度角的方向。AutoCAD 2022 提供了五种方式，即"东""北""西""南"和"其他"。用户可根据需要选择一种。AutoCAD 2022 默认方向为"东"，即水平向右为基准零度角的方向。单击"下一步"按钮，则进入"角度方向"设置对话框。

④ 角度方向：设置角度值增加的方向。AutoCAD 2022 提供了两种方式，即"逆时针"和"顺时针"。AutoCAD 2022 默认方向为"逆时针"。单击"下一步"按钮，则进入"区域"设置对话框。

⑤ 区域：设置绘图区域的宽度和高度。它与"LIMITS"命令功能相同。

所有设置完成后，单击"完成"按钮，关闭"高级设置"对话框。AutoCAD 2022 将根据用户的设置创建新图形，也可通过单击"上一步"按钮或"下一步"按钮在各对话框之间切换，实现对各种设置的修改，或单击"取消"按钮取消快速向导的功能。

2）快速设置。在"选择向导"列表框中选择"快速设置"并单击"确定"按钮后，打开"快速设置"对话框。通过此对话框的引导同样可一步一步地设置用户绘图所需的绘图环境，这里不再赘述。

1.3.2　保存图形文件

对图形文件进行保存以便日后使用，可以设置自动保存、备份文件以及仅保存选定的对象。

如果要创建图形的新版本而不影响原图形，可以用一个新名称保存。图形文件的扩展名为".dwg"，DWG 文件名称（包括其路径）最多可包含 256 个字符。

命令调用主要有以下方式：单击"应用程序菜单"按钮→"保存"或"另存为"，或单击菜单栏的"文件"→"保存"或"另存为"，或单击快速访问工具栏的"保存"按钮 ，或在命令行输入 SAVE 或 SAVE AS 或 QSAVE。

命令提示中各选项的功能如下：

（1）保存　当图形文件第一次被保存时，使用"保存"命令与使用"另存为"命令相同，系统将打开"图形另存为"对话框，如图 1-23 所示。提示用户给图形指定一个文件名。若图形已经保存过，则单击"保存"命令，系统会自动按原文件名和文件路径存盘。

（2）另存为　单击"另存为"命令后，系统将打开"图形另存为"对话框，提示用户给图形指定一个文件名和文件路径，并从"文件类型"下拉列表中根据需要选择一种图形文件的保存类型，如图 1-24 所示。

图 1-23　"图形另存为"对话框

图 1-24　"文件类型"下拉列表

注意：如果需要在以前低版本的 AutoCAD 中打开此图形文件，保存时需要选择低版本的文件类型。

1.3.3　关闭图形文件

关闭当前的图形文件，命令调用主要有以下方式：单击"应用程序菜单"按钮 →"关闭"→"关闭图形"，或单击菜单栏的"文件"→"退出"，或单击绘图区右上角的"关闭"按钮 ，或单击图形选项卡 中的"关闭"按钮 ，或在命令行输入 CLOSE 或 CLOSEALL。

如果自上次保存图形后又进行过修改，系统将提示用户是否要保存修改。

如果未进行过修改或者想放弃修改，可以关闭以只读模式打开的文件。要保存对只读文件所做的修改，必须使用"SAVEAS"命令。

使用"CLOSEALL"命令可关闭所有打开的图形。在关闭图形文件时，对于每个未保存的图形都会出现一个对话框，在关闭图形之前可以在对话框中保存任何修改。

1.3.4 打开图形文件

打开已经存在的图形文件来进行处理，命令调用主要有以下方式：单击"应用程序菜

单"按钮 →"打开"→"图形"，或单击菜单栏的"文件"→"打开"，或单击快速访问工具栏的"打开"按钮 ，或在命令行输入 OPEN。

通过以上任何一种方法都可打开"选择文件"对话框，可浏览选择一个或多个文件后单击"打开"按钮，如图 1-25 所示。

在"选择文件"对话框中，单击"打开"按钮旁边的下拉箭头，然后选择"局部打开"或"以只读方式局部打开"，将弹出"局部打开"对话框，

图 1-25 "选择文件"对话框

显示可用的图形视图和图层，以指定向选定图形中加载哪些几何图形。

1.4 命令及简单对象的操作

1.4.1 命令的输入及终止

1. 命令的输入

当命令行出现"命令："提示时，表示系统正处于准备接收命令状态。当命令开始执行后，用户必须按照命令行的提示进行每一步操作，直到完成该命令。

AutoCAD 输入命令的主要途径如下：

（1）功能区面板　通过单击功能区面板上的相应按钮输入命令。

（2）命令行　由键盘在命令行输入命令。

（3）菜单　通过选择菜单选项输入命令。

（4）工具栏　通过单击工具栏中的相应按钮输入命令。

（5）鼠标右键　在不同的区域单击鼠标右键，会弹出相应的快捷菜单，从快捷菜单中选择选项执行命令。

2. 命令选项的输入

（1）［…/…］　中括号内为可选项，直接单击或输入选项中所给字母并按<Enter>键选择该选项，输入大写或小写字母均可。

（2）<…>　尖括号内为默认设置，可直接按<Enter>键确认该设置。如执行"圆"命令，

当提示为"指定圆的半径或〔直径（D）〕<30.0000>:"时，可直接按<Enter>键，以默认半径"30"绘制圆。

3. 重复命令的输入

如要重复执行上一个命令，可采用以下方式：

（1）<Enter>键或<Space>键　当一个命令结束后，直接按<Enter>键或<Space>键可重复刚刚结束的命令。

（2）上箭头↑　可逐个查找最近使用过的命令，显示该命令后，直接按<Enter>键即可执行该命令。

（3）"重复＊＊＊"　在绘图区右击，从弹出的快捷菜单中选择"重复＊＊＊"。

（4）"最近使用的命令"　在命令行右击，从弹出的快捷菜单中选择"最近使用的命令"，选择相应命令。

4. 命令的终止

AutoCAD 2022 结束命令常用的方式有以下几种：

（1）<Enter>键或<Space>键　最常用的结束命令方式，一般直接按<Enter>键或<Space>键即可结束命令。除了书写文字外，<Space>键与<Enter>键的作用是相同的。

（2）鼠标右键　单击鼠标右键后，在弹出的快捷菜单中选择"确认"或"取消"结束命令。

（3）<Esc>键　<Esc>键功能最强大，无论命令是否完成，都可通过<Esc>键来结束命令。

5. 透明命令的使用

在 AutoCAD 2022 中，当启动其他命令时，当前所使用的命令会自动终止。但有些命令可以"透明"使用，即在运行其他命令过程中不终止当前命令的前提下使用的一种命令。

透明命令多为绘图辅助工具的命令或修改图形设置的命令，如"捕捉""栅格""极轴"和"窗口缩放"等。

透明命令不能嵌套使用。

1.4.2　生成简单图形对象

为了更好地理解绘图辅助工具的设置，这里先来了解一下简单图形对象的绘制方法。

直线是二维图形中最常见、最简单的实体。单击"直线"按钮，或在命令行中输入"LINE"，都可以绘制直线。

绘制直线时，一次可以画一条线段，也可以连续画多条线段，其中每一条线段彼此间都是独立的。用户可以通过鼠标单击方式或用键盘输入点的坐标方式来确定各点的位置。

【例 1-1】　用"直线"命令绘制任意四条线段，结果如图 1-26 所示。

图 1-26　绘制任意四条线段

具体操作步骤如下：

1）单击"直线"按钮／，执行"直线"命令。

2）指定第一个点：（在绘图区单击拾取任意一点）

3）指定下一点或［放弃（U）］：（单击再拾取任意一点）

4）指定下一点或［退出（E）/放弃（U）］：（单击拾取任意一点）

5）指定下一点或［关闭（C）/退出（X）/放弃（U）］：（单击拾取任意一点）

6）指定下一点或［关闭（C）/退出（X）/放弃（U）］：（直接按<Enter>键或<Space>键，也可右击后选择"确认"选项，结束命令）

1.4.3　删除选中的图形对象

通过"删除"命令 ，可删除所选择的对象。

删除对象时，需要选择目标。选择的方式很多（目标选择详见第4章），既可以利用点选方式逐个选取单个对象，也可以利用窗口方式一次选择多个对象。

这里先简要介绍几种常用的目标选择方式。

【例1-2】　用"删除"命令，选用不同选择方式删除例3-1所绘制的线段（可用快速访问工具栏中的"放弃"按钮 恢复刚删除的对象）。

（1）单个选取选择方式　单击对象直接选择，可连续单击多个对象进行选择，如图1-27a所示。

（2）窗口（Window）选择方式　从左向右围选，围成一个蓝色填充的实线区域，只有区域内的目标被选中，而与区域边框相交的实体不被选中。可单击两点围成一个矩形实线窗口，如图1-27b所示。也可采用套索形式，即单击一点后按住并拖动鼠标，围成任意图形实线窗口，如图1-27c所示。

（3）窗交（Crossing）选择方式　从右向左围选，围成一个绿色填充的虚线区域，凡在

a)

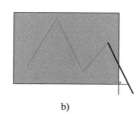

b)

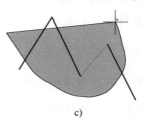

c)

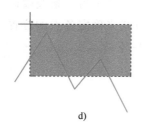

d)

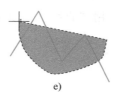

e)

图1-27　几种常用目标选择方式

此区域内及与此区域边框四边相交的图形都将被选中。可单击两点围成一个矩形虚线窗口，如图 1-27d 所示。也可采用套索形式，即单击一点后按住并拖动鼠标，围成任意图形虚线窗口，如图 1-27e 所示。

注意：

1）执行命令与选择对象的顺序可在"选项"对话框→"选择集"选项卡→"选择集模式"中设置（详见 4.1.1 节）。即在例 3-2 中，可以先选择对象，再执行"删除"命令。

2）选择对象后，按<Delete>键，也可删除所选择的对象。

1.5　调用 AutoCAD 2022 的帮助系统

AutoCAD 2022 提供了使用帮助的完整信息。命令调用主要有以下方式：单击标题栏右侧信息中心的"帮助"按钮 ❓ ，或单击菜单栏的"帮助"→"帮助"，或在命令行输入 HELP。另外，按<F1>键也可获得 AutoCAD 2022 的帮助。

执行"帮助"命令后，将弹出"帮助"窗口，如图 1-28 所示。

图 1-28　"帮助"窗口

注意：

1）光标悬停于命令按钮时，即可显示即时帮助信息。按<F1>键将显示关于该命令的"帮助"窗口。

2）当命令处于活动状态时，按<F1>键也将显示该命令的"帮助"窗口。

3）在对话框中按<F1>键，将显示关于该对话框的"帮助"窗口。

1.6　实　例　解　析

【例 1-3】　新建图形文件，绘制一个简单图形，如图 1-29 所示，将其保存到 D 盘，文件名为"跳棋"。

图 1-29　绘制并保存图形

具体操作步骤如下：

1）执行"新建"命令，新建一个图形文件。

2）执行"圆"命令。

3）指定圆的圆心或［三点（3P）/两点（2P）/切点、切点、半径（T）］：（单击任意一点作为圆中心）

4）指定圆的半径或［直径（D）］：（将光标移至合适位置单击一点，与圆心距离即为圆半径，完成圆的绘制）

5）执行"直线"命令。（绘制三段直线段为下面三角形，圆与三角形的精确定位详见第2章。）

6）执行"保存"命令。

7）显示"图形另存为"对话框，从"保存于"后的下拉列表中选择 D 盘，在"文件名"后的文本框中输入"跳棋"，单击"保存"按钮完成。

思考与练习

1. AutoCAD 2022 用户界面主要由哪几部分组成？

2. AutoCAD 2022 中功能区最小化形式有哪几种？如何设置？

3. AutoCAD 2022 中如何切换工作空间？

4. AutoCAD 2022 中如何强制终止未完成的命令？

相关拓展

绘制并保存"东方红一号"卫星图形，如图 1-30 所示。

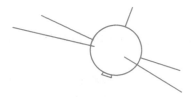

图 1-30　"东方红一号"卫星图形

"东方红一号"卫星是我国发射的第一颗人造地球卫星，于 1970 年 4 月 24 日在酒泉卫星发射中心成功发射，由此开创了中国航天史的新纪元。"东方红一号"卫星文化是"两弹一星"精神和航天精神的体现。

第2章

AutoCAD 2022的基础操作

应用 AutoCAD 2022 进行设计和绘制图形时，有时要求按照给定的尺寸进行精确绘图。此时，既可通过输入指定点的坐标来绘制图形，也可以灵活运用系统提供的"栅格""捕捉模式""极轴追踪""对象捕捉追踪"和"二维对象捕捉"等绘图辅助工具快速、精确地绘制图形。

2.1　坐标系及坐标输入

2.1.1　AutoCAD 2022 的坐标系

在 AutoCAD 中，坐标系分为世界坐标系（WCS）和用户坐标系（UCS）。

默认情况下，AutoCAD 2022 的当前坐标系为世界坐标系，如图 2-1 所示。它是 AutoCAD 2022 的基本坐标系，它有三个相互垂直并相交的坐标轴。X 轴的正向是水平向右，Y 轴的正向是竖直向上，Z 轴的正向是由屏幕垂直指向用户。默认坐标原点在绘图区的左下角，在其上有一个方框标记，表明是世界坐标系。在绘制和编辑图形过程中，WCS 的坐标原点和坐标轴方向都不会改变，所有的位移都是相对于原点计算的。

为了方便用户绘制图形，AutoCAD 2022 还可改变世界坐标系的原点位置和坐标轴方向，此时就形成了用户坐标系（UCS），UCS 没有方框标记，如图 2-2 所示。在默认情况下，用户坐标系和世界坐标系重合，用户可在绘图过程中根据具体需要来定义 UCS。尽管用户坐标系中三个坐标轴之间仍然互相垂直，但是在方向及位置的设置上却很灵活。UCS 的原点以及 X 轴、Y 轴、Z 轴方向都可以移动及旋转，甚至可以依赖于图形中某个特定的对象。

图 2-1　世界坐标系（WCS）　　　　　　图 2-2　用户坐标系（UCS）

2.1.2　坐标的输入

在 AutoCAD 2022 中，可通过光标拾取或键盘输入坐标两种方式来确定点。点坐标值用

（X，Y，Z）表示，这是最基本的方法，在上述两种坐标系下都可以通过输入点坐标来精确定位点。

在 AutoCAD 2022 中，常用的坐标输入方式有四种（默认当前屏幕为 XY 平面，Z 坐标始终为 0，故 Z 坐标可省略不输入）。

（1）绝对直角坐标（X，Y） 以坐标原点（0，0）为基点来定位各点的位置。可通过输入坐标值来定位一个点在坐标系中的位置，各坐标值之间用逗号隔开。

（2）相对直角坐标（@ΔX，ΔY） 以点（X，Y）作为参考点来定位点的相对位置。可通过输入相对于点（X，Y）的坐标增量来定位它在坐标系中的位置。

（3）绝对极坐标（L<θ） 以原点为极坐标原点，输入一个长度距离，后跟一个"<"符号，再加一个角度值。例如"10<30"表示该点距离极坐标原点的距离为 10 个单位长度，该点和极坐标原点的连线与 X 轴正向夹角为 30°。

（4）相对极坐标（@L<θ） 以上一操作点为参考点来定位点的相对位置。例如"@10<30"表示相对上一操作点距离 10 个单位长度，该点和极点的连线与 X 轴正向夹角为 30°。

注意：

1）"，"和"@"只能是半角符号。

2）数值和角度值均有正负之分。默认 X 轴正向为 0°，Y 轴正向为 90°，逆时针角度为正，顺时针角度为负。

3）状态栏的"坐标"按钮可显示当前光标所在位置的坐标值。右击该按钮可从快捷菜单中选择要显示的坐标类型。

【例 2-1】 用"直线"命令绘制长为 100、宽为 50 的长方形 ABCD（各点用坐标方式输入），A 点坐标为（100，100），结果如图 2-3 所示。

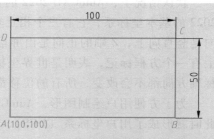

图 2-3 绘制长方形 ABCD

具体操作步骤如下：

1）执行"直线"命令。

2）指定第一个点：100，100 ↙⊖（输入 A 点的绝对直角坐标）

3）指定下一点或［放弃（U）］：@100，0 ↙（输入 B 点的相对直角坐标）

4）指定下一点或［退出（E）/放弃（U）］：@0，50 ↙（输入 C 点的相对直角坐标）

5）指定下一点或［关闭（C）/退出（X）/放弃（U）］：@-100，0 ↙（输入 D 点的相对直角坐标）

6）指定下一点或［关闭（C）/退出（X）/放弃（U）］：C ↙（直接选择"关闭（C）"选项，封闭图形）

注意：

1）如果输入的点未出现在绘图区，可不必退出"直线"命令，直接双击鼠标滚轮，即

⊖ "↙"表示按<Enter>键。

执行"缩放"命令的"全部"选项，全部显示当前设置的绘图区域（详见 2.2.1 节）。

2）B、C 点也可用相对极坐标方式确定：B 点相对极坐标为"@100<0 ↙"，C 点相对极坐标为"@50<90 ↙"。

2.2　视窗显示控制

在工程设计中，如何控制图形的显示，是设计人员必须要掌握的技术。AutoCAD 提供了多种视图显示方式，用于观察绘图窗口中所绘制的图形。

2.2.1　图形缩放

为了有效地观察图形的整体或细节，需要使用"缩放"命令对图形进行缩放，这种缩放只是显示的视觉效果，图形对象的真实大小及其在坐标系中的位置并未改变。

命令调用主要有以下方式：单击绘图区导航栏的"缩放"按钮，或单击菜单栏的"视图"→"缩放"，或在命令行输入 ZOOM。

导航栏的"缩放"按钮下拉选项如图 2-4 所示。

启动"缩放"命令后，系统提示："指定窗口的角点，输入比例因子（n×或 n×P），或者［全部(A)/中心(C)/动态(D)/范围(E)/上一个(P)/比例(S)/窗口(W)/对象(O)］<实时>:"。

系统提示中各选项功能如下：

图 2-4　"缩放"
按钮下拉选项

1）全部（A）：在当前视窗中显示整个图形的内容，包括绘图界限及全部可见图形对象，取两者中较大者。同时对图形进行重新生成操作。

2）中心（C）：以指定点为屏幕中心进行缩放，同时输入新的缩放倍数，缩放倍数可用绝对值和相对值表示。

3）动态（D）：对图形进行动态缩放。启动此选项后屏幕上显示几个不同颜色的方框，白色方框中"×"代表显示中心，单击后将出现一个位于右边框的箭头，可调整窗口的大小。

4）范围（E）：将当前窗口中的图形尽可能大地显示在屏幕上，同时进行重新生成操作。

5）上一个（P）：恢复前一幅视图的显示。

6）比例（S）：根据输入的比例值缩放图形，此选项有三种比例值的输入方法。例如：输入"3"，则显示原图的 3 倍；输入"3×"，则将当前图形放大 3 倍；输入"3×P"，则将模型空间中的图形以 3 倍的比例显示在图纸空间中。

7）窗口（W）：全屏显示以两个对角点确定的矩形区域。

8）对象（O）：尽可能大地显示一个或多个选定的对象，并使其位于视图的中心。在启动"缩放"命令前、后选择对象均可。

9）实时：默认选项，交互地缩放显示图形。此时屏幕上出现放大镜光标，按住鼠标左键向上移动则图形放大，向下移动则图形缩小。如果要退出缩放，则可按<Esc>键、<Enter>键或从右键快捷菜单中选择"退出"选项。

注意：

1）如果使用滚轮鼠标，可以使用鼠标滚轮进行缩放，更为方便快捷。向前转动滚轮是以光标所在点为中心放大图形，向后转动滚轮是以光标所在点为中心缩小图形，双击滚轮则相当于"缩放"命令的"范围"选项效果。

2）如果在"缩放"命令启动后，直接用光标在绘图区拾取两对角点，则系统以"W"方式（第一角点位于左边，第二角点位于右边）或"C"方式（第一角点位于右边，第二角点位于左边）进行缩放。如果直接输入比例系数，则以"S"方式进行缩放。

3）"缩放"命令为透明命令，在其他命令的执行过程中可执行。

4）"缩放"命令中的"放大"和"缩小"选项相对于将当前图形放大1倍和将当前图形缩小一半。

【例2-2】 用"缩放"命令的"窗口（W）"选项，将图2-5a中的A点处放大为如图2-5b所示。

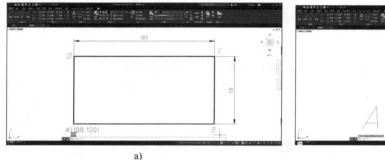
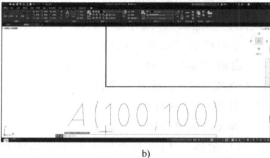

a)   b)

图2-5　用"窗口"选项缩放视图

具体操作步骤如下：

1）执行"缩放"命令（Z↙或单击导航栏的"缩放"按钮）。

2）指定窗口的角点，输入比例因子（n×或n×P），或者［全部（A）/中心（C）/动态（D）/范围（E）/上一个（P）/比例（S）/窗口（W）/对象（O）］<实时>：

3）指定第一个角点：（在A点附近单击一个点作为矩形区域的第一角点）

4）指定对角点：（单击另一个点作为矩形区域的对角点，图形自动缩放）

2.2.2　图形平移

"平移"命令用于平移视图，以便观察当前图形的其他区域。该命令不改变图形在绘图区域中的实际位置，且视图的显示比例不变。

命令调用主要有以下方式：单击绘图区导航栏的"平移"按钮，或单击菜单栏的"视图"→"平移"，或在命令行输入PAN。

注意：

1）如果使用滚轮鼠标，可以按住滚轮，当光标变为手形平移图标时，拖动鼠标即可平移。

2）如果想退出平移，则可按<Enter>键或<Esc>键，或单击鼠标右键选择"退出"选项。

3）除了可以上、下、左、右平移视图外，还可以使用"实时"和"定点"命令平移视图（单击菜单栏的"视图"→"平移"）。

【例 2-3】　用"平移"命令让图形从图 2-6a 移动后，得到如图 2-6b 所示的效果。

具体操作步骤如下：

1）执行"平移"命令。（P↙，或按住滚轮，或单击导航栏的"平移"按钮🖐）

2）当显示手形光标提示时，按住鼠标左键拖动到合适位置松开即可。

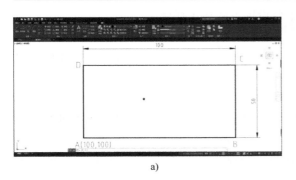 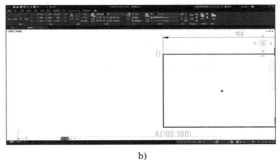

a)　　　　　　　　　　　　　　　b)

图 2-6　平移视图

2.3　设置绘图环境

通常情况下，绘图需要确定图纸幅面、绘图比例和绘图单位等。默认情况下，米制单位的 AutoCAD 绘图单位是毫米，精度为小数点后 8 位数。绘图界限是 A3（420mm×297mm）图纸大小。

2.3.1　设置绘图单位

AutoCAD 可以根据不同的行业、不同国家的单位制，使用不同的度量单位，还可以根据绘图精度的要求设置不同的精度。图 2-7 所示为利用"图形单位"对话框为图形设置长度单位、角度单位和精度，可根据具体需要设置单位类型和数据精度。

图 2-7　"图形单位"对话框

命令调用主要有以下方式：单击菜单栏的"格式"→"单位"，或在命令行输入 UNITS（UN）。

"图形单位"对话框中各选项功能如下：

1）长度：设置长度单位的类型和精度。"类型"用来设置单位的当前格式，其中包括"建筑""小数""工程""分数"和"科学"五种格式，"工程"和"建筑"格式以英制方式显示。"精度"用来设置当前长度单位的精度，默认情况下，长度"类型"为"小数"，"精度"为小数点后

4 位。

2）角度：设置角度单位的类型和精度。"类型"用来设置当前角度单位的格式，其中包括"十进制度数""度/分/秒""弧度""勘测单位"和"百分度"五种格式。"精度"用来设置当前角度单位的精度。"顺时针"用来设置角度是沿逆时针方向旋转还是沿顺时针方向旋转，当该复选项未被选中时，即以逆时针方向为正。默认情况下，角度"类型"为"十进制度数"，"精度"为小数点后 0 位。

3）插入时的缩放单位：在"用于缩放插入内容的单位"的下拉列表中，可以选择设计中心块的图形单位，默认单位为毫米。当用户从 AutoCAD 设计中心插入的块的单位与在此选项中指定的单位不同时，块将按比例缩放到指定单位。

4）输出样例：该区域用于显示当前图形单位设置下的输出样例。

注意：

1）设置绘图单位并不意味着自动设置尺寸标注的单位。只要需要，可以把尺寸标注单位的类型和精度设置为与绘图单位不同。

2）角度测量方位及方向影响坐标定位及角度测量，建议不要改动。

3）我国采用的是米制单位，一般长度单位设置为小数制，角度单位设置为十进制，逆时针方向为正。

【例 2-4】　设定长度尺寸单位格式为小数制，小数点后显示 0 位；角度单位格式为"度/分/秒"，精度为 0，起始方向为东，逆时针方向为正。

具体操作步骤如下：

1）执行"单位"命令（单击菜单栏的"格式"→"单位"，或在命令行输入"UNITS"或"UN"）。

2）在弹出的"图形单位"对话框中，单击"长度"选项组的"类型"列表框，选取"小数"设置长度单位为小数制，单击"精度"列表框，选取"0"项，小数点后显示 0 位小数。

3）单击"角度"选项组的"类型"列表框，选取"度/分/秒"项，设置角度单位为度/分/秒制，单击"角度"选项组的"精度"列表框，选取"0"项，小数点后无小数。默认逆时针方向为正，基准角度起始方向为东。

4）单击"确定"按钮关闭对话框，结束图形单位设置。

2.3.2　设置绘图界限

该命令用于设置绘图空间的矩形绘图边界，这相当于绘图时确定图幅的大小。

命令调用主要有以下方式：单击菜单栏的"格式"→"图形界限"，或在命令行输入 LIMITS。

执行该命令后，系统将提示"指定左下角点或［开(ON)/关(OFF)］<当前值>:"。

系统提示中各选项功能如下：

1）左下角点：用户可在屏幕上单击一点作为图形界限矩形区域的左下角点，接着系统提示"指定右上角点<当前值>:"，此时用户可在屏幕上指定另一角点，也可按<Enter>键选取系统提供的点。

2）开（ON）：选取该项可打开图形界限检查功能，此时，AutoCAD拒绝输入图形界限外部的点。

3）关（OFF）：选取该项可关闭图形界限检查功能。

注意：

1）设置绘图界限时，AutoCAD将通过输入坐标值确定的两点构成一个矩形区域，同时也确定了能显示栅格点的绘图区域。

2）图形界限检查只检测绘图界限内的输入点，所以对象的某些部分可能会延伸出绘图界限。

3）当使用"快速设置"或"高级设置"向导来创建新图形时，可在模型空间设置图形界限。

4）当启动图纸空间时，图纸的背景或边距被显示时，不能使用"图形界限"命令设置绘图界限。在这种情况下，图形界限由布局按所选图纸尺寸自动计算出来并进行设置。

【例2-5】 设置图纸为国家标准的A0图幅，绘图界限范围为1189mm×841mm。

具体操作步骤如下：

1）执行"图形界限"命令（单击菜单栏的"格式"→"图形界限"，或在命令行输入"LIMITS"）。

2）指定左下角点或［开（ON）/关（OFF）］<0.0000,0.0000>：↙（默认绘图区域左下角点为0,0）。

3）指定右上角点<420,297>：1189,841↙（设置绘图区域右上角点）。

2.4　精确绘图辅助功能

AutoCAD 2022提供了精确绘图的辅助功能，包括栅格、捕捉、正交模式、对象捕捉、极轴追踪对象捕捉追踪和动态输入等，避免了用户进行繁琐的坐标计算和坐标输入。

2.4.1　栅格和捕捉

1. 栅格

"栅格"命令用于显示和设置栅格，该命令的功能是按用户设置的间距在屏幕上显示栅格，相当于在坐标纸上画图一样，有助于快速精确地定位对象。

打开或关闭栅格显示功能可通过以下方式：单击状态栏的"栅格"按钮▦，或按<F7>键，或在命令行输入"GRID"。

栅格设置可通过以下方式：右击状态栏的"栅格"按钮▦，选择"网格设置"命令，打开"草图设置"对话框的"捕捉和栅格"选项卡进行设置，如图2-8所示。

图2-8　"草图设置"对话框的"捕捉和栅格"选项卡

"捕捉和栅格"选项卡中各选项功能如下：

（1）启用栅格　打开或关闭栅格的显示。

（2）栅格样式　在二维模型空间中设定栅格样式。

1）二维模型空间：将二维模型空间的栅格样式设定为点栅格。

2）块编辑器：将块编辑器的栅格样式设定为点栅格。

3）图纸/布局：图纸和布局的栅格样式设定为点栅格。

（3）栅格间距　控制栅格的显示。若栅格的 X 轴和 Y 轴间距设置太小，则不显示栅格。一般情况下，栅格间距是捕捉间距的整数倍。

1）栅格 X 轴间距：指定 X 方向上的栅格间距。如果该值为 0，则栅格采用捕捉 X 轴间距的值。

2）栅格 Y 轴间距：指定 Y 方向上的栅格间距。如果该值为 0，则栅格采用捕捉 Y 轴间距的值。

3）每条主线之间的栅格数：指定主栅格线相对于次栅格线的频率。

（4）栅格行为　控制所显示栅格线的外观。

1）自适应栅格：缩小时，限制栅格密度。允许以小于栅格间距的间距再拆分。放大时，生成更多间距更小的栅格线。主栅格线的频率确定这些栅格线的频率。

2）显示超出界线的栅格：显示超出"图形界限"命令指定区域的栅格。

3）遵循动态 UCS：更改栅格平面以跟随动态 UCS 的 XY 平面。

注意：

1）如果栅格点未全部显示出来，可用"缩放"命令的"全部"选项，全部显示当前设置的绘图区域。

2）用"栅格"命令设置的栅格仅作显示和观察图形用，出图时其本身并不绘出。

2. 捕捉

"捕捉"命令是设置光标指针一次可以移动的最小间距。

打开或关闭捕捉功能可通过以下方式：单击状态栏的"捕捉"按钮 ▦ ，或按<F9>键，或在命令行输入 SNAP。

捕捉设置可通过以下方式：单击状态栏的"捕捉"下拉按钮 ▦ ▾ ，选择"捕捉设置"命令，打开"草图设置"对话框的"捕捉和栅格"选项卡进行设置。

"捕捉和栅格"选项卡中各选项功能如下：

（1）启用捕捉　用于打开或关闭捕捉方式。

（2）捕捉间距　输入需要的捕捉间距值。

1）捕捉 X 轴间距：指定 X 方向的捕捉间距。间距值必须为正实数。

2）捕捉 Y 轴间距：指定 Y 方向的捕捉间距。间距值必须为正实数。

3）X 轴间距和 Y 轴间距相等：为捕捉间距和栅格间距强制使用同一 X 和 Y 间距值。捕捉间距可以与栅格间距不同。

（3）极轴间距　控制 PolarSnap 增量距离。

极轴距离：选定捕捉类型为 PolarSnap 时，设置捕捉增量距离。

（4）捕捉类型　设置捕捉类型和捕捉样式。

　　1）栅格捕捉：设置栅格捕捉类型。如果指定点，光标将沿垂直或水平栅格点进行捕捉。

　　①矩形捕捉：将捕捉样式设置为标准"矩形捕捉"模式。当"捕捉类型"设置为"栅格捕捉"并且打开"启用捕捉"模式时，光标将捕捉矩形捕捉栅格。

　　②等轴测捕捉：将捕捉样式设置为"等轴测捕捉"模式。当"捕捉类型"设置为"栅格捕捉"并且打开"启用捕捉"模式时，光标将捕捉等轴测捕捉栅格。

　　2）PolarSnap：将捕捉类型设置为PolarSnap。如果打开了"启用捕捉"模式，并在极轴追踪打开的情况下指定点，光标将沿在"极轴追踪"选项卡上相对于极轴追踪起点设置的极轴对齐角度进行捕捉。

　　注意：捕捉模式不能控制由键盘输入的坐标点，只能控制由光标拾取的点。

2.4.2　正交模式

　　使用"正交"命令可以将光标约束在 X 轴（水平）和 Y 轴（竖直）方向上移动，且移动受当前栅格旋转角的影响。

　　打开或关闭正交模式可以在状态栏中单击"正交限制光标"按钮 ⌐，或按<F8>键，或按<Ctrl+L>键进行打开或关闭正交模式的转换。

　　注意：

　　1）打开正交模式后，系统将限制光标的移动，光标只能在水平或竖直两个方向上拾取点。

　　2）正交模式不能控制由键盘输入的坐标点，只能控制光标拾取点的位置。

2.4.3　对象捕捉

　　为了保证绘图的精确性，AutoCAD 2022 提供了对象捕捉功能。设置对象捕捉后，可准确地捕捉到图形上的特征点。默认情况下，当系统请求输入一个点时，可将光标移至对象特征点附近，此时，在十字光标的中心位置会出现一个捕捉框，即可迅速、准确地捕捉到对象上的特征点，从而精确地绘制图形。

　　打开或关闭对象捕捉模式可通过以下方式：单击状态栏的"对象捕捉"按钮 ⌐，或按<F3>键。

1. 对象捕捉类型

　　由于绘图时用户所需捕捉特征点的类型不同，应掌握每种捕捉方式的适用范围，现介绍如下：

　　1）端点：可捕捉到圆弧、椭圆弧、直线、多线和多段线等最近的端点。如果对象指定了厚度，则可捕捉对象的边的端点，也可捕捉三维实体和面域的边的端点。

　　2）中点：可捕捉到圆弧、椭圆弧、直线、多线、多段线、实体填充线和样条曲线等对象的中点。如果给定了直线或圆弧的厚度，则可以捕捉对象的边的中点，也可以捕捉三维实体和面域的边的中点。当选择样条曲线或椭圆弧时，此方式将捕捉对象起点和端点之间的中点。

　　3）圆心：可捕捉到圆弧、圆或椭圆的圆心，也可以捕捉到实体、体或面域中圆的圆心。

4）几何中心：可捕捉到任意闭合多段线和样条曲线的质心。

5）节点：可以捕捉到用"点"命令绘制的点或用"定数等分"命令和"定距等分"命令放置的点。

6）象限点：可捕捉到圆弧、圆或椭圆最近的象限点，如0°、90°、180°、270°方向上的点。

7）交点：可捕捉到圆弧、圆、椭圆、椭圆弧、直线、多线、多段线、射线、样条曲线或构造线等对象之间的交点。

8）延长线：当光标经过对象的端点时，显示临时延长线或圆弧，以便在延长线或圆弧上指定点。

9）插入点：可以捕捉到块、文字、属性或属性定义等的插入点。

10）垂足：可以捕捉到与圆弧、圆、构造线、椭圆、椭圆弧、直线、多线、多段线、射线、实体或样条曲线等正交的点，也可以捕捉到对象的外观延伸垂足。

11）切点：可以在圆或圆弧上捕捉到与上一点相连的点，这两点形成的直线与该圆或圆弧相切。如果所绘制直线的第一点始于圆或圆弧之外，则直线的第一点与捕捉的最后一点与圆或圆弧相切。

12）最近点：可以捕捉与指定点距离最近的点。

13）外观交点：可捕捉到两个对象在三维空间不相交，但在视图显示看起来相交的点。

14）平行线：此捕捉方式用于绘制与某直线平行的直线。

2. 自动捕捉（运行捕捉）

自动捕捉方式是指当绘图过程中需要捕捉特征点时，系统将根据设置进行自动捕捉。当绘图过程中使用对象捕捉频率很高时，设置自动捕捉方式可大大提高工作效率。

命令调用主要有以下方式：单击菜单栏的"工具"→"草图设置"→"对象捕捉"或单击状态栏"对象捕捉"按钮 的下拉箭头（下拉列表如图2-9所示），或单击状态栏"对象捕捉"按钮右键快捷菜单中的"对象捕捉设置"命令，打开"草图设置"对话框的"对象捕捉"选项卡，如图2-10所示。

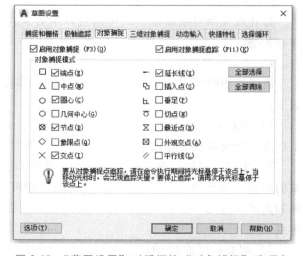

图2-9　状态栏"对象捕捉"下拉列表　　图2-10　"草图设置"对话框的"对象捕捉"选项卡

"对象捕捉"选项卡中各主要选项说明如下：

1）启用对象捕捉：打开对象捕捉模式，在该模式下选定的对象捕捉是激活的。

2）启用对象捕捉追踪：打开对象捕捉追踪模式，当在命令中指定点时，光标可以沿基于其他对象捕捉点的对齐路径进行追踪。若要使用对象捕捉追踪，则必须打开一个或多个对象捕捉模式。该功能打开后，系统将通过捕捉到的特征点，以设置的极坐标追踪角度为方向作一条临时捕捉线，同时还可捕捉到第二个特征点，以设置的极坐标追踪角度为方向作另一条临时捕捉线，用户则可拾取到这两条临时捕捉线的交点。

3）对象捕捉模式：设置对象捕捉方式，对话框中具体的捕捉方式，用户可根据前面的介绍和绘图的需要进行选用。在进行精确绘图时对象捕捉非常有用，但有时也会造成一些不必要的麻烦，应根据需要选用单点捕捉方式。

4）选项（T）：可调用"选项"对话框的"绘图"选项卡，如图 2-11 所示。对"自动捕捉设置""AutoTrack 设置"和"靶框大小"等进行设置。

3. 单点捕捉（临时捕捉）

单点捕捉是指在命令行提示下需要输入一个点时，临时启动对象捕捉的方法。当用户执行某个命令时，如果需要捕捉一些特征点，即可启动单点捕捉方式，该方式仅对本次捕捉点有效。

当系统要求用户输入点时，可单击鼠标右键，在弹出的捕捉替代快捷菜单中选择需要的选项，再把光标移到要捕捉对象的特征点附近，即可捕捉到相应对象的特征点。另外，也可在按<Shift>键或者<Ctrl>键的同时单击鼠标右键，系统将在光标位置弹出单点捕捉快捷菜单，如图 2-12 所示。

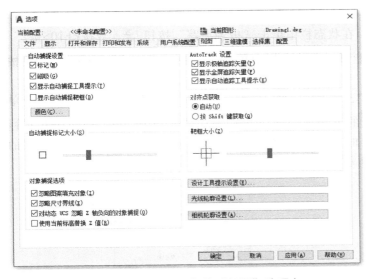

图 2-11　"选项"对话框的"绘图"选项卡

图 2-12　单点捕捉快捷菜单

单点捕捉快捷菜单是临时捕捉模式，它可覆盖正在使用的捕捉模式，它与在命令行输入捕捉模式的缩写形式的效果相同。

注意：

1）用对话框设置捕捉模式后，当采用弹出的快捷菜单设置临时捕捉目标时，将暂时屏蔽对话框设置的捕捉模式，但弹出快捷菜单所设置的捕捉模式仅起一次作用。

2）执行"对象捕捉"命令也可以弹出"草图设置"对话框。

【例2-6】 用"直线"命令绘制矩形 *ABCD* 及内部的图形，如图2-13所示。

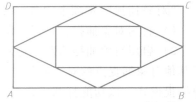

图2-13 绘制矩形 *ABCD* 及内部的图形

具体操作步骤如下：
1）执行"直线"命令。
2）先绘制矩形 *ABCD*。
3）右击状态栏的"对象捕捉"按钮，选择"设置"选项，打开"草图设置"对话框，在"对象捕捉"选项卡中勾选"中点"。
4）重复执行"直线"命令。
5）指定点：（依次单击各边中点，完成菱形）
6）重复执行"直线"命令。
7）指定点：（依次单击菱形各边中点，完成小矩形）

2.4.4 极轴追踪与对象捕捉追踪

"极轴追踪"是非常有用的绘图辅助工具，是按事先给定的角度增量来追踪特征点。而"对象捕捉追踪"则按与对象的某种特定关系来追踪。如果事先知道要追踪的方向，则使用"极轴追踪"；如果事先不知道具体的追踪方向，但知道与其他对象的某种关系，则使用"对象捕捉追踪"。

打开或关闭极轴追踪功能可以在状态栏中单击"极轴追踪"按钮 ，或按<F10>键。

打开或关闭对象捕捉追踪功能可以在状态栏中单击"对象捕捉追踪"按钮 ，或按<F11>键。

命令调用主要有以下方式：单击菜单栏的"工具"→"草图设置"→"极轴追踪"，或单击状态栏"极轴追踪"按钮 的下拉箭头（下拉列表如图2-14所示），或单击状态栏"对象捕捉"按钮右键快捷菜单中的"正在追踪设置"命令，打开"草图设置"对话框的"极轴追踪"选项卡，如图2-15所示。

图2-14 状态栏"极轴追踪"下拉列表　　　图2-15 "草图设置"对话框的"极轴追踪"选项卡

"极轴追踪"选项卡中各主要选项说明如下:

1）启用极轴追踪:该复选项用于打开或关闭极轴追踪功能。

2）极轴角设置:该区域用于设置自动捕捉追踪的极轴角度。其中"增量角"下拉列表用于设置极轴追踪的预设角度。如果该列表中的角度不能满足需要,则可选择"附加角"复选项,允许用户添加新的极轴追踪角度增量。然后单击"新建"按钮,即可添加新的极轴追踪角度增量。选择某一角度增量,单击"删除"按钮,可删除极轴追踪角度增量。

3）对象捕捉追踪设置:该选项组用于设置自动捕捉追踪方式。其中"仅正交追踪"单选按钮用于极坐标追踪角度增量为90°,即只能在水平和竖直方向建立临时捕捉追踪线;"用所有极轴角设置追踪"单选按钮用于所设置的极坐标角度增量追踪。

4）极轴角测量:该选项组用于设置极轴角测量的坐标系统。其中"绝对"单选按钮采用绝对坐标计量角度值;"相对上一段"单选按钮则以上一个角度为基准采用相对坐标计量角度。

注意:

1）极轴追踪功能可以在系统要求指定一个点时,按预先设置的角度增量显示一条无限延伸的辅助线,这时就可以沿辅助线追踪得到光标点。

2）对象捕捉追踪必须与对象捕捉同时工作,即在对象捕捉追踪到点之前,必须先打开对象捕捉功能。

3）"仅正交追踪"模式和"用所有极轴角设置追踪"模式不能同时打开,若一个打开,另一个将自动关闭。

【例2-7】　设置适当的极轴角,用"直线"命令、"极轴追踪"方式绘制一个边长为50mm的正三角形ABC。

具体操作步骤如下:

1）启用极轴追踪(单击状态栏的"极轴追踪"按钮,使按钮为亮显状态)。

2）设置极轴增量角为30°(单击"极轴追踪"按钮后的下拉箭头,勾选 ✓ 30, 60, 90, 120... 选项)。

3）执行"直线"命令。

4）指定第一个点:(用光标指定任意一点为A点)

5）指定下一点或[放弃(U)]:(沿水平方向移动光标,出现极轴角0°提示时,输入"50"↙,确定B点,如图2-16a所示)

6）指定下一点或[退出(E)/放弃(U)]:(沿左上方向移动光标,出现极轴角120°提示时,输入"50"↙,确定C点,如图2-16b所示)

7）指定下一点或[关闭(C)/退出(X)/放弃(U)]:(选择"关闭"选项,封闭图形)

2.4.5　动态输入

AutoCAD 2022的动态输入是指可以在指针位置处显示标注输入和命令提示等信息,极大地方便了用户的绘图。

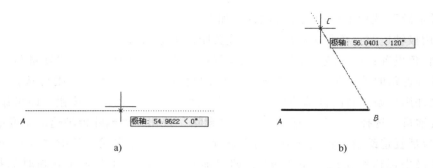

图 2-16　用"极轴追踪"方式绘制正三角形

打开或关闭动态输入功能可以在状态栏中单击"动态输入"按钮 ，或按<F12>键。

若要设置动态输入参数，则可通过"草图设置"对话框的"动态输入"选项卡进行设置，如图 2-17 所示。

命令调用主要有以下方式：单击菜单栏的"工具"→"草图设置"→"动态输入"，或右击状态栏的"动态输入"，选择右键快捷菜单中的"动态输入设置"。

"草图设置"对话框的"动态输入"选项卡中各选项说明如下：

1）启用指针输入：启用指针输入功能，可单击"设置"按钮，设置输入第二点或后续点的指针格式和可见性。第二点和后续点的默认格式为相对极坐标。

图 2-17　"草图设置"对话框的"动态输入"选项卡

2）可能时启用标注输入：启用标注输入功能，可单击"设置"按钮，设置标注输入的可见性。

3）动态提示：选中"在十字光标附近显示命令提示和命令输入"复选项，可在光标附近显示命令提示。

【例 2-8】　用"直线"命令、"动态输入"方式绘制如图 2-18 所示的平面图形 ABCD。

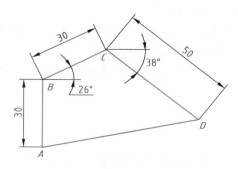

图 2-18　用"动态输入"方式绘制平面图形 ABCD

具体其操作步骤如下：

1）启用动态输入。（单击状态栏的"动态输入"按钮，使按钮为亮显状态）

2）执行"直线"命令。

3）指定第一个点：（用光标指定任意一点为 A 点）

4）指定下一点或［放弃（U）］：（输入距离值"30" ↙，按<Tab>键，输入极轴角"90" ↙，确定 B 点）

5）指定下一点或［退出（E）/放弃（U）］：（输入距离值"30" ↙，按<Tab>键，输入极轴角"26" ↙，确定 C 点）

6）指定下一点或［关闭（C）/退出（X）/放弃（U）］：（输入距离值"50" ↙，按<Tab>键，输入极轴角"−38" ↙，确定 D 点）

7）指定下一点或［关闭（C）/退出（X）/放弃（U）］：（选择"关闭"选项，封闭图形）

注意：

1）在第一个输入字段中输入值并按<Tab>键后，该字段将显示一个锁定图标，并且光标会受用户输入的值约束。随后可以在第二个输入字段中输入值。

2）第二个点和后续点的默认设置为相对极坐标时，不需要输入@符号。如果需要使用绝对坐标，则需使用#作为前缀。

2.5　实 例 解 析

【例 2-9】　绘制如图 2-19 所示的平面图形。

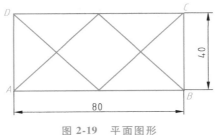

图 2-19　平面图形

具体操作步骤如下：

1）启用状态栏的"极轴追踪""对象捕捉"和"对象捕捉追踪"按钮。

2）执行"直线"命令。

3）指定第一个点：（拾取任意一点作为 A 点）

4）指定下一点或［放弃（U）］：（将光标沿极轴角为零度方向移动，此时出现一条水平追踪线，如图 2-20 所示，输入"80" ↙，确定 B 点）

5）指定下一点或［退出（E）/放弃（U）］：（将光标沿极轴角为 90° 的方向移动，此时出现一条垂直追踪线，如图 2-21 所示。输入"40" ↙，确定 C 点）

6）指定下一点或［关闭（C）/退出（X）/放弃（U）］：（将光标移动至矩形起点处，出

| 图 2-20 极轴水平追踪确定 B 点 | 图 2-21 极轴垂直追踪确定 C 点 |

现端点提示（即黄色小方块）后，慢慢向上移动，当与水平方向辅助线交叉点出现如图 2-22 所示的提示时，拾取以确定 D 点）

7）指定下一点或［关闭（C）/退出（X）/放弃（U）］:（选择"关闭"选项，封闭矩形）

8）按<Enter>键，重复执行"直线"命令。

9）指定第一个点:（将光标移至矩形的角点附近，当出现黄色小方块"端点"提示时，拾取以确定第一个点，如图 2-23 所示。若未显示"端点"提示，可右击状态栏的"对象捕捉"，在右键快捷菜单中选中"端点"和"中点"。）

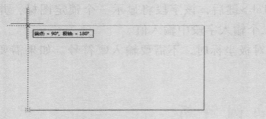
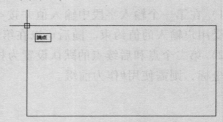

| 图 2-22 极轴垂直水平追踪确定 D 点 | 图 2-23 捕捉矩形的端点 |

10）指定下一点或［放弃（U）］:（将光标移至对边中点附近，当出现黄色小三角"中点"提示时，拾取以确定该中点，如图 2-24 所示）

11）捕捉其他各点完成图形。

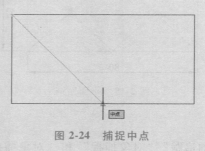

图 2-24 捕捉中点

思考与练习

1. 在 AutoCAD 2022 中，点坐标输入的方式有哪几种？

2. 绘图单位精度可通过哪个命令进行设置？

3. 如何缩放一幅图形，使之能够最大限度地充满当前视图窗口？

4. "缩放"命令是否改变了图形的真实大小？

5. "平移"命令是否改变了图形的坐标位置?

6. 绘制如图 2-25 和图 2-26 所示的图形（不标注尺寸）。

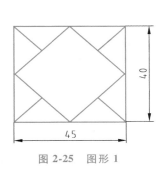

图 2-25　图形 1

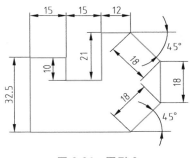

图 2-26　图形 2

相关拓展

绘制北斗卫星导航系统图标中的"北斗七星"图形及"北斗卫星导航标准体系（2.0版）"框架，如图 2-27 和图 2-28 所示。

图 2-27　"北斗七星"图形

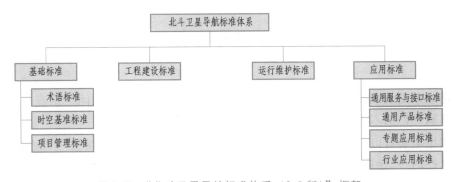

图 2-28　"北斗卫星导航标准体系（2.0版）"框架

北斗卫星导航系统［BeiDou（COMPASS）Navigation Satellite System］是我国正在实施的自主研发、独立运行的全球卫星导航系统，缩写为 BDS。它与美国的 GPS、俄罗斯的格洛纳斯、欧盟的伽利略系统兼容共用的全球卫星导航系统，并称为全球四大卫星导航系统。北斗卫星导航标准体系（2.0版）的发布，进一步加快了北斗卫星导航系统走向全球化服务的步伐，将有助于加速北斗进入系列国际通用数据标准工作。

第3章

二维图形绘制方法

二维绘图命令是使用 AutoCAD 绘图的基础。能否灵活、快速、准确地绘制图形，关键在于是否熟练掌握了绘图命令和编辑命令的使用方法和技巧。

功能区"默认"选项卡的"绘图"选项组如图 3-1 所示。

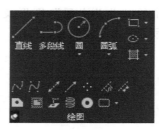

图 3-1 "绘图"选项组

3.1 线 的 绘 制

线的绘制命令主要包括直线、构造线和射线等命令。

3.1.1 直线

直线是最常见、最简单的图形实体。"直线"命令用于在两点之间绘制直线，用户可通过光标拾取或坐标输入来确定线段的起点和终点。

命令调用主要有以下方式：单击"默认"选项卡→"绘图"选项组→"直线"按钮，或单击菜单栏的→"绘图"→"直线"，或在命令行输入 LINE（L）。

"直线"命令提示中各选项功能如下：

1）闭合（C）：如果绘制多条线段，最后要形成一个封闭图形，选择该选项，则最后一个端点与第一条线段的起点重合形成封闭图形。

2）退出（E）：退出"直线"命令。

3）放弃（U）：取消刚绘制的线段。

注意：

1）用"直线"命令绘制的每一条线段都是一个独立的对象，可进行单独编辑。

2）在提示指定第一点时，如果直接按<Enter>键，则以前面所绘直线段的终点作为新线段的起点，继续绘制直线段。

【例 3-1】 用"直线"命令绘制一个边长为 100mm 的正三角形 *ABC*，*A* 点坐标为（50，50），结果如图 3-2 所示。

图 3-2 正三角形

具体操作步骤如下：

1）启用状态栏的"极轴追踪""对象捕捉"和"对象捕捉追踪"按钮。

2）设置极轴增量角为 30°或 60°均可。

3）执行"直线"命令。

4）指定第一个点：50，50✓（输入 *A* 点坐标位置，如 *A* 点未显示在绘图区，可双击滚轮，或执行"缩放"命令的"范围"选项）

5）指定下一点或［放弃（U）］：（沿水平方向移动光标，出现极轴角 0°提示时，输入"100"，确定 *B* 点）

6）指定下一点或［退出（E）/放弃（U）］：（沿左上方向移动光标，出现极轴角 120°提示时，输入"100"，确定 *C* 点）

7）指定下一点或［关闭（C）/退出（X）/放弃（U）］：C✓（选择"闭合"选项，封闭图形）

3.1.2 构造线和射线

"构造线"命令用于绘制无限长的直线，"射线"命令可绘制起于一点无限延长的线。这类线通常作为绘图过程中的辅助线使用。

"构造线"命令调用主要有以下方式：单击"默认"选项卡→"绘图"选项组→"构造线"按钮，或单击菜单栏的"绘图"→"构造线"，或在命令行输入 XLINE（XL）。

"射线"命令调用主要有以下方式：单击"默认"选项卡→"绘图"选项组→"射线"按钮，或单击菜单栏的"绘图"→"射线"，或在命令行输入 RAY。

执行"构造线"命令后，系统将提示"指定点或［水平（H）/垂直（V）/角度（A）/二等分（B）/偏移（O）］："，其各选项功能如下：

1）指定点：指定一点，即可用无限长直线所通过的两点定义构造线的位置。

2）水平（H）：创建一条通过选定点的水平参照线。

3）垂直（V）：创建一条通过选定点的垂直参照线。

4）角度（A）：以指定的角度创建一条参照线。执行该选项后，系统将提示"输入参照线角度（0）或［参照（R）］："，这时可指定一个角度值或输入"R"选择"参照"选项。

5）参照线角度（O）：系统初始角度是0°，即所绘制的参照线是相对于水平线具有一定角度放置的。在已经确定参照线角度的情况下，参照线的方向已知，系统将提示"指定通过点"，AutoCAD将创建通过指定点的参照线，并使用指定角度。

6）参照（R）：指定参照线与选定直线之间的夹角值，从而绘制出与选定直线成一定角度的参照线。执行该选项后，系统将提示"选择直线对象"，这时用户应选择一条直线、多段线、射线或参照线，系统将继续提示"输入参照线角度和指定通过点"。在指定参照线角度时，输入正值，绘制的参照线相对于指定直线沿逆时针方向转动指定的角度；输入负值，绘制的参照线相对于指定直线沿顺时针方向转动指定的角度。

7）二等分（B）：绘制角平分线。执行该选项后，系统提示"指定角的顶点、角的起点、角的端点"，从而绘制出该角的角平分线。

8）偏移（O）：创建平行于另一个对象的参照线。执行该选项后，系统提示"指定偏移距离或［通过（T）］<当前值>:"，用户输入偏移距离后，系统将继续提示"选择直线对象"，此时用户应选择一条直线、多段线、射线或参照线，最后系统提示"指定要偏移的边"，用户可以指定一点并按<Enter>键终止命令。

9）通过（T）：创建一条直线偏移并通过指定点的参照线。执行该选项后，系统提示"选择直线对象和指定通过点"，此时用户应该指定参照线要经过的点并按<Enter>键终止命令。

"射线"命令选项较简单，只包括"指定点"和"通过点"。

注意：

1）"构造线"和"射线"命令所绘制的辅助线可以用"修剪""旋转"等命令进行编辑。

2）"构造线"和"射线"命令仅用于作绘图辅助线时，也可将这些构造线集中绘制在某一图层上，输出图形时，可以将该图层关闭。

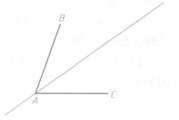

图 3-3 角平分线的绘制

【例 3-2】 用"构造线"命令绘制已知角 A 的平分线，如图 3-3 所示。

具体操作步骤如下：

1）执行"构造线"命令。

2）指定点或［水平（H）/垂直（V）/角度（A）/二等分（B）/偏移（O）］：（选择"二等分"方式绘制角平分线）

3）指定角的顶点：（用光标捕捉顶点 A）

4）指定角的起点：（用光标捕捉起点 B）

5）指定角的端点：（用光标捕捉端点 C）

6）指定角的端点：↙（按<Enter>键结束命令）

3.2 弧形的绘制

绘制弧形的命令包括"圆"（CIRCLE）、"圆弧"（ARC）、"椭圆"和"椭圆弧"（ELLIPSE）等命令。

3.2.1　圆

圆也是绘图中最常用的一种基本实体，"圆"命令用于绘制没有宽度的圆形，Auto CAD 提供了六种绘制圆的方式，如图 3-4 所示。

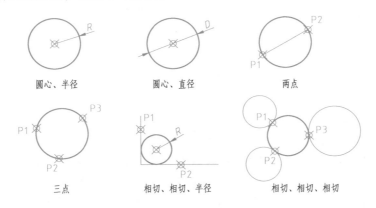

圆心、半径　　　　圆心、直径　　　　两点

三点　　　　相切、相切、半径　　　　相切、相切、相切

图 3-4　六种绘制圆的方式

命令调用主要有以下方式：单击"默认"选项卡→"绘图"选项组→"圆"按钮，或单击菜单栏的"绘图"→"圆"，或在命令行输入 CIRCLE（C）。

执行"圆"命令后，系统将提示"指定圆的圆心或［三点（3P）/两点（2P）/切点、切点、半径（T）］:"，指定圆心后，系统将提示"指定圆的半径或［直径（D）］<当前值>:"，输入半径或选择"D"以直径方式绘制圆。其各选项功能如下：

1）三点（3P）：通过圆周上的三个点来绘制圆。按系统提示分别指定圆上的任意三个点。

2）两点（2P）：通过确定直径上的两个点绘制圆。按系统提示分别指定圆的直径的两个端点。

3）切点、切点、半径（T）：通过两条切线和半径绘制圆。按系统提示分别指定与圆相切的切线上的点以及圆的半径。

"绘图"选项组中的"圆"按钮菜单如图 3-5 所示，其中各选项含义及功能如下：

1）圆心、半径：用圆心和半径方式绘制圆。

2）圆心、直径：用圆心和直径方式绘制圆。

3）两点：两点绘制圆。此两点为圆直径的两个端点。

4）三点：通过任意三点绘制圆。

5）相切、相切、半径：用切线、切线、半径的方式绘制圆。

6）相切、相切、相切：用切线、切线、切线的方式绘制圆。

注意：

1）在用"相切、相切、半径"选项绘制圆时，必须在与圆相切的对象上捕捉切点，如果半径不合适，系统将提示"圆不存在"。

2）在用"相切、相切、相切"选项绘制圆时，拾取相切对

图 3-5　"圆"按钮菜单

象的位置点不同，得到的结果也不同。

3）通过"圆"命令绘制的圆对象不能用"分解"命令进行分解。

4）圆有时显示成多段折线，即圆的光滑度与"VIEWRES"值有关，其值越大，圆越光滑，但显示与出图无关，即无论其值多大均不影响出图后圆的光滑度。可以用"REGEN"命令自动重新生成图形。

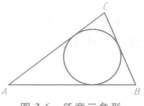

图3-6 任意三角形 *ABC* 内切圆的绘制

【例3-3】 用"圆"命令作三角形 *ABC* 的内切圆，如图3-6所示。

具体操作步骤如下：

1）通过"圆"按钮菜单，选择"相切、相切、相切"方式执行"圆"命令。

2）指定圆的圆心或［三点（3P）/两点（2P）/切点、切点、半径（T）］：_3p ↙

3）指定圆上的第一个点：_tan 到（指定圆的第一条切线 *AB* 上任意一点）

4）指定圆上的第二点：_tan 到（指定圆的第二条切线 *BC* 上任意一点）

5）指定圆上的第三点：_tan 到（指定圆的第三条切线 *AC* 上任意一点）

【例3-4】 用"圆"命令绘制如图3-7所示的法兰盘。

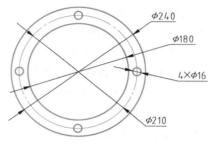

图3-7 法兰盘

具体操作步骤如下：

1）将状态栏的"极轴""对象捕捉"和"对象捕捉追踪"均设置为启用状态。

2）绘制最外侧的 φ240mm 大圆：

① 执行"圆"命令。

② 在图形窗口内任意拾取一点为圆心。输入半径"120" ↙。

3）绘制内侧的 φ180mm 圆：

① 直接按<Enter>键，重复执行"圆"命令。

② 捕捉 φ240mm 圆的圆心为 φ180mm 圆的圆心。

③ 输入半径"90" ↙。

4）绘制 φ210mm 的圆：

① 重复执行"圆"命令。

② 捕捉 φ240mm 圆的圆心为 φ210mm 圆的圆心。

③ 输入半径"105" ↙。

5）绘制四个 φ16mm 的圆：

① 重复执行"圆"命令。

② 捕捉"象限点"方式：将状态栏中"对象捕捉"的"象限点"设为启用状态，当提示"输入圆心"时，捕捉 φ210mm 圆的象限点即为 φ16mm 圆的圆心，再输入小圆半径"8"✓。其他小圆绘制方法相同。

③ "对象捕捉追踪"方式：例如绘制右侧小圆，当提示"指定圆心"时，用光标捕捉 φ240mm 圆的圆心后，水平向右追踪至 φ210mm 的圆周上，出现交点提示时拾取，即为右侧小圆圆心。

3.2.2 圆弧

AutoCAD 提供了多种绘制圆弧的方式，这些方式都是由起点、方向、中点、包角、终点和弧长等参数来确定绘制的。

命令调用主要有以下方式：单击"默认"选项卡→"绘图"选项组→"圆弧"按钮 ，或单击菜单栏的"绘图"→"圆弧"，或在命令行输入 ARC（A）。

执行"圆弧"命令后，系统将提示"指定圆弧的起点或［圆心（C）］:"，指定起点后，系统提示"指定圆弧的第二点或［圆心（C）/端点（E）］:"，指定第二点后，系统继续提示"指定圆弧的端点:"，则指定圆弧端点，即通过指定圆弧上的三点完成圆弧的绘制。当以某一方式绘制圆弧时，会出现如下一些选项：

1）中心点（C）：圆弧的中心。

2）端点（E）：圆弧的终点。

3）弦长（L）：圆弧的弦长。

4）方向（D）：定义圆弧起始点的切线方向。

"绘图"选项组中的"圆弧"按钮菜单如图 3-8 所示，其中各选项含义及功能如下：

1）三点：三点确定一条圆弧。

2）起点、圆心、端点：以起点、圆心和端点绘制圆弧。

3）起点、圆心、角度：以起点、圆心和圆心角绘制圆弧。

4）起点、圆心、长度：以起点、圆心和弦长绘制圆弧。

5）起点、端点、角度：以起点、终点和圆心角绘制圆弧。

6）起点、端点、方向：以起点、终点和圆弧起点的切线方向绘制圆弧。

7）起点、端点、半径：以起点、终点和半径绘制圆弧。

8）圆心、起点、端点：以圆心、起点和终点绘制圆弧。

9）圆心、起点、角度：以圆心、起点和圆心角绘制圆弧。

10）圆心、起点、长度：以圆心、起点和弦长绘制圆弧。

11）连续：从一段已有的线或圆弧开始绘制圆弧。用此选项绘制的圆弧与原有线或圆弧终点沿切线方向相接。

注意：

1）圆弧的半径有正、负之分。当半径为正值时，绘制小圆弧；当半

图 3-8 "圆弧"
按钮菜单

径为负值时，绘制大圆弧。

2）圆弧的角度也有正、负之分。角度为正值时，系统沿逆时针方向绘制圆弧；角度为负值时，则沿顺时针方向绘制圆弧。以弦长方式绘制圆弧时，输入正值画小弧，输入负值画大弧。

3）圆弧有时显示成多段折线，即其光滑度与"VIEWRES"值有关，其值越大，圆弧越光滑，但显示与出图无关，即无论其值多大均不影响出图后圆弧的光滑度。可以用"视图快速缩放（VIEWRES）"命令和"视图重生（RE-GEN）"命令控制。

4）按住<Ctrl>键来切换所要绘制圆弧的方向，这样可以轻松地绘制不同方向的圆弧。

图3-9　圆弧的绘制

【例3-5】　用"圆弧"命令从 A 点绘制60°弧线，如图3-9所示。

具体操作步骤如下：
1）执行"圆弧"命令。
2）指定圆弧的起点或［圆心（C）］：（指定起点 A）
3）指定圆弧的第二点或［圆心（C）/端点（E）］：（选择"圆心（C）"选项）
4）指定圆弧的圆心：（指定圆心 O）
5）指定圆弧的端点（按住<Ctrl>键以切换方向）或［角度（A）/弦长（L）］：（选择"角度（A）"选项）
6）指定夹角（按住<Ctrl>键以切换方向）：（输入圆弧角度"60"↙）

3.2.3　椭圆和椭圆弧

"椭圆"和"椭圆弧"命令相同，都是输入"ELLIPSE"，但命令行提示不同。绘制椭圆主要由中心、长轴和短轴三个参数来描述。绘制椭圆弧则要求确定起始点和终止点。

命令调用主要有以下方式：单击"默认"选项卡→"绘图"选项组→"椭圆"按钮，或单击菜单栏的"绘图"→"椭圆"，或在命令行输入 ELLIPSE（EL）。

1. 绘制椭圆

执行"椭圆"命令后，系统将提示"指定椭圆的轴端点［圆弧（A）/中心点（C）］："，指定轴端点后，系统将提示"指定轴的另一个端点："，指定轴的另一个端点后，系统继续提示"指定另一条半轴长度："，则输入长度值或指定第三点，系统由中心点和第三点之间的距离决定椭圆另一轴的半轴长度。命令提示中其他各选项含义及功能如下：

1）中心点（C）：以指定椭圆圆心及一个轴（主轴）的端点、另一个轴的半轴长度绘制椭圆。

2）旋转（R）：输入角度，将一个圆绕着长轴方向旋转成椭圆，若输入"0"，则绘制出圆。

2. 绘制椭圆弧

执行"椭圆"命令后，系统将提示"指定椭圆的轴端点［圆弧（A）/中心点（C）］："，选择"圆弧（A）"选项用于绘制椭圆弧。系统继续提示"指定椭圆弧的轴端点或［中心点（C）］："，则指定轴端点或输入"C"选择"中心点"选项。命令提示中各选项含义及功能如下：

1）另一条半轴长度：输入长度值或指定第三点，决定椭圆弧的另一条半轴长度。

2）旋转（R）：输入角度，绕长轴旋转成的椭圆弧。

3）指定起点角度：给定椭圆弧的起点角度。

4）指定端点角度：给定椭圆弧的端点角度。

5）包含角度（I）：指定椭圆弧所包含角的大小。

6）参数（P）：确定椭圆弧的起始角。

执行"椭圆弧"命令后，系统将提示"指定椭圆的轴端点［圆弧（A）/中心点（C）］："，选择"圆弧（A）"选项，系统提示"指定椭圆弧的轴端点或［中心点（C）］："，指定轴端点或输入"C"，选择"中心点"选项。各选项含义及功能同上。

注意："椭圆"命令绘制的椭圆、椭圆弧同圆一样，不能用"分解"命令进行分解。

【例3-6】 用"椭圆"命令绘制一个中心点坐标为（100，100），长轴为100mm，短轴为60mm的椭圆，如图3-10所示。

图3-10 椭圆的绘制

具体操作步骤如下：

1）执行"椭圆"命令。

2）指定椭圆的轴端点［圆弧（A）/中心点（C）］：（选择"中心点（C）"选项）

3）指定椭圆的中心点：（输入中心点坐标"100，100"↙）

4）指定轴的端点：（相对中心点输入椭圆一轴端点坐标"@50，0"↙）

5）指定另一条半轴长度或［旋转（R）］：（相对中心点输入椭圆另一轴端点坐标"@0，30"↙）

3.3 多段线的绘制

"多段线"命令用于绘制由若干直线和圆弧连接而成的不同宽度的曲线或折线，且该多段线中含有的所有直线或圆弧都是一个实体，可以用"修改"选项组中的"编辑多段线"命令对其进行编辑。

命令调用主要有以下方式：单击"默认"选项卡→"绘图"选项组→"多段线"按钮，或单击菜单栏的"绘图"→"多段线"，或在命令行输入 PLINE（PL）。

执行"多段线"命令，指定多段线的起点后，系统提示"指定下一点或［圆弧（A）/闭合（C）/半宽（H）/长度（L）/放弃（U）/宽度（W）］："，命令提示中各选项功能如下：

（1）圆弧（A） 输入"A"，以绘制圆弧的方式绘制多段线。系统提示"指定圆弧的端点或［角度（A）/圆心（CE）/闭合（CL）/方向（D）/半宽（H）/直线（L）/半径（R）/第二点（S）/放弃（U）/宽度（W）］："，其各选项功能如下：

1）角度（A）：指定圆弧的圆心角绘制圆弧。

2）圆心（CE）：指定圆弧的圆心绘制圆弧。

3）闭合（CL）：自动将多段线闭合，即将选定的最后一点与多段线的起点连起来，并结束命令。

4）方向（D）：取消直线与弧的相切关系设置，改变圆弧的起始方向。

5）半宽（H）：指定多段线的起点与终点的半宽度值。

6）直线（L）：返回绘制直线方式。

7）半径（R）：指定圆弧半径绘制圆弧。

8）第二点（S）：指定三点绘制圆弧。

9）放弃（U）：取消刚绘制的一段多段线。

10）宽度（W）：设置起点与终点的宽度值。

（2）长度（L）　指定绘制的多段线的长度，系统将按照上一段线的方向绘制。若上一段是圆弧，将绘制出与此圆弧相切的线段。

主提示下的"闭合（C）""半宽（H）""放弃（U）""宽度（W）"选项的功能同"圆弧（A）"提示中的相应选项。

注意：

1）可用"分解"命令将多段线分解为多个单一实体的直线和圆弧，且分解后宽度信息将会消失。

2）要闭合一个有宽度的多段线，必须选择"闭合"选项才能使其完全封闭，否则会出现缺口。

3）"填充"命令或系统变量 FILLMODE 可控制"多段线""多线""二维填充""圆环""矩形"和"多边形"等命令绘制的带宽度对象的填充显示。当改变填充方式后，必须用"重生成"命令重生成图形，才能将填充的结果显示出来。

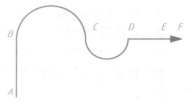

图 3-11　"多段线"命令的应用

【例 3-7】　用"多段线"命令绘制如图 3-11 所示的图形。

具体操作步骤如下：

1）执行"多段线"命令。

2）指定起点：（拾取任一点为起始点 A）

3）指定下一点或［圆弧（A）/闭合（C）/半宽（H）/长度（L）/放弃（U）/宽度（W）］：（选择"宽度"选项）

4）指定起点宽度<0.0000>：（输入起点线宽"2" ↙）

5）指定终点宽度<2.0000>：（直接按<Enter>键默认终点线宽也为"2"）

6）指定下一点或［圆弧（A）/闭合（C）/半宽（H）/长度（L）/放弃（U）/宽度（W）］：（拾取点 B）

7）指定下一点或［圆弧（A）/闭合（C）/半宽（H）/长度（L）/放弃（U）/宽度（W）］：（选择"圆弧"选项）

8）指定圆弧端点或［角度（A）/圆心（CE）/闭合（CL）/方向（D）/半宽（H）/直线（L）/半径（R）/第二点（S）/放弃（U）/宽度（W）］：（分别输入或用光标指定 C、D 点）

9）指定圆弧端点或［角度（A）/圆心（CE）/闭合（CL）/方向（D）/半宽（H）/直线（L）/半径（R）/第二点（S）/放弃（U）/宽度（W）］：（转成"直线"方式，指定 E 点）

10）指定下一点或［圆弧（A）/闭合（C）/半宽（H）/长度（L）/放弃（U）/宽度（W）］：（选择"宽度"选项）

11）指定起点宽度<0.0000>：（输入起点线宽"5"↙）

12）指定终点宽度<5.0000>：（输入终点线宽"0"↙）

13）指定下一点或［圆弧（A）/闭合（C）/半宽（H）/长度（L）/放弃（U）/宽度（W）］：（拾取端点 F）

14）指定下一点或［圆弧（A）/闭合（C）/半宽（H）/长度（L）/放弃（U）/宽度（W）］：↙（直接按<Enter>键结束绘制）

3.4　多边形的绘制

多边形除了使用"直线""多段线"命令定点绘制外，还可以用"正多边形""矩形"命令很方便地绘制正多边形和矩形。"绘图"选项组的"矩形"/"正多边形" ▭▾ 的下拉按钮可切换选择"矩形"或"正多边形"。

3.4.1　正多边形

"正多边形"命令用于绘制从 3~1024 条边的正多边形。

命令调用主要有以下方式：单击"默认"选项卡→"绘图"选项组→"正多边形"按钮 ⬠，或单击菜单栏的"绘图"→"正多边形"，或在命令行输入 POLYGON（POL）。

执行"正多边形"命令后，系统将提示"输入边的数目："，指定正多边形边数，系统默认设置为 4，即正方形。可输入 3~1024 之间任意一个数字。然后系统提示"指定正多边形的中心点或［边（E）］："，其各选项功能如下：

1）中心点：确定多边形的中心。

2）内接于圆（I）：用外接圆方式来定义多边形，是以中心点到多边形端点的距离为半径确定多边形。

3）外切于圆（C）：用内切圆方式来定义多边形，是以中心点到多边形各边垂直距离为半径确定多边形。

4）边（E）：确定多边形的一条边来绘制正多边形，它由边数和边长确定。输入"E"后，系统提示"指定边的第一个端点"和"指定边的第二个端点"，以确定多边形的第一条边的起始点及终点。

注意：

1）当再次输入"正多边形"命令时，提示的默认值将是上次所给的边数。

2）正多边形是封闭的多段线，可以用"编辑多段线"命令对其进行编辑。用"分解"命令分解后将成为单个对象的直线段。

3）以同样的半径，内切圆方式比外接圆方式绘制的正多边形要大。

4）因为正多边形实际上是多段线，所以不能用"中心"捕捉方式来捕捉一个已存在的多边形的中心。

【例 3-8】用"正多边形"命令绘制如图 3-12 所示的正六边形。

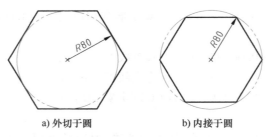

a) 外切于圆　　　　　　　　　　b) 内接于圆

图 3-12　正六边形的绘制

具体操作步骤如下：

1）执行"正多边形"命令。

2）输入边的数目<4>：6✓（输入多边形边数）

3）指定正多边形的中心点或[边（E）]：（用光标任意拾取一点为多边形的中心点）

4）输入选项[内接于圆（I）/外切于圆（C）]<I>：（选择"外切于圆"方式绘制正六边形，如图 3-12a 所示，如果选择"内接于圆"方式绘制正六边形，如图 3-12b 所示）

5）指定圆的半径：80✓（输入圆的半径）

3.4.2　矩形

"矩形"命令以指定两个对角点的方式绘制矩形，当两角点形成的边长相同时则生成正方形。

命令调用主要有以下方式：单击"默认"选项卡→"绘图"选项组→"矩形"按钮▢，或单击菜单栏的"绘图"→"矩形"，或在命令行输入 RECTANG（REC）。

执行"矩形"命令后，系统将提示"指定第一个角点或[倒角（C）/标高（E）/圆角（F）/厚度（T）/宽度（W）]："，当指定第一个角点后，系统将继续提示"指定另一个角点或[面积（A）/尺寸（D）/旋转（R）]："。其各选项功能如下：

1）倒角（C）：设定矩形的倒角距离，从而生成带倒角的矩形。

2）标高（E）：设定矩形在三维空间中的基面高度。

3）圆角（F）：设定矩形的倒圆半径，从而生成带倒圆的矩形。

4）厚度（T）：设定矩形的厚度，即三维空间 Z 轴方向的高度。

5）宽度（W）：设置矩形的线条宽度。

6）面积（A）：按指定的面积创建矩形。

7）尺寸（D）：按指定的长、宽尺寸创建矩形。

8）旋转（R）：按指定的旋转角度创建矩形。

注意：

1）选择对角点时，没有方向限制，可以从左到右，也可以从右到左。

2）可以绘制带圆角和切角的矩形，也可以根据面积或长和宽绘制矩形。

3）用"矩形"命令绘制出的矩形是一条封闭的多段线，可以用"编辑多段线"命令对其进行编辑，或者用"分解"命令分解成单一线段后分别进行编辑。

【例 3-9】　用"矩形"命令绘制一个圆角半径为 10mm、长为 100mm、宽为 50mm 的矩形，矩形线宽为 1mm，如图 3-13 所示。

图 3-13 有宽度的圆角矩形

具体操作步骤如下：

1）执行"矩形"命令。

2）指定第一个角点或[倒角（C）/标高（E）/圆角（F）/厚度（T）/宽度（W）]：F↙（选择"圆角"选项）

3）指定矩形的圆角半径<0.0000>：10↙（设圆角半径为 10mm）

4）指定第一个角点或[倒角（C）/标高（E）/圆角（F）/厚度（T）/宽度（W）]：W↙（选择"宽度"选项）

5）指定矩形的线宽<0.0000>：1↙（设线宽为 1mm）

6）指定第一个角点或[倒角（C）/标高（E）/圆角（F）/厚度（T）/宽度（W）]：（拾取任一点为矩形第一角点）

7）指定另一个角点：@100，50↙（确定矩形相对的第二角点）

3.5 样条曲线的绘制

"样条曲线（SPLINE）"命令用于绘制二次或三次样条曲线，它可以由起点、终点、控制点及偏差来控制曲线。样条曲线可用于表达机械图形中断裂线及地形图的标高线等。

命令调用主要有以下方式：单击"默认"选项卡→"绘图"选项组→"样条曲线"按钮，或单击菜单栏的"绘图"→"样条曲线"，或在命令行输入 SPLINE（SPL）。

执行"样条曲线"命令后，系统提示"当前设置"及"指定第一个点或[方式（M）/节点（K）/对象（O）]："，指定第一个点后，系统提示"输入下一个点或[起点切向（T）/公差（L）]："，输入下一个点后，系统提示"输入下一个点或[端点相切（T）/公差（L）/放弃（U）]："，再次输入下一个点后，系统提示"输入下一个点或[端点相切（T）/公差（L）/放弃（U）/闭合（C）]："，各选项功能如下：

1）方式（M）：用于控制使用拟合点或控制点来创建样条曲线。其中，"拟合（F）"选项是通过指定必须经过的拟合点来创建 3 阶 B 样条曲线，"控制点（CV）"选项是通过指定控制点来创建样条曲线，效果比移动拟合点的更好。

2）节点（K）：指定节点参数化，是一种计算方法，用来确定样条曲线中连续拟合点之间的零部件曲线如何过渡。

3）对象（O）：将二维或三维的二次或三次样条曲线拟合多段线转换成等效的样条曲线。

4）起点切向（T）：指定样条曲线起始点处的切线方向。

5）端点相切（T）：指定样条曲线终点处的切线方向。

6）公差（L）：指定样条曲线可以偏离指定拟合点的距离。值越大，曲线越远离指定的点；值越小，曲线离指定点越近。

7）闭合（C）：生成一条闭合的样条曲线。

注意：

1）样条曲线可以通过偏差来控制曲线光滑度。偏差越小，曲率越小。

2）样条曲线不是多段线，因此不能编辑，也不能用"分解"命令分解。

【例3-10】 用"样条曲线"命令绘制如图3-14所示的样条曲线。

图3-14　样条曲线的绘制

具体操作步骤如下：

1）执行"样条曲线"命令。

2）系统提供当前默认设置：当前设置：方式=拟合　节点=弦

指定第一个点或［方式（M）/节点（K）/对象（O）］：_M

输入样条曲线创建方式［拟合（F）/控制点（CV）］<拟合>：_FIT

当前设置：方式=拟合　节点=弦

3）指定第一个点或［方式（M）/节点（K）/对象（O）］：（拾取曲线起点A）

4）输入下一个点或［起点切向（T）/公差（L）］：（拾取曲线第二拟合点B）

5）输入下一个点或［端点相切（T）/公差（L）/放弃（U）］：（拾取曲线第三拟合点C）

6）输入下一个点或［端点相切（T）/公差（L）/放弃（U）/闭合（C）］：（拾取曲线终点D）

7）输入下一个点或［端点相切（T）/公差（L）/放弃（U）/闭合（C）］：↙（结束拟合点的输入）

3.6　多线的绘制

"多线（MLINE）"命令用于绘制多条相互平行的线，每条线的颜色和线型可以相同，也可以不同，且其线宽、偏移、比例、样式和端点封口都可以用"MLINE"和"MLSTYLE"命令控制。"多线"命令在建筑工程上常用于绘制墙线。

命令调用主要有以下方式：单击菜单栏的"绘图"→"多线"，或在命令行输入MLINE（ML）。

执行"多线"命令后，系统将提示"指定起点或［对正（J）/比例（S）/样式（ST）］："，各选项功能如下：

1）对正（J）：该选项用于决定多线相对于用户输入端点的偏移位置，选择"对正"选项后，系统将继续提示"输入对正类型［上（T）/无（Z）/下（B）］<下>："，其中各选项含义如下：

① 上（T）：多线上最顶端的线将随着光标进行移动。

② 无（Z）：多线的中心线将随着光标进行移动。

③ 下（B）：多线上最底端的线将随着光标进行移动。

2）比例（S）：控制定义的平行多线绘制时的比例，相同的样式用不同的比例绘制时，平行多线的宽度会不一样，负比例把偏移顺序反转。

3）样式（ST）：绘制多线时使用的样式，默认线型样式为STANDARD。若选择该选项，可在"输入多线样式名或［?］"提示后输入已定义的样式名，输入"?"则显示当前图中已定义的多线样式。

注意：

1）"多线"命令的默认模式为双线，线宽为1mm，若使用其他样式，则必须先用"多线样式"命令定义样式。

2）只能绘制由直线段组成的平行多线，多条平行线是一个整体。

3）如果要对多线进行偏移、倒角、倒圆和修剪等操作，则必须先使用"分解"命令将其分解为单个实体。

图 3-15 用"多线"命令绘制图形

【例 3-11】 用"多线"命令绘制如图 3-15 所示的图形。

具体操作步骤如下：

1）执行"多线"命令。

2）当前设置：对正=上，比例=20.00，样式=STANDARD 指定起点或［对正(J)/比例(S)/样式(ST)］：（指定起始点 A）

3）指定下一点：（指定点 B）

4）指定下一点或［放弃(U)］：（依次指定 C、D、E 点）

5）指定下一点或［闭合(C)/放弃(U)］：C↙（选择"闭合"选项，闭合多线）

3.7 点 的 绘 制

点作为实体对象，同样具有各种实体属性，可以被编辑。绘制点的主要命令包括"点"命令、"定数等分"命令及"定距等分"命令。

3.7.1 点

1. "点样式"

点的样式和大小可由"点样式（DDPTYPE）"命令或系统变量"点样式（PDMODE）"和"点大小（PDSIZE）"控制。

默认情况下，点仅被显示成小圆点。

"点样式"命令调用主要有以下方式：单击"默认"选项卡→"实用工具"选项组→"点样式"按钮 点样式... ，或单击菜单栏的"格式"→"点样式"，或在命令行输入 DDP-TYPE。

执行"点样式"命令，将打开"点样式"对话框，如图3-16所示。主要选项说明如下：

1）相对于屏幕设置大小：设置点相对尺寸，当用"缩放"命令放大或缩小图样时，点也会放大或缩小。

2）按绝对单位设置大小：设置点的绝对尺寸，当用"缩放"命令放大或缩小图样时，点的大小不会受到影响，但是使用"缩放"命令后，先要用"重生成"命令重生图样才能看出结果。

2．"点"命令

"点"命令可生成单个或多个点，这些点可用作标记点、标注点等。

"点"命令调用主要有以下方式：单击"默认"选项卡→"绘图"选项组→"多点"按钮，或单击菜单栏的"绘图"→"单点"或"多点"，或在命令行输入 POINT（PO）。

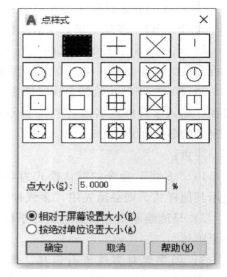

图3-16 "点样式"对话框

执行"点"命令后，系统将提示"当前点模式：PDMODE = 0　PDSIZE = −3.0000　指定点："，主要选项说明如下：

1）点样式（PDMODE）：控制点样式的系统变量。

2）点大小（PDSIZE）：控制点大小的系统变量。当 PDSIZE 的值为正值时，其表示点的绝对大小，即实际大小；当 PDSIZE 的值为负值时，其表示点的大小为相对视图大小的百分比。

注意：

1）点作为实体可以使用编辑命令进行编辑。

2）系统在生成相关尺寸标注时也会生成点，位于名为"Defpoint"的图层上。

3）改变系统变量"点样式"和"点大小"的值后，只影响之后绘制的点，而已绘制的点不会发生改变，只有在用"重生成"命令或重新打开图形时才会改变。

图3-17 点的绘制

【例3-12】 改变点的样式和大小，绘制如图3-17所示的点（可将"捕捉""栅格"打开辅助定点）。

具体操作步骤如下：

1）打开"点样式"对话框，并将点样式设置成"⊗"，将点大小设置成"5"。

2）执行"点"命令。

3）当前点模式：PDMODE = 35　PDSIZE = 0.0000　指定点：（依次指定各点的位置）

3.7.2 定数等分

"定数等分"命令以等分长度放置点或图块。被等分的对象可以是直线、圆、圆弧和多段线等实体，等分点只是按要求在等分对象上定出点标记。

命令调用主要有以下方式：单击"默认"选项卡→"绘图"选项组→"定数等分"按钮 ，或单击菜单栏的"绘图"→"点"→"定数等分"，或在命令行输入 DIVIDE（DIV）。

执行"定数等分"命令后，系统将提示"输入线段数目或［块（B）］:"，其各选项功能如下：

1）输入线段数目：输入线段的等分段数，系统自动将所选实体分为给定段数，并在分段处放置点对象。

2）块（B）：选择该选项，以给定段数将所选的实体分段，并放置给定图块。

注意：

1）"定数等分"命令并未将实体断开，而是在相应位置上标注辅助对象点。

2）编辑由"定数等分"命令等分的原实体时，如果没有选中点目标，点不会发生变化。

3）用"定数等分"命令等分插入点时，点的形式应预先定义。

【例3-13】　将如图3-18a所示的线段进行四等分，结果如图3-18b所示。

a)　　　　　　　　　　b)

图3-18　定数等分

具体操作步骤如下：

1）执行"定数等分"命令。

2）选择要定数等分的对象：（拾取要等分的对象）

3）输入线段数目或［块（B）］: 4✓（输入等分的数目，按<Enter>键结束命令）

3.7.3　定距等分

"定距等分"命令用于在选择对象上用给定的距离放置点或图块。

"定数等分"命令是给定数目等分所选对象，而"定距等分"命令则是以给定单元段长度在所选对象上插入点或块标记，直到不足一个间距为止。

命令调用主要有以下方式：单击"默认"选项卡→"绘图"选项组→"定距等分"按钮 ，或单击菜单栏的"绘图"→"点"→"定距等分"，或在命令行输入 MEASURE（ME）。

执行"定距等分"命令后，系统将提示"指定线段长度或［块（B）］:"，其各项功能如下：

1）指定线段长度：给定单元段长度，系统自动测量实体，并以给定单元段长度等距绘制辅助点。

2）块（B）：选择该选项，以给定单元段长度等距插入给定图块。

注意：

1）"定距等分"命令每次仅适用于一个对象，将点的位置放置在离拾取对象最近的端点处，从此端点开始，以相等的距离计算度量点，直到余下部分不足一个间距为止。

2）"定距等分"命令并未将实体断开，而是在相应位置上标注辅助对象点。

3）编辑由"定距等分"命令等距插入的原实体时，如果没有选中点目标，点不会发生变化。

4）用"定距等分"命令定距插入点时，点的形式应预先定义。

【例3-14】 用"定距等分"命令，将如图3-19a所示的弧线以指定距离插入点，间距为45mm，结果如图3-19b所示。

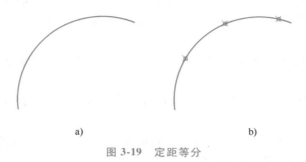

a)   b)

图3-19　定距等分

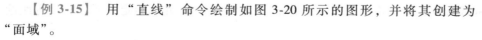

具体操作步骤如下：

1）执行"定距等分"命令。

2）选择要定距等分的对象：（选择要定距插入的对象）

3）指定线段长度或［块（B）］：45✔（输入定距插入的间距，结束命令）

3.8　面域的绘制

"面域"命令用于将封闭区域的对象转换为二维面域对象。可以将现有面域合并为单个复合面域来计算面积。

命令调用主要有以下方式：单击"默认"选项卡→"绘图"选项组→"面域"按钮 ，或单击菜单栏的"绘图"→"面域"，或在命令行输入REGION。

执行"面域"命令后，系统将提示"选择对象："，其功能为使用形成闭合环的对象创建二维闭合区域。

注意：

1）组成环的对象必须闭合或通过与其他对象共享端点而形成闭合的区域。

2）可以是直线、多段线、圆、圆弧、椭圆、椭圆弧和样条曲线的组合，但不能有交叉点或自交的对象。

【例3-15】 用"直线"命令绘制如图3-20所示的图形，并将其创建为"面域"。

图3-20　创建"面域"

具体操作步骤如下：

1）执行"直线"和"圆弧"命令，绘制图形。

2）执行"面域"命令。

3）选择对象：（框选所绘图形）

4）找到4个选择对象：✔（结束选择）

5）已提取1个环，已创建1个面域。

3.9　圆环的绘制

"圆环"命令用于绘制指定内外直径的圆环或填充圆。

命令调用主要有以下方式：单击"默认"选项卡→"绘图"选项组→"圆环"按钮◉，或单击菜单栏的"绘图"→"圆环"，或在命令行输入 DONUT（DO）或 DOUGHOUT。

执行"圆环"命令后，系统将提示"指定圆环的内径<默认值>:"，输入圆环内径，此时如果输入 0，再输入一个不为 0 的外径，即可绘制一个实心圆。命令提示中各选项含义如下：

1）指定圆环的外径<默认值>：输入圆环外径。

2）指定圆环的中心点<退出>：指定圆环的中心或按<Enter>键结束命令。

注意：

1）输入内径为 0，外径为大于 0 的数值，可绘制实心圆，如图 3-21a 所示。

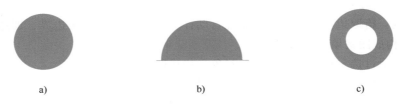

a)　　　　　　　　　　b)　　　　　　　　　　c)

图 3-21　用"圆环"命令绘制图形

2）"圆环"命令在绘制完一个圆环后，"指定圆环的中心点<退出>:"会不断出现，用户可继续绘制多个相同的圆环，直到按<Enter>键结束命令为止。

3）"圆环"命令绘制的圆环实际上是多段线，因此可以用"编辑多段线"命令的"宽度（W）"选项修改圆环的宽度，"圆环"命令生成的图形可以被修剪，如图 3-21b 所示。

【例 3-16】　用"圆环"命令绘制一个内径为 5mm、外径为 10mm 的圆环，如图 3-21c 所示。

> 具体操作步骤如下：
> 1）执行"圆环"命令。
> 2）指定圆环的内径<0.5000>：5↙（输入圆环内径）
> 3）指定圆环的外径<1.0000>：10↙（输入圆环外径）
> 4）指定圆环的中心点<退出>：（指定圆环的中心）
> 5）指定圆环的中心点<退出>：↙（结束命令）

3.10　图案填充、渐变色和边界

3.10.1　图案填充

图案填充是将某种图案填充到某一封闭区域，用来更形象地表示零件剖面图形，以体现材料种类和表面纹理等。

1. 创建图案填充

命令调用主要有以下方式：单击"默认"选项卡→"绘图"选项组→"图案填充"按钮▨，或单击菜单栏的"绘图"→"图案填充"，或在命令行输入 BHATCH（H 或 BH）/HATCH。

执行"图案填充"命令后，功能区会出现相关联的"图案填充创建"上下文选项卡，如图 3-22 所示。

图 3-22 "图案填充创建"上下文选项卡

各选项组主要含义如下：

（1）"边界"选项组

1）拾取点：拾取边界内的一点，系统自动计算包围该点的封闭边界，即通过指定封闭区域内部点来构成图案填充的边界。

2）选择：通过选定构成封闭区域的对象来构成图案填充的边界。

3）删除：从构成的边界中删除已添加的对象。

4）重新创建：围绕选定的图案填充或填充对象创建多段线或面域，并使其与图案填充对象相关联。

5）显示边界对象：选择构成选定关联图案填充对象的边界的对象。使用显示的夹点可修改图案填充边界。选项仅在编辑图案填充时才可用。

6）保留边界对象：处理图案填充边界对象的方式。

7）使用当前视口：从当前视口范围内的所有对象定义边界集。

（2）"图案"选项组　显示图案库中所有预定义和自定义图案的预览图像。

（3）"特性"选项组

1）图案填充类型：设定使用纯色、渐变色、图案或用户定义的填充类型。

2）图案填充颜色：设定填充图案的颜色。

3）背景色：设定填充图案背景的颜色。

4）图案填充透明度：设定新图案填充或填充的透明度，替代当前对象的透明度。

5）图案填充角度：设定图案填充的角度。

6）填充图案比例：设定填充图案的缩放比例。

7）图层替代：设定图案填充对象的新图层，替代当前图层。

8）相对图纸空间：在布局中使用，相对于图纸空间单位缩放填充图案，以适合于布局的比例显示填充图案。

9）双：将绘制第二组直线，与原始直线成 90°交叉线。

10）ISO 笔宽：基于选定的笔宽缩放 ISO 图案。

（4）"原点"选项组

1）设定原点：指定新的图案填充起始位置。

2）左下/右下/左上/右上/中心：将图案填充原点设定在图案填充边界矩形范围的各角点。

3）使用当前原点：将图案填充原点设定在系统的默认位置。

4）存储为默认原点：将新图案填充原点的值存储在 HPORIGIN 系统变量中。

（5）"选项"选项组

1）关联：指定图案填充或填充为关联图案填充。

2）注释性：指定图案填充为注释性。

3）特性匹配：使用当前原点或使用源图案填充的原点继承特性。

4）允许的间隙：设定将对象用作图案填充边界时可以忽略的最大间隙。默认值为 0，指必须是封闭区域而没有间隙。

5）创建独立的图案填充：对于几个单独的闭合边界，设定创建单个或多个图案填充对象。

6）孤岛检测：是否启用孤岛检测。

7）孤岛显示样式：图案填充时，如果遇到孤岛（即内部的封闭边界），则可采用不同的填充方式。图案的填充方式有如下三种：

① 普通方式：从外部边界向内填充。如果遇到内部孤岛，填充将关闭，直到遇到孤岛中的另一个孤岛。

② 外部方式：从外部边界向内填充。只填充指定的区域，不填充内部孤岛。

③ 忽略方式：忽略所有内部的孤岛，指定的区域内全部进行图案填充。

8）绘图次序：为图案填充指定绘图次序。选项包括不更改、后置、前置、置于边界之后以及置于边界之前。

（6）"关闭"选项组 关闭"图案填充创建"选项卡，退出"图案填充"命令。

如果单击"图案填充创建"上下文选项卡中"选项"选项组右下角的 按钮，或选择"图案填充"命令中的"设置（T）"选项，则将弹出"图案填充和渐变色"对话框，如图 3-23 所示。各主要选项含义与上述各选项组中的选项相同。

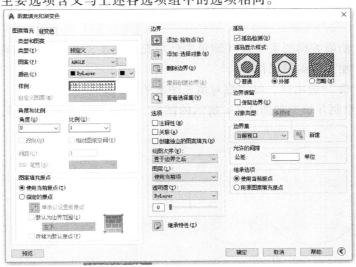

图 3-23 "图案填充和渐变色"对话框的"图案填充"选项卡

注意：

1）填充图案时，边界必须封闭。如果系统提示"无效边界"，则应检查各连接点处是否封闭，可调整"允许的间隙"设置。

2）填充图案的关联性不是固定的，有些操作可破坏关联性。

【例3-17】 将如图3-24a所示的图形进行图案填充，结果如图3-24b所示。

具体操作步骤如下：

1）执行"图案填充"命令。

2）功能区出现"图案填充创建"选项卡。

3）选取图案类型为"ANSI31"。

4）单击"拾取点"按钮，返回到绘图界面。

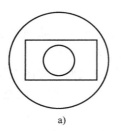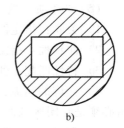

图3-24 图案填充示例

5）拾取所要填充的区域内部一点（即大圆与矩形之间任意一点），进行图案填充。

6）如果填充结果不对，可从"选项"选项组中选择普通孤岛显示样式。可调整图案填充的角度、比例等其他设置。

7）单击"关闭"按钮，关闭"图案填充创建"选项卡，退出"图案填充"命令。

2. 图案填充的编辑

对于已填的图案可进行修改，修改图案填充的原有特性。

命令调用主要有以下方式：单击"默认"选项卡→"修改"选项组→"编辑图案填充"按钮，或单击菜单栏的"修改"→"对象"→"图案填充"，或在命令行输入HATCHEDIT。

执行"编辑图案填充"命令后，功能区会出现"图案填充编辑器"选项卡，可进行图案的编辑。另外，若此时按<Enter>键或单击"选项"选项组右下角的 按钮，会出现"编辑图案填充"对话框，也可进行图案的编辑。以上两种编辑图案填充的选项与创建时的选项相同，操作方法也相同。

注意：

1）可用夹点功能编辑图案填充（即单击已填充的图案，激活图案的夹点，显示为蓝色小圆），然后进行相关的编辑操作。

2）利用"特性"选项组，可实现对填充图案的编辑。

【例3-18】 绘制并填充如图3-25a所示的图案，再进行图案填充编辑，结果如图3-25b所示。

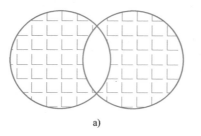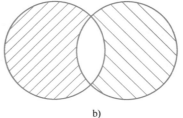

图3-25 图案填充编辑示例

具体操作步骤如下：

1）执行"图案填充"命令，完成图案填充，如图3-25a所示。

2）执行"图案填充编辑"命令，功能区出现"图案填充编辑器"选项卡。

3）在"选项"选项组中选取"创建独立的图案填充"，将两个图案独立以便分别编辑。

4）对左侧图案进行编辑：选取图案类型为"ANSI31"，图案填充角度为0°，填充图案比例为"1"，单击"关闭"按钮，完成左侧图案的修改。

5）右侧图案的编辑方法同上。选取图案类型为"ANSI31"，图案填充角度改为90°，填充图案比例改为"2"，单击"关闭"按钮，完成右侧图案的修改。

3.10.2 渐变色

使用渐变色填充封闭区域或选定对象。

命令调用主要有以下方式：单击"默认"选项卡→"绘图"选项组→"渐变色"按钮，或单击菜单栏的"绘图"→"渐变色"，或在命令行输入GRADIENT。

执行"渐变色"命令后，功能区也会出现渐变色的"图案填充创建"上下文选项卡，如图3-26所示。

图3-26 渐变色的"图案填充创建"上下文选项卡

各选项组中选项主要内容及功能与前面"图案填充"的创建和编辑相似，其他几项含义及功能如下：

1）单色：用一种颜色从深色到浅色均匀过渡填充，单击"浏览"按钮可弹出"选择颜色"对话框，可自选颜色。

2）双色：两种颜色间的均匀过渡渐变填充图案。

3）居中：对称的渐变颜色填充。

4）角度：相对当前UCS指定的渐变填充角度，与指定给图案填充的角度间无关联。

3.10.3 边界

从封闭区域创建面域或多段线。使用由对象封闭的区域内的指定点，定义用于创建面域或多段线的对象类型、边界集和孤岛检测方法。

命令调用主要有以下方式：单击"默认"选项卡→"绘图"选项组→"边界"按钮，或单击菜单栏的"绘图"→"边界"，或在命令行输入BOUNDARY。

执行"边界"命令后，系统弹出"边界创建"对话框，如图3-27所示。各选项含义及功能如下：

1）拾取点：根据围绕指定点构成封闭区域的现有对象来确定边界。

图3-27 "边界创建"对话框

2）孤岛检测：控制是否检测内部闭合边界，该边界称为孤岛。

3）对象类型：控制新边界对象的类型。将边界作为面域或多段线的创建对象。

4）边界集：定义通过指定点定义边界时要分析的对象集。

5）当前视口：根据当前视口范围中的所有对象定义边界集，选择此选项将放弃当前所有边界集。

6）新建：提示用户选择用来定义边界集的对象。仅包括可以在构造新边界集时，用于创建面域或闭合多段线的对象。

【例 3-19】 将如图 3-28 所示的图形创建为多段线的边界。

图 3-28　创建边界

具体操作步骤如下：

1）执行"圆弧"命令绘制图形。

2）执行"边界"命令，打开"边界创建"对话框。

3）单击"拾取点"按钮。

4）返回绘图区，单击图形内部一点。

5）单击"确定"按钮，结束命令。

6）命令行提示"BOUNDARY 已创建 1 个多段线"，即图形的边界由两段圆弧自动合成为一条多段线。

注意：在封闭的图形对象区域内，指定点后所形成的多段线或面域边界是与源对象重合的，可以利用"移动"命令显示出源对象的边界。

3.11　实例解析

【例 3-20】 绘制如图 3-29 所示的平面图形（点画线的设置详见第 5 章，这里可暂用细实线绘制）。

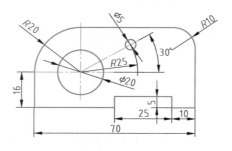

图 3-29　平面图形

可用"直线""圆""圆弧"和"多段线"等命令绘制，本例用"多段线"命令绘制外形轮廓。具体操作步骤如下：

1）设置状态栏的"极轴""对象捕捉"和"对象追踪"均为启用状态。

2）执行"多段线"命令。

3）指定起点：（在绘图区任意选取 A 点开始）

4）当前线宽为 0.0000 指定下一点或[圆弧（A）/闭合（C）/半宽（H）/长度（L）/放弃（U）/宽度（W）]：（垂直向下移动光标，当出现极轴追踪270°时，如图 3-30a 所示，输入"16"✓，即绘出最左侧线段）

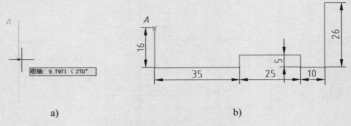

图 3-30 绘制各直线段

5）与上述方法相同，极轴追踪绘出各水平、垂直的直线段，如图 3-30b 所示。

6）指定下一点或[圆弧（A）/闭合（C）/半宽（H）/长度（L）/放弃（U）/宽度（W）]：A✓（选择"圆弧"选项，转成绘制圆弧）

7）指定圆弧的端点或[角度（A）/圆心（CE）/闭合（CL）/方向（D）/半宽（H）/直线（L）/半径（R）/第二个点（S）/放弃（U）/宽度（W）]：A✓（选择"角度"选项，采用角度方式绘制圆弧）

8）指定包含角：90✓（指定圆弧包含的角度）

9）指定圆弧的端点或[圆心（CE）/半径（R）]：CE✓（选择"圆心"选项，指定圆弧的圆心。如图 3-31 所示，输入"10"✓，即采用"对象追踪"，从右侧端点水平向左10mm确定圆心，同时绘制出了1/4圆弧）

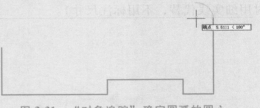

图 3-31 "对象追踪"确定圆弧的圆心

10）指定圆弧的端点或[角度（A）/圆心（CE）/闭合（CL）/方向（D）/半宽（H）/直线（L）/半径（R）/第二个点（S）/放弃（U）/宽度（W）]：L✓（选择"直线"选项，转成绘制直线）

11）指定下一点或[圆弧（A）/闭合（C）/半宽（H）/长度（L）/放弃（U）/宽度（W）]：40✓（绘出最上面的线段）

12）采用同样的方法，绘制左上角 R20mm 圆弧。

13）用"圆"命令，以 R20mm 圆弧的圆心为圆心，直接绘制 ϕ20mm 大圆。

14）用"直线"命令绘制 ϕ20mm 圆心的两条定位线。

15）设置极轴增量角为30°，用"直线"命令绘制小圆圆心定位直线。

16）用"圆"命令，相对大圆圆心30°方向输入"25"✓，确定小圆圆心，如图 3-32 所示，再输入半径"2.5"，绘制 ϕ5mm 小圆。

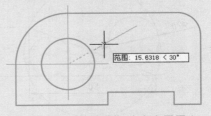

图 3-32 "极轴追踪"确定小圆圆心

17）φ5mm 圆的定位弧线可用"圆弧"命令的"起点、圆心、角度"方式绘制。可分两段绘制圆弧：以小圆圆心为起点、大圆圆心为圆弧圆心、角度取 10° 左右（或直接在合适位置拾取），如图 3-33 所示。

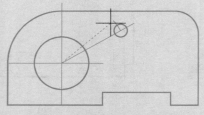

图 3-33　小圆定位弧线的绘制

注意：绘制圆弧时，系统默认逆时针方向为正方向。

思考与练习

1. 圆弧有时显示成多段折线，与出图是否有关？可以用什么命令控制显示？
2. 用什么命令可实现在选择的实体上用给定的距离放置点或图块？
3. 填充图案时，如果系统提示"无效边界"，则应如何处理？
4. 试练习绘制图 3-34~图 3-40 所示的平面图形（点画线的设置详见第 5 章，这里可暂时用细实线代替，不用标注尺寸）。

图 3-34　电器元件

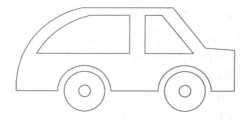

图 3-35　小汽车

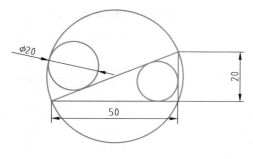

图 3-36　平面图形 1

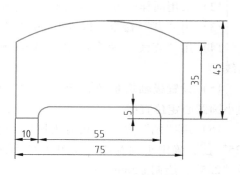

图 3-37　平面图形 2

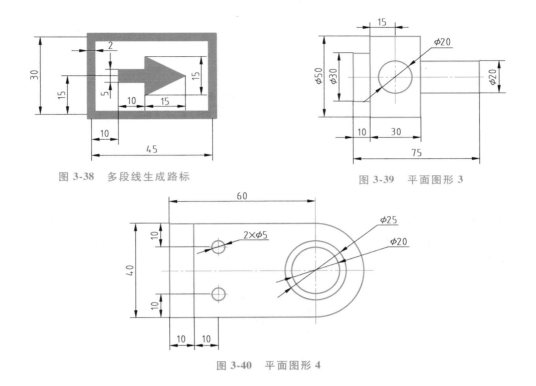

图 3-38 多段线生成路标

图 3-39 平面图形 3

图 3-40 平面图形 4

相关拓展

查阅 GB 12982—2004《国旗》，绘制五星红旗，如图 3-41 所示。

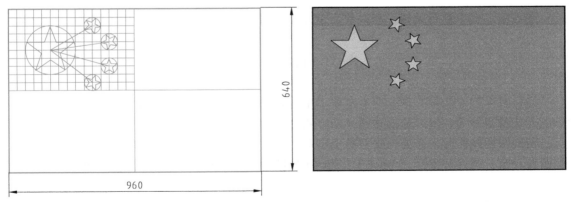

图 3-41 五星红旗

五星红旗是中华人民共和国国旗，为左上角镶有五颗黄色五角星的红色旗帜，旗帜图案中的四颗小五角星围绕在一颗大五角星右侧呈半环形。红色的旗面象征革命，五颗五角星及其相互联系象征着中国共产党领导下中国人民的团结。该旗的设计者是曾联松，是一名来自浙江瑞安的普通工人。中华人民共和国国家质量监督检验检疫总局和中国国家标准化管理委员会颁布的 GB 12982—2004《国旗》中给出了国旗的制法说明。中华人民共和国国旗是中华人民共和国的象征和标志，因此每个公民与组织都应当尊重和爱护国旗。

第4章

图形编辑方法

图形编辑就是对图形对象进行移动、旋转、缩放、复制、删除及参数修改等操作的过程。本章主要介绍常用的编辑方法，熟练地运用这些方法能大大提高绘图速度。

功能区"默认"选项卡的"修改"选项组如图4-1所示。

图4-1 "修改"选项组

在对图形对象进行编辑、修改前，首先要对图形对象进行选择，然后才能进一步操作。

4.1 目 标 选 择

选择对象的方法是直接在图形对象上单击，但如果需要选择的对象很多时，采用单击对象的方式就很麻烦，可以采用选择集的方式。

精确绘图操作时，需要捕捉对象上特殊的几何点（如端点、圆心和垂足等），以精确定位图形对象。选择对象后，AutoCAD亮显所选的对象，这些对象就构成了选择集。

4.1.1 构造选择集

1. 选择集

选择集可以理解为所有要进行编辑的图形对象的集合。通过"选项"对话框的"选择集"选项卡来设置。

"选项"对话框的命令调用主要有以下方式：单击"应用程序菜单"按钮 ▲→"选项"，或单击命令行右键快捷菜单中的"选项…"，或单击绘图区右键快捷菜单中的"选项…"（未运行任何命令也未选择任何对象的情况下），或在命令行输入OPTIONS。

执行"选项"命令,将打开"选项"对话框,选择"选择集"选项卡,如图4-2所示。

图4-2 "选项"对话框的"选择集"选项卡

各选项说明如下:

1)拾取框大小:控制拾取框的显示大小。

2)选择集模式:控制与对象选择方法相关的设置。

3)先选择后执行:允许在启动命令之前选择对象。

4)用 Shift 键添加到选择集:按<Shift>键选择对象时,可以向选择集中添加对象或从选择集中删除对象。

5)对象编组:选择编组中的一个对象就选择了编组中的所有对象。使用"GROUP 命令"可以创建和命名一组选择对象。

6)关联图案填充:确定选择关联填充时将选定哪些对象。

7)隐含选择窗口中的对象:在对象外选择了一点时,初始化选择窗口中的图形。可设置"允许按住并拖动对象"和"允许按住并拖动套索"两种控制窗口选择的方法。

8)窗口选择方法:使用下拉列表来更改 PICKDRAG 系统变量的设置。

9)"特性"选项板的对象限制:确定使用"特性"和"快捷特性"选项板一次更改的对象数。

10)选择效果颜色:设置选择效果的可用颜色。

11)功能区选项:单击"上下文选项卡状态"按钮,显示"功能区上下文选项卡状态选项"对话框,可以为功能区上下文选项卡的显示设置对象选择设置。

12)夹点尺寸:控制夹点的显示大小。

13)夹点:控制与夹点相关的设置。在对象被选中后,其上显示的小方块即夹点。

14)预览:当拾取框光标滚动过对象时,亮显对象。可设置选择集预览、命令预览和特性预览。

2. 目标选择方式

AutoCAD 系统提供了多种选择目标对象的方式。

当需要对图形进行编辑、修改或查询时，系统将提示"选择对象:"，光标也由十字光标变为方形的目标选择框，此时可以直接在此提示后输入一种选择方式进行选择。

如果要查看所有选项，则可以在提示后直接输入问号"?"✓，系统将在命令行显示可选择方式"窗口（W）/上一个（L）/窗交（C）/框（BOX）/全部（ALL）/栏选（F）/圈围（WP）/圈交（CP）/编组（G）/添加（A）/删除（R）/多个（M）/前一个（P）/放弃（U）/自动（AU）/单个（SI）/子对象（SU）/对象（O）"，各选项说明如下：

1）窗口（W）：窗口选择方式。即用一个矩形窗口将所要选择的对象框住，凡是在窗口内的目标均被选中，而与窗口相交的实体不被选中，命令行将显示被选中目标的数目。

2）上一个（L）：此方式是将用户最后绘制的图形作为选择的对象。

3）窗交（C）：交叉窗口选择方式。此选项的操作方法和"窗口（W）"选项几乎完全相同，不同的是：凡在此窗口内或与此窗口四边相交的图形都将被选中。

4）框（BOX）：矩形框选择方式。其作用相当于"窗口（W）"和"窗交（C）"选项的综合应用。

5）全部（ALL）：全选方式。该方式将选取当前窗口中的所有实体。

6）栏选（F）：围线选择方式。用户可用此选项构造任意折线，凡是与该折线相交的实体均被选中。

7）圈围（WP）：多边形窗口选择方式。该选项与"窗口（W）"选项相似，但它可构造任意形状的多边形区域，包含在多边形区域内的图形均被选中。

8）圈交（CP）：交叉多边形窗口选择方式。该选项与"窗交（C）"选项相似，但它可构造任意多边形，该多边形区域内的目标以及与多边形边界相交的所有目标均被选中。

9）编组（G）：输入已定义的选择集。系统提示"输入编组名:"，此时用户可输入已用"SELECT"或"GROUP"命令设定并命名的选择集名称。

10）添加（A）：当用户完成目标选择后，还有少数的目标没有被选中，这时用户可以使用此命令将这些目标添加到选择集中。

11）删除（R）：该选项用于从已被选中的目标中除去一个或多个目标。

12）多个（M）：多项选择。选择此方式后，按照单点选择的方法逐个选取所要选择的目标即可。

13）前一个（P）：此方式用于选择前一次操作时所选择的选择集，它适用于对同一组目标进行连续编辑操作。

14）放弃（U）：取消上次所选择的目标。

15）自动（AU）：自动选择，等效于单点选择、窗口选择或交叉窗口选择。

16）单个（SI）：单一选择。选择一个实体后，即退出实体选择状态，常与其他选择方式联合使用。

17）子对象（SU）：使用户可以逐个选择复合实体的一部分或三维实体上的顶点、边和面。

18）对象（O）：结束选择子对象的功能，使用对象选择的方法。

注意：

1）执行"窗口（W）"方式和"窗交（C）"方式可直接通过鼠标来实现，由"选项"对话框"选择集"选项卡中的"隐含选择窗口中的对象"复选项控制。从左向右绘制选择窗口（蓝色填充实线框）将选择完全处于窗口边界内的对象。从右向左绘制选择窗口（绿色填充虚线框）将选择处于窗口边界内和与边界相交的对象。

2）锁定和冻结图层上的目标将不被选中。采用"全部（ALL）"方式可选中关闭图层上的对象。

4.1.2　快速选择

在 AutoCAD 中，如果需要快速选择模型空间或当前布局中的所有对象，可用"全部选择"命令。

"全部选择"命令的调用方式为：单击"默认"选项卡→"实用工具"选项组→"全部选择"按钮 。

在 AutoCAD 中，如果需要根据对象类型和特性等条件创建选择集，可采用"快速选择"命令。

"快速选择"命令调用主要有以下方式：单击"默认"选项卡→"实用工具"选项组→"快速选择"按钮 ，或在命令行输入 QSELECT。

执行"快速选择"命令，将打开"快速选择"对话框，如图 4-3 所示。

各选项说明如下：

1）应用到：将过滤条件应用到整个图形或当前选择集。

2）"选择对象"按钮 ：临时关闭"快速选择"对话框，选择要对其应用过滤条件的对象。按<Enter>键返回到"快速选择"对话框。

3）对象类型：指定要包含在过滤条件中的对象类型。

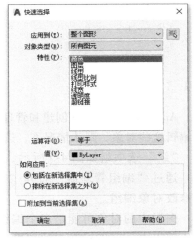

图 4-3　"快速选择"对话框

4）特性：指定过滤器的对象特性。

5）运算符：控制过滤的范围。

6）值：指定过滤器的特性值。

7）如何应用：指定符合过滤条件的对象"包括在新选择集中"或"排除在新选择集之外"。

8）附加到当前选择集：指定是选择集替换还是附加到当前选择集。

注意：

1）只有选择了"包括在新选择集中"并清除"附加到当前选择集"选项时，"选择对象"按钮才可用。

2）"快速选择"命令支持自定义对象（其他应用程序创建的对象）及其特性。

【例 4-1】　绘制 $\phi10mm$、$\phi20mm$、$\phi30mm$、$\phi40mm$ 四个圆，如图 4-4a 所示。利用"快速选择"命令，选择所有直径大于 20mm 的圆。

具体操作步骤如下：

1）执行"圆"命令，绘制 $\phi10mm$、$\phi20mm$、$\phi30mm$、$\phi40mm$ 四个圆。

2）执行"快速选择"命令，打开"快速选择"对话框，在"对象类型"下拉列表中选择"圆"，在"特性"下拉列表中选择"直径"，"运算符"选择"大于"，在"值"文本框中输入"20"，如图 4-4b 所示。

3）单击"确定"按钮，选择结果如图 4-4c 所示，所有直径大于 20mm 的圆被选中。

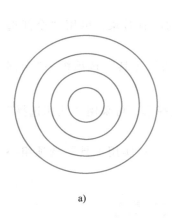

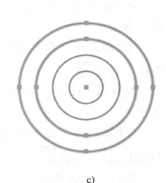

a)　　　　　　　　　　　　　　b)　　　　　　　　　　　　　　c)

图 4-4　快速选择

4.1.3　对象编组

AutoCAD 系统可以创建和管理已保存的对象集，即对象编组。编组可以根据需要同时选择和编辑这些对象。默认情况下，选择编组中任意一个对象即选中了该编组中的所有对象。

"组"选项组如图 4-5 所示，可以进行创建编组、编辑编组以及解除编组等操作。

通过"编组管理器"打开"对象编组"对话框，可以显示、标识、命名和修改对象编组。

图形中的对象可能是多个编组的成员，同时这些编组本身也可能嵌套于其他编组中。可以对嵌套的编组进行解组，以恢复其原始编组配置。

注意：

1）编组中的第一个对象编号为 0 而不是 1。

2）即使删除了编组中的所有对象，编组定义依然存在。可以使用"分解"选项从图形中删除编组定义。

3）采用<Ctrl+Shift+A>组合键可控制编组的开和关。

图 4-5　"组"选项组

4.2　删除与分解对象

4.2.1　删除对象

"删除"命令用于删除绘图区的实体对象。

命令调用主要有以下方式：单击"默认"选项卡→"修改"选项组→"删除"按钮，或单击菜单栏的"修改"→"删除"，或在命令行输入 ERASE（E）。

【例4-2】　用"删除"命令将图4-6a中的小圆删除，结果如图4-6b所示。

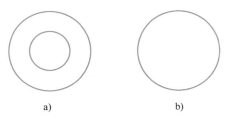

a)　　　　　　　　　　　　　　b)

图4-6　删除图形

具体操作步骤如下：
1）执行"圆"命令，绘制两个圆。
2）执行"删除"命令。
3）选择对象：（选择删除目标小圆）
4）选择对象：找到1个
5）选择对象：↙（结束选择对象，结束命令）

注意：
1）"删除"命令可将选中的实体擦去而使之消失，与之对应的另外两个命令则可将刚擦除的实体恢复：一种是"UNDO"命令，它通过取消"删除"命令而恢复擦除的实体；另一种是"OOPS"命令，它并未取消"删除"命令的结果，而是将刚擦除的实体恢复。

2）用"删除"命令删除实体后，这些实体只是临时性被删除，只要不退出当前图形，就可用"OOPS"或"UNDO"命令将删除的实体恢复。

4.2.2　分解对象

"分解"命令可以把多段线、尺寸和块等由多个对象组成的实体分解成单个对象。

命令调用主要有以下方式：单击"默认"选项卡→"修改"选项组→"分解"按钮，或单击菜单栏的"修改"→"分解"，或在命令行输入 EXPLODE（X）。

注意：
1）可以分解的对象包括块、多段线及面域等。
2）任何分解对象的颜色、线型和线宽都可能会改变。
3）分解的对象不同，分解的结果也不同。分解复合对象将根据复合对象类型的不同而有所不同。

【例4-3】　用"分解"命令将如图4-7a所示的矩形分解为四段直线，再删除底边，结果如图4-7b所示。

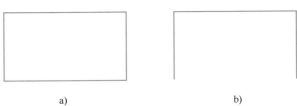

a)　　　　　　　　　　　　　　b)

图4-7　分解矩形并删除底边

具体操作步骤如下：
1）执行"矩形"命令，绘制一个矩形。
2）执行"分解"命令。
3）选择源对象：（选取矩形）
4）选择源对象：找到 1 个（按<Enter>键结束选择，矩形已经分解为四段直线）
5）执行"删除"命令，删除底边。

4.3 移动与旋转对象

4.3.1 移动对象

"移动"命令用于把单个对象或多个对象从它们当前的位置移至新位置，这种移动并不改变对象的尺寸和方位。

命令调用主要有以下方式：单击"默认"选项卡→"修改"选项组→"移动"按钮 ✛，或单击菜单栏的"修改"→"移动"，或在命令行输入 MOVE（M）。

执行"移动"命令后，系统将提示"指定基点或［位移（D）］："，即有两种平移方法：基点法和相对位移法。其各项功能如下：

1）基点：确定对象的基准点，基点可以指定在被移动的对象上，也可以不指定在被移动的对象上。

2）位移：指定的两个点（基点和第二点）定义了一个位移矢量，它指明了被选定对象的距离和移动方向。

注意：
1）如果选择"位移"选项来移动图形对象，这时的移动量是指相对距离，不必使用"@"。

2）拉伸"命令在对实体进行完全选择时也可以实现与"移动"命令相同的效果。

3）选择要移动的对象后，右键拖动到某位置释放，可弹出快捷菜单，选择"移动到此处"实现移动对象。

【例 4-4】 用"移动"命令将图 4-8a 中的正六边形和小圆移至大圆内，结果如图 4-8b 所示。

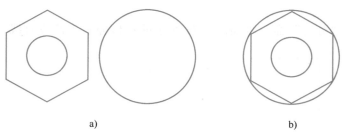

a)   b)

图 4-8　移动图形

具体操作步骤如下:

1)执行"多边形"命令,绘制正六边形。

2)执行"圆"命令,绘制圆。

3)执行"移动"命令。

4)选择对象:(选择正六边形和小圆)

5)选择对象:↙(结束选择对象)

6)指定基点或[位移(D)]<位移>:(捕捉小圆的中心点)

7)指定第二个点或<使用第一个点作为位移>:(捕捉大圆的中心点,完成移动)

4.3.2 旋转对象

"旋转"命令用于旋转单个或一组对象并改变其位置。该命令需要先确定一个基点,所选实体绕基点旋转。

命令调用主要有以下方式:单击"默认"选项卡→"修改"选项组→"旋转"按钮，或单击菜单栏的"修改"→"旋转",或在命令行输入 ROTATE(RO)。

命令提示中各项功能如下:

1)ANGDIR:系统变量,用于设置相对当前 UCS(用户坐标系)以 0°为起点的正角度方向。

2)ANGBASE:系统变量,用于设置相对当前 UCS 的 0°基准角方向。

3)基点:输入一点作为旋转的基点,可以是绝对坐标,也可以是相对坐标。指定基点后,系统提示"指定旋转角度或[复制(C)/参照(R)]:"。

4)旋转角度:对象相对于基点的旋转角度,有正、负之分:当输入正角度值时,对象将沿逆时针方向旋转;反之则沿顺时针方向旋转。

5)复制(C):创建要旋转的选定对象的副本。

6)参照(R):执行该选项后,系统指定当前参照角度和所需的新角度。使用该选项可以放平一个对象或者将它与图形中的其他要素对齐。

注意:

1)基点选择与旋转后图形的位置有关,因此,应根据绘图需要准确捕捉基点,且基点最好选择在已知的对象上,这样不容易引起混乱。

2)"旋转"命令的"参照(R)"选项可用参考角度来控制旋转角。若不知道实体的当前角度,又需将其旋转到一定角度,则可使用"参照(R)"选项,此时应注意参考角度第一点和第二点的顺序。

【例4-5】 用"旋转"命令将如图 4-9a 所示的水平矩形旋转复制一个倾斜矩形,如图 4-9b 所示。

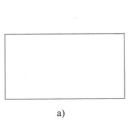
a)

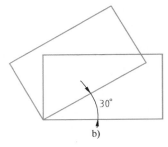
30°
b)

图 4-9 旋转复制图形

具体操作步骤如下：

1）执行"矩形"命令，绘制一个矩形。

2）执行"旋转"命令。

3）UCS当前的正角方向：ANGDIR＝逆时针　ANGBASE＝0　选择对象：（指定矩形对象）

4）选择对象：✓（结束选择对象）

5）指定基点：（捕捉矩形左下角点为基点）

6）指定旋转角度或［复制（C）/参照（R）］<0>：C✓（选择"复制"选项）

7）指定旋转角度或［复制（C）/参照（R）］<0>：30✓（沿逆时针方向旋转30°复制矩形）

4.4　修剪与延伸对象

4.4.1　修剪对象

"修剪"命令用于修剪目标，待修剪的目标沿一个或多个实体所限定的切割边处被剪掉，被修剪的对象可以是直线、圆、弧、多段线、样条曲线和射线等。

命令调用主要有以下方式：单击"默认"选项卡→"修改"选项组→"修剪"按钮✂，或单击菜单栏的"修改"→"修剪"，或在命令行输入 TRIM（T）。

"修剪"命令有"快速"和"标准"两种模式。

（1）"快速"模式　默认所有对象都自动用作修剪边界。可直接选择要修剪的对象，也可拾取两个空位置点连成线段围栏，或按住并拖动鼠标以形成路径围栏，与选择栏相交的对象将被修剪。无法修剪的选定对象将被删除。

（2）"标准"模式　首先要选择修剪边界对象，按<Enter>键结束选择。然后再选择要修剪的对象。若要将所有对象用作边界，则在首次出现"选择对象"提示时按<Enter>键。

主要提示选项说明如下：

1）选择剪切边...：指定一个或多个对象用作修剪边界。在"快速"模式下，不与边界相交的选定对象会被删除。

2）选择要修剪的对象：指定要单独修剪的对象部分。

3）按住 Shift 键选择要延伸的对象：修剪和延伸之间切换的简便方法。可延伸选定的对象。

4）全部选择：指定图形中的所有对象都可以用作修剪边界。

5）栏选：选择与选择栏相交的所有对象。选择栏是一系列临时线段，它们是用两个或多个栏选点指定的。选择栏不构成闭合环。

6）窗交：选择矩形区域内部或与之相交的对象。

7）模式：设置修剪模式为"快速"或"标准"。

8）投影：指定修剪对象时使用的投影方法。

9）边：确定对象是在另一对象的延长边处进行修剪，还是仅在三维空间中与该对象相交的对象处进行修剪。

10）删除：删除选定的对象。用来删除不需要的对象的简便方式，而无须退出修剪命令。

11）放弃：放弃最近由"修剪"命令所做的更改。

注意：

1）TRIMEXTENDMODE 系统变量用于控制"修剪"命令是默认为"快速"模式还是"标准"模式。

2）被修剪的对象本身也可以是剪切边。

【例 4-6】　修剪如图 4-10a 所示的图形，结果如图 4-10b 所示。

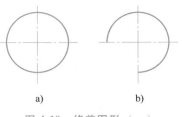

图 4-10　修剪图形（一）

具体操作步骤如下：

1）执行"直线"和"圆"命令，绘制图形。

2）执行"修剪"命令。

3）当前设置：投影＝UCS，边＝无，模式＝快速

选择要修剪的对象，或按住 Shift 键选择要延伸的对象或［剪切边（T）/窗交（C）/模式（O）/投影（P）/删除（R）］：（选择要修剪的部分）

4）选择要修剪的对象，或按住 Shift 键选择要延伸的对象或［剪切边（T）/窗交（C）/模式（O）/投影（P）/删除（R）/放弃（U）］：✓（结束命令）

【例 4-7】　绘制修剪如图 4-11a 所示的五角星。

a)　　　　　　　　　　b)　　　　　　　　　　c)

图 4-11　修剪图形（二）

具体操作步骤如下：

1）执行"多边形"和"直线"命令，绘制如图 4-11b 所示的图形。

2）删除正五边形。

3）执行"修剪"命令。

4）当前设置：投影＝UCS，边＝无，模式＝快速

选择要修剪的对象，或按住 Shift 键选择要延伸的对象或［剪切边（T）/窗交（C）/模式（O）/投影（P）/删除（R）］：（选择要修剪的部分，按住并拖动鼠标，如图 4-11c 所示）

5）选择要修剪的对象，或按住 Shift 键选择要延伸的对象或［剪切边（T）/窗交（C）/模式（O）/投影（P）/删除（R）/放弃（U）］：✓（结束命令）

4.4.2　延伸对象

"延伸"命令用于把直线、弧和多段线等的端点延长到指定的边界，这些边界可以是直线、圆弧或多段线。

命令调用主要有以下方式：单击"默认"选项卡→"修改"选项组→"延伸"按钮 ，或单击菜单栏的"修改"→"延伸"，或在命令行输入 EXTEND（D）。

"延伸"命令也有"快速"和"标准"两种模式。

（1）"快速"模式　所有对象都自动用作边界边。可直接选择要延伸的对象，也可拾取两个空位置点连成线段围栏，或按住并拖动鼠标以形成路径围栏，与选择栏相交的对象将被延伸。

（2）"标准"模式　首先要选择延伸边界对象，按<Enter>键结束选择。然后再选择要延伸的对象。若要将所有对象用作边界，则在首次出现"选择对象"提示时按<Enter>键。

主要提示选项说明如下：

1）选择边界对象：使用选定对象来定义对象延伸到的边界。

2）选择要延伸的对象：指定要延伸的对象。按<Enter>键结束命令。

3）按住 Shift 键选择要修剪的对象：将选定对象修剪到最近的边界而不是将其延伸。这是在修剪和延伸之间切换的简便方法。

4）栏选：选择与选择栏相交的所有对象。选择栏是一系列临时线段，它们是用两个或多个栏选点指定的。选择栏不构成闭合环。

5）窗交：选择矩形区域（由两点确定）内部或与之相交的对象。

6）投影：指定延伸对象时使用的投影方法。

7）边：将对象延伸到另一个对象的隐含边，或仅延伸到三维空间中与其实际相交的对象。

8）放弃：放弃最近由"延伸"命令所做的更改。

注意：

1）TRIMEXTENDMODE 系统变量用于控制"延伸"命令是默认为"快速"模式还是"标准"模式。

2）一次可选择多个对象作为延伸边界，但每个延伸对象一次只能相对于一个延伸边界延伸。

3）选择被延伸的对象时，应单击靠近边界的一端，否则可能出错。

4）有宽度的多段线以其中心作为延伸的边界线，以中心线为准延伸到边界。

5）延伸一个相关的线性尺寸标注时，延伸操作完成后，其尺寸值会自动修正。

【例 4-8】　用"延伸"命令将图 4-12a 中线和圆弧延伸到水平直线段上，结果如图 4-12b 所示。

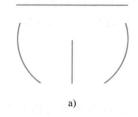　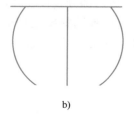　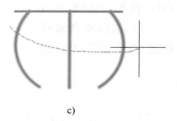

a)　　　　　　　　　　　　b)　　　　　　　　　　　　c)

图 4-12　延伸对象

具体操作步骤如下：

1）执行"直线"和"圆弧"命令，绘制直线段和圆弧。

2）执行"延伸"命令。

3）当前设置：投影＝UCS，边＝无，模式＝快速

选择要延伸的对象，或按住 Shift 键选择要修剪的对象或［边界边（B）/窗交（C）/模式（O）/投影（P）］：（按住并拖动鼠标，选择要延伸的直线段和圆弧的上部，如图 4-12c 所示）

4）选择要延伸的对象，或按住 Shift 键选择要修剪的对象或［边界边（B）/窗交（C）/模式（O）/投影（P）/放弃（U）］：

指定下一个栏选点或［放弃（U）］：

指定下一个栏选点或［放弃（U）］：

选择要延伸的对象，或按住 Shift 键选择要修剪的对象或［边界边（B）/窗交（C）/模式（O）/投影（P）/放弃（U）］：↙（结束命令，完成延伸）

4.5　复制与镜像对象

4.5.1　复制对象

"复制"命令用来复制一个已有的对象。用户可对所选的对象进行复制，将其放到指定的位置，并保留原来的对象。

命令调用主要有以下方式：单击"默认"选项卡→"修改"选项组→"复制"按钮，或单击菜单栏的"修改"→"复制"，或在命令行输入 COPY（CO/CP）。

命令提示中各选项功能如下：

1）基点：指定对象的基准点，基点可以指定在被复制的对象上，也可以不指定在被复制的对象上。

2）位移：当用户指定基点后，系统继续提示"指定第二个点或<使用第一个点作为位移>:"，用户要指定第二点，则第一点和第二点之间的距离为位移。

3）重复（M）：替代"单个"模式设置。在命令执行期间，将"复制"命令设置为自动重复。

注意：

1）如果选择"位移"选项来复制图形对象，这时的位移量是指相对距离，不必使用"@"。

2）"复制"命令默认的是 Multiple（多次）模式，系统会一直重复提示复制下去，直至按<Enter>键结束。

3）用"COPYCLIP"命令可将用户选择的图形复制到 Windows 剪贴板上，应用于其他应用软件中。

【例 4-9】　用"复制"命令将小圆从如图 4-13a 所示复制为如图 4-13b 所示。

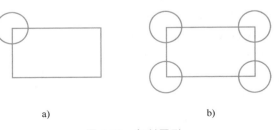

a)　　　　　　　　　　b)

图 4-13　复制图形

具体操作步骤如下：

1）执行"矩形"和"圆"命令，绘制矩形和圆。

2）执行"复制"命令。

3）选择对象：（选择目标小圆）

4）选择对象：↙（结束选择）

5）指定基点或［位移（D）］<位移>：（捕捉选取小圆圆心为基点）

6）指定第二个点或 <使用第一个点作为位移>：（捕捉矩形右上角点为复制后的圆心点）

7）指定第二个点或［退出（E）/放弃（U）］<退出>：（捕捉矩形左下角点为复制后的圆心点）

8）指定第二个点或［退出（E）/放弃（U）］<退出>：（捕捉矩形右下角点为复制后的圆心点）

9）指定第二个点或［退出（E）/放弃（U）］<退出>：↙（结束命令，完成复制）

4.5.2 镜像对象

"镜像"命令用于生成所选实体的对称图形，操作时需指出对称轴线。对称轴线可以是任意方向的，原实体可以删去或保留。

命令调用主要有以下方式：单击"默认"选项卡→"修改"选项组→"镜像"按钮 ，或单击菜单栏的"修改"→"镜像"，或在命令行输入 MIRROR（MI）。

命令提示中各选项说明如下：

1）选择对象：选取镜像目标。

2）指定镜像线的第一点：指定对称线上的第一点。

3）指定镜像线的第二点：指定对称线上的第二点。

4）是否删除源对象？［是（Y）/否（N）］<N>：提示选择从图形中删除或保留原始对象，默认保留原始对象。

注意：

1）对称轴线的方向是任意的，方向不同，对称图形的位置则不同，利用这一特性可绘制一些特殊图形。

2）指定对称线上的点时可用捕捉方式辅助选取。

3）对于文字、属性和属性定义，其文字的可读性取决于系统变量"MIRRTEXT"的值，该值为 0，镜像后文字的方向不变；该值为 1，则文字方向相反。

【例 4-10】 用"镜像"命令将图 4-14a 所示的图形进行镜像，如图 4-14b 所示。

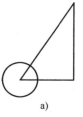
a)

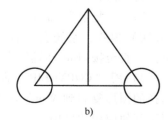
b)

图 4-14 镜像图形

具体操作步骤如下：

1）执行"直线"和"圆"命令，绘制图形。

2）执行"镜像"命令。

3）选择对象：（选择左侧所有镜像对象）

4）选择对象：✓（结束选取镜像对象）

5）指定镜像线的第一点：（捕捉竖直线段上一点为镜像线的第一点）

6）指定镜像线的第二点：（捕捉竖直线段上另一点为镜像线的第二点）

7）是否删除源对象？［是(Y)／否(N)］<N>:✓（不删除源对象，结束命令，完成镜像）

4.6　拉伸与缩放对象

4.6.1　拉伸对象

"拉伸"命令用于按规定的方向和角度拉长或缩短实体。它可以拉长、缩短或者改变对象的形状，实体的选择只能用交叉窗口方式，与窗口相交的实体将被拉伸，窗口内的实体将随之移动。

命令调用主要有以下方式：单击"默认"选项卡→"修改"选项组→"拉伸"按钮，或单击菜单栏的"修改"→"拉伸"，或在命令行输入 STRETCH（ST）。

命令提示中各选项含义及功能如下：

1）选择对象：以交叉窗口或交叉多边形方式选择对象。

2）指定基点或［位移（D）］：指定拉伸基点或位移。

3）指定第二个点：指定第二点以确定位移大小。

注意：

1）使用"拉伸"命令时，若所选实体全部在交叉框内，则移动实体等同于"移动"命令；若所选实体与选择框相交，则实体将被拉长或缩短。

2）若只对图形内某个实体使用"拉伸"命令，而选择实体时又不可避免地选上了其他实体，则可在"选择对象"后输入"R"，以单选方式来取消对这些对象的选择。

3）能被拉伸的实体有线段、弧和多段线，但"拉伸"命令不能拉伸圆、文字、块和点（当其在交叉窗口之内时可以移动）。

4）宽线、圆环和二维填充实体等可对各个点进行拉伸，其拉伸结果可改变这些实体的形状。

5）若在目标选择时未采用交叉窗口方式，则对实体移动。

【例4-11】　用"拉伸"命令将如图4-15a所示的图形拉伸为如图4-15c所示的图形。

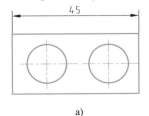
a)

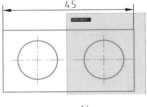
b)

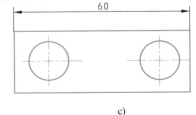
c)

图4-15　拉伸图形

具体操作步骤如下：

1）执行"矩形"和"圆"命令，绘制矩形和圆。

2）执行"拉伸"命令。

3）选择对象：（以交叉窗口方式选择对象，如图 4-15b 所示）

4）选择对象：✓（结束选择对象）

5）指定基点或［位移（D）］<位移>：（选择矩形右上角点）

6）指定第二个点或 <使用第一个点作为位移>：（向右水平拉动，输入"15"✓，结束拉伸）

4.6.2　缩放对象

"缩放"命令可以改变实体的尺寸大小。该命令可以把整个对象或者对象的一部分沿 X、Y、Z 方向以相同的比例放大或缩小，由于三个方向的缩放率相同，所以保证了缩放实体的形状不变。

命令调用主要有以下方式：单击"默认"选项卡→"修改"选项组→"缩放"按钮 ▣，或单击菜单栏的"修改"→"缩放"，或在命令行输入 SCALE（SC）。

命令提示中各选项说明如下：

1）基点：比例缩放中的基准点（即缩放中心点）。一旦选定基点，图形将按光标移动的幅度（光标与基点的距离）放大或缩小。另外也可输入具体比例因子进行缩放。

2）比例因子：按指定的比例缩放选定对象。大于 1 的比例因子使对象放大，介于 0 和 1 之间的比例因子使对象缩小。

3）参照（R）：用参考值作为比例因子缩放操作对象。输入"R"，执行该选项后，系统将继续提示"指定参考长度<1>:"，其默认值是 1。这时如果指定一点，系统会提示指定第二点"，则两点之间决定一个长度；系统又提示"指定新长度"，则由新长度与前一长度的比值决定缩放的比例因子。此外，也可以在"指定参考长度<1>:"的提示下输入参考长度值，系统将继续提示"指定新长度"，则由参考长度和新长度的比值决定缩放的比例因子。

注意：

1）比例因子大于 1 时，放大实体；大于 0 小于 1 时，缩小实体。比例因子可以用分数表示。

2）基点可选在图形上的任何地方，当目标大小变化时，基点保持不动。基点的选择与缩放后的位置有关。最好选择在实体的几何中心或特殊点，这样缩放后目标仍在附近位置。

3）夹点编辑方式和基点组合编辑"MOCORO"方式中的"比例"选项均可对同一实体在一次命令中进行多次缩放，而"缩放"命令只能对选定实体进行一次比例缩放。

【例 4-12】　用"缩放"命令将如图 4-16a 所示的矩形分别放大 1.5 倍两次，结果如图 4-16b 所示。

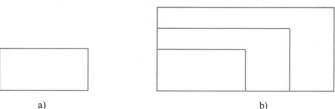

a)　　　　　　　　　　　　　　　b)

图 4-16　图形缩放

具体操作步骤如下：

1）执行"矩形"命令，绘制矩形。

2）执行"缩放"命令。

3）选择对象：（选择矩形）

4）选择对象：✓（结束选择对象）

5）指定基点：（拾取矩形左下角点为基点位置）

6）指定比例因子或［复制（C）/参照（R）］<1.0000>：C✓（选择"复制"选项）

7）指定比例因子或［复制（C）/参照（R）］<1.0000>：1.5✓（即放大1.5倍）

8）重复以上操作，可继续缩放并复制矩形。

4.7　使用夹点编辑图形

夹点是一种快捷的选择实体的方式，熟练地使用夹点功能可以大大提高绘图效率。

在未执行任何命令时，选中绘图区一个或多个实体，则这些被选中的实体变为亮显图线并在图线上出现蓝色小方块，即为对象的夹点。各种实体的夹点形式如图4-17所示。

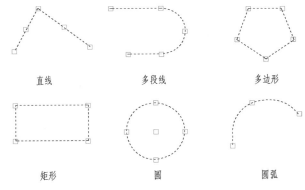

直线　　　　　　　　多段线　　　　　　　　多边形

矩形　　　　　　　　圆　　　　　　　　圆弧

图4-17　夹点的形式

夹点可用<Esc>键清除。

若单击对象的蓝色夹点（未激活夹点），将其变为红色小方块（激活夹点），则可进行以激活夹点为基点的相关编辑操作。

编辑操作主要有以下方式：在右键快捷菜单中选择有关选项；重复按<Space>键或<En-ter>键，选用命令行循环提示的五种常用编辑命令之一（拉伸、移动、旋转、缩放和镜像）。

激活夹点后，AutoCAD命令行循环提示如下。

1. 拉伸对象

激活夹点后，AutoCAD首先提示：

＊＊拉伸＊＊

指定拉伸点或［基点（B）/复制（C）/放弃（U）/退出（X）］：

如果直接选择一个新点，则将点（即激活的夹点）拉伸到该点。

命令提示中各选项含义如下：

1）基点（B）：重新指定一个基点，新基点可以不在夹点上。

2）复制（C）：允许多次拉伸，每次拉伸都生成一个新对象。

3）放弃（U）：取消上次操作。

4）退出（X）：退出编辑模式。

2. 移动对象

激活夹点后，AutoCAD 提示为拉伸模式，按<Space>键或<Enter>键后，进入移动模式，AutoCAD 提示：

＊＊移动＊＊

指定移动点或［基点（B）/复制（C）/放弃（U）/退出（X）］：

这些选项的含义与拉伸模式下的含义基本相同。

3. 旋转对象

进入旋转模式，AutoCAD 提示：

＊＊旋转＊＊

指定旋转角度或［基点（B）/复制（C）/放弃（U）/参照（R）/退出（X）］：

如果指定一个旋转角度，系统将以选中的夹点为基点来旋转对象。

命令提示中各选项含义如下：

1）基点（B）：重新指定一个基点，新基点可以不在夹点上。

2）复制（C）：允许多次旋转，每次旋转后都生成一个新对象。

3）放弃（U）：取消上次操作。

4）参照（R）：使用参照方式确定旋转角度。

5）退出（X）：退出编辑模式。

4. 缩放对象

进入缩放模式，AutoCAD 提示：

＊＊比例缩放＊＊

指定比例因子或［基点（B）/复制（C）/放弃（U）/参照（R）/退出（X）］：

如果在此提示下直接输入一个数值，图形对象将以该数为比例因子进行缩放。其他选项含义同上。

5. 镜像对象

进入镜像模式，AutoCAD 提示：

＊＊镜像＊＊

指定第二点或［基点（B）/复制（C）/放弃（U）/退出（X）］：

如果此时指定一点，系统将用该点和基点（激活的夹点）确定镜像轴，执行镜像操作。其他选项含义同上。

注意：

1）通过"选项"对话框的"选择集"选项卡可设置夹点的相关特性。

2）夹点可用于三维实体的选取。

【例 4-13】　使用夹点编辑如图 4-18a 所示的水平点画线，将其缩短。

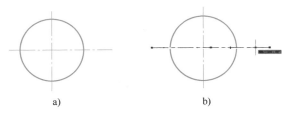

图 4-18　使用夹点编辑缩短点画线

具体操作步骤如下：

1）单击水平点画线，出现蓝色夹点。

2）单击点画线的右侧端点，夹点变为红色。

3）如图 4-18b 所示，水平缩短至合适位置单击。

4）按<Esc>键清除夹点。

【例 4-14】　绘制如图 4-19a 所示的一半图形，用激活夹点做镜像编辑，完成全部图形，结果如图 4-19b 所示。

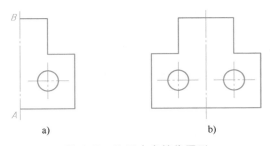

图 4-19　使用夹点镜像图形

具体操作步骤如下：

1）绘制一半图形。

2）框选所需镜像的所有图形，使其出现蓝色夹点。注意：不要选左侧点画线，若它被误选中，可在按住<Shift>键的同时单击点画线，将其移除选择集。

3）单击 A 处蓝色夹点，使其激活变为红色。

4）连续按<Space>键，直至命令行提示"＊＊ 镜像 ＊＊"。

5）＊＊ 镜像 ＊＊

6）指定第二点或［基点（B）/复制（C）/放弃（U）/退出（X）］：C↙（选择"复制"选项，镜像复制对象）

7）＊＊ 镜像（多重）＊＊

8）指定第二点或［基点（B）/复制（C）/放弃（U）/退出（X）］：（拾取 B 处蓝色夹点）

9）＊＊ 镜像（多重）＊＊

10）指定第二点或［基点（B）/复制（C）/放弃（U）/退出（X）］：↙（结束命令，完成镜像）

11）按<Esc>键清除夹点。

4.8　倒角和圆角

4.8.1　倒角

"倒角"命令用于将两条非平行直线或多段线做出有斜度的倒角。使用时应先设定倒角距离，然后再指定倒角线。

命令调用主要有以下方式：单击"默认"选项卡→"修改"选项组→"倒角"按钮，或单击菜单栏的"修改"→"倒角"，或在命令行输入 CHAMFER（CHA）。

命令提示中各选项功能如下：

1）多段线（P）：在二维多段线的所有顶点处倒角。

2）距离（D）：指定第一、第二倒角距离。

3）角度（A）：以指定一个角度和一段距离的方法来设置倒角的距离。

4）修剪（T）：被选择的对象或者在倒角线处被剪裁或者保留原来的样子。

5）方法（M）：在"距离"和"角度"两个选项之间选择一种方法。

注意：

1）若指定的两直线未相交，"倒角"命令将延长它们使其相交，然后再倒角。

2）若"修剪"选项设置为"修剪"，则倒角生成，已存在的线段被剪切；若设置为"不修剪"，则线段不会被剪切。

3）用户须提供从两线段的交点到倒角边端点的距离，但如果倒角距离为0，则对两直线倒角就相当于修尖角。

4）"倒角"命令将自动把上次命令使用时的设置保存直至修改。

5）"倒角"命令可以对直线和多段线进行倒角，但不能对圆弧和椭圆弧倒角。

a)　　　　　　　　　　　b)

图 4-20　图形倒角

【例 4-15】　用"倒角"命令将如图 4-20a 所示的图形（长边约 50mm）的右上角进行 C5mm 的倒角，结果如图 4-20b 所示。

具体操作步骤如下：

1）执行"直线"命令，绘制图形。

2）执行"倒角"命令。

3）提示默认裁剪模式："当前倒角距离 1 = 0.0000，距离 2 = 0.0000"。

4）选择第一条直线或［放弃（U）/多线段（P）/距离（D）/角度（A）/修剪（T）/方法（M）]：D✓（选择"距离"选项，进行倒角距离的设置）

5）指定第一个倒角距离<0.0000>：5✓（输入第一倒角距离）

6）指定第二个倒角距离<5.0000>：✓（默认第二倒角距离为 5mm）

7）选择第一条直线或［多线段（P）/距离（D）/角度（A）/修剪（T）/方法（M）]：（拾取上面直线段）

8）选择第二条直线：（拾取右侧直线，完成倒角）

4.8.2 圆角

"圆角"命令用来对两个对象进行圆弧连接,它还能对多段线的多个顶点进行一次性倒圆。该命令应先指定圆弧半径,再进行倒圆。"圆角"命令可以选择性地修剪或延伸所选对象,以便更好地圆滑过渡。

命令调用主要有以下方式:单击"默认"选项卡→"修改"选项组→"圆角"按钮,或单击菜单栏的"修改"→"圆角",或在命令行输入 FILLET(F)。

命令提示中主要选项功能如下:

1)多段线(P):在二维多段线的每个顶点处倒圆。执行该选项后,可在"选择二维多段线"的提示下单击选中一条多段线,系统会在多段线的各个顶点处倒圆,其圆角半径可以使用默认值,也可用提示中的"半径(R)"选项进行设置。

2)半径(R):指定倒圆的半径。执行该选项后,系统将提示"指定圆角半径<默认值>:",这时可直接输入半径值。

3)修剪(T):控制系统是否修剪选定的边并使其延伸到圆角端点。执行该选项后的选项和操作与"倒角"命令相同。

注意:

1)两条平行线可以倒圆,无论圆角半径多大,AutoCAD 将自动绘制一个直径为两平行线垂直距离的半圆。

2)对多段线倒圆时,"多段线"选项设定的圆弧半径可对多段线所有有效顶点倒圆。

3)圆角半径的大小决定圆角弧度的大小,如果圆角半径为 0,可使两个实体相交;若圆角半径特别大,两实体不能容纳这么大的圆弧,AutoCAD 无法进行倒圆;太短而不可能形成圆角的线及在图形边界外才相交的线不可倒圆。

4)"圆角"命令将自动把上次命令使用时的设置保存直至修改。

5)采用"闭合(C)"选项闭合多段线和用对象捕捉封闭多段线方式绘制的多段线,倒圆后结果是不一样的。

【例 4-16】 用"圆角"命令的"多段线"选项对如图 4-21a 所示的矩形(长 60mm×宽 30mm)倒圆,圆角半径为 5mm,结果如图 4-21b 所示。

a)　　　　　b)

图 4-21　图形倒圆

具体操作步骤如下:

1)执行"矩形"命令,绘制图形。

2)执行"圆角"命令。

3)提示默认裁剪模式:"当前设置:模式=修剪,半径=0.0000"。

4)选择第一个对象或[放弃(U)/多段线(P)/半径(R)/修剪(T)/多个(M)]:R↙(选择"半径"选项,进行圆角半径设置)

5)指定圆角半径 <0.0000>:5↙(输入圆角半径)

6)选择第一个对象或[放弃(U)/多段线(P)/半径(R)/修剪(T)/多个(M)]:P↙(选择"多段线"选项)

7）选择二维多段线：（选择矩形）

8）矩形 4 个角已被倒圆。

4.9　偏移与阵列

4.9.1　偏移

"偏移"命令用于建立一个与选择对象相似的平行对象。当等距偏移一个对象时，需指出等距偏移的距离和方向，也可以指定一个偏移对象通过的点。它可以平行复制圆弧、直线、圆、样条曲线和多段线，若偏移的对象为封闭体，则偏移后图形被放大或缩小，原实体不变。

命令调用主要有以下方式：单击"默认"选项卡→"修改"选项组→"偏移"按钮，或单击菜单栏的"修改"→"偏移"，或在命令行输入 OFFSET（O）。

命令提示中主要选项说明如下：

1）偏移距离：指定偏移的距离（用于复制对象时，距离值必须大于 0）。

2）通过（T）：指定偏移对象通过的点。

3）删除（E）：设置是否删除源对象。

4）图层（L）：设置是否在源对象所在图层偏移。

注意：

1）偏移多段线或样条曲线时，将偏移所有选定顶点控制点，如果把某个顶点偏移到样条曲线或多段线的一个锐角内，则可能出错。

2）点、图块、属性和文字不能被偏移。

3）"偏移"命令只能用直接单击的方式一次选择一个实体进行偏移复制，若要多次用同样距离偏移同一对象，则可使用"阵列"命令。

【例 4-17】　用"偏移"命令将如图 4-22 所示的矩形（长 60mm×宽 30mm）及圆（φ30mm）依次向内或向外偏移 5mm。

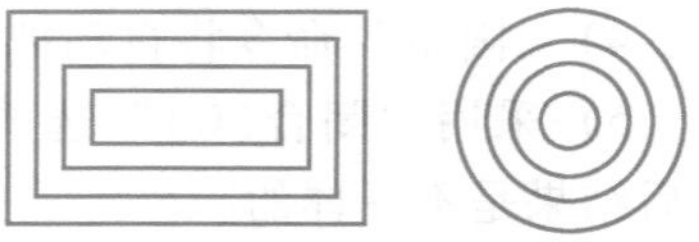

图 4-22　偏移图形

具体操作步骤如下：

1）绘制矩形和圆。

2）执行"偏移"命令。

3）当前设置：删除源＝否　图层＝源　OFFSETGAPTYPE＝0　指定偏移距离或［通过（T）/删除（E）/图层（L）］<通过>：5✓（输入偏移距离）

4）选择要偏移的对象，或［退出（E）/放弃（U）］<退出>：（选取偏移对象）

5）指定要偏移的那一侧上的点，或［退出（E）/多个（M）/放弃（U）］<退出>：（选取内侧或外侧点）

6）选择要偏移的对象，或［退出（E）/放弃（U）］<退出>：（再次选取偏移对象）

7）指定要偏移的那一侧上的点，或［退出（E）/多个（M）/放弃（U）］<退出>：（继续选取内侧或外侧点）

8）选择要偏移的对象，或［退出（E）/放弃（U）］<退出>：✓（结束偏移命令）

4.9.2 阵列

AutoCAD 提供的"阵列"命令包括矩形阵列、环形阵列及路径阵列。

1. 矩形阵列

矩形阵列将所选对象分布到行、列和标高的任意组合。

命令调用主要有以下方式：单击"默认"选项卡→"修改"选项组→"阵列"按钮 ，或单击菜单栏的"修改"→"阵列"，或在命令行输入 ARRAY（AR）。

执行"矩形阵列"命令，在选择阵列对象后，功能区会出现"阵列创建"选项卡"矩形阵列"各选项组，如图 4-23 所示。可以对阵列各选项进行设置，绘图区将显示预览阵列，设置完成后单击"关闭阵列"按钮。

图 4-23 "阵列创建"选项卡"矩形阵列"各选项组

主要提示选项说明如下：

1）行数：输入矩形阵列的行数。

2）列数：输入矩形阵列的列数。

3）级别：指定三维阵列的层数。

4）介于：输入矩形阵列的行间距、列间距或层间距。

5）总计：输入矩形阵列的总计行间距、列间距或层间距。

6）关联：指定阵列中的对象是关联的还是独立的。

7）基点：定义阵列基点和基点夹点的位置。

注意：

1）矩形阵列时，输入的行距和列距若为负值，则加入的行在原行的下方，加入的列在原列的左方。

2）矩形阵列的列数和行数均包含所选对象，环形阵列的复制份数也包括原始对象在内。

2. 环形阵列

环形阵列将对象均匀地围绕中心点或旋转轴分布。

命令调用主要有以下方式：单击"默认"选项卡→"修改"选项组→"阵列"→"环形阵列"按钮 ，或单击菜单栏的"修改"→"阵列"，或在命令行输入 ARRAYPOLAR。

执行"环形阵列"命令，在选择对象及指定阵列中心点后，功能区会出现相应的"阵列创建"选项卡"环形阵列"各选项组，如图 4-24 所示。可以对阵列各选项进行设置，绘图区将显示预览阵列，设置完成后单击"关闭阵列"按钮。

主要提示选项说明如下：

1）极轴：在绕中心点或旋转轴的环形阵列中均匀分布对象副本。

2）项目数：输入环形阵列复制份数。

图 4-24 "阵列创建"选项卡"环形阵列"各选项组

3）介于：输入项目之间的角度。

4）填充：通过总角度和阵列对象之间的角度来控制环形阵列。还可以拖动箭头夹点来调整填充角度。

5）行数：指定阵列中的行数、它们之间的距离以及行之间的增量标高。

6）级别：指定（三维阵列的）层数和层间距。

7）关联：指定阵列中的对象是关联的还是独立的。

8）基点：重新定义阵列基点和基点夹点的位置。

9）旋转项目：控制在排列项目时是否旋转对象。

10）方向：控制逆时针或顺时针旋转对象。

注意：环形阵列时，输入的角度为负值，即为沿顺时针方向旋转。

3. 路径阵列

"路径阵列"命令可将对象均匀地沿路径或部分路径分布。沿路径分布的对象可以测量或分割。

命令调用主要有以下方式：单击"默认"选项卡→"修改"选项组→"阵列"→"路径阵列"按钮，或单击菜单栏的"修改"→"阵列"，或在命令行输入 ARRAYPATH。

执行"路径阵列"命令，在选择阵列对象及路径后，功能区会出现相应的"阵列创建"选项卡"路径阵列"各选项组，如图 4-25 所示。可以对阵列各选项进行设置，绘图区将显示预览阵列，设置完成后单击"关闭阵列"按钮。

图 4-25 "阵列创建"选项卡"路径阵列"各选项组

主要提示选项说明如下：

1）路径：路径可以是直线、多段线、三维多段线、样条曲线、螺旋、圆弧、圆或椭圆。

2）项目数：当"方法"为"定数等分"时可用，指定阵列中的项目数。

3）介于：当"方法"为"定距等分"时可用，指定阵列中的项目距离。

4）行数：设定阵列的行数。

5）级别：设定阵列的层数。

6）关联：指定阵列中的对象是关联的还是独立的。

7）基点：定义阵列基点和基点夹点的位置。

8）切线方向：指定阵列中的项目如何相对于路径的起始方向对齐。

9）定数等分：沿整个路径长度均匀地分布对象。"项目"选项组中的"介于"文本框灰显，禁止输入。

10）定距等分：以特定间隔分布对象。"项目"选项组中的"项目数"文本框灰显，禁止输入。

11）对齐项目：指定是否对齐每个项目，以与路径的方向相切。

12）Z方向：控制是否保持项目的原始 Z 方向或沿三维路径自然倾斜项目。

【例 4-18】　如图 4-26a 所示，用"矩形阵列"命令将左下角的小圆对象复制成 3 行 4 列矩形排列的图形，列距为 20mm，行距为 15mm。

具体操作步骤如下：

1）绘制一个小圆。

2）执行"矩形阵列"命令。

3）选择对象：（选择左下角的小圆对象）

4）选择对象：找到 1 个

5）选择对象：✓（结束对象选择）

6）类型＝矩形　关联＝是

7）选择夹点以编辑阵列或［关联（AS）/基点（B）/计数（COU）/间距（S）/列数（COL）/行数（R）/层数（L）/退出（X）］＜退出＞：（在"阵列创建"选项卡中，输入列数：4，介于：20；行数：3，介于：15，其他选项为默认值）

8）单击"关闭阵列"按钮，结束命令。

【例 4-19】　用"环形阵列"命令将左侧小圆弧做环形阵列，结果如图 4-26b 所示。

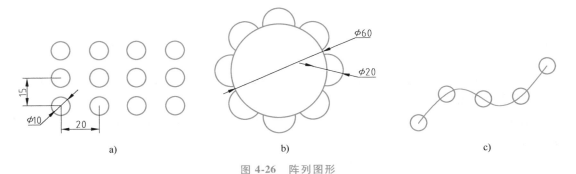

a)　　　　　　　　　　　b)　　　　　　　　　　　c)

图 4-26　阵列图形

具体操作步骤如下：

1）绘制大圆及小圆，将小圆修剪为小圆弧。

2）执行"环形阵列"命令。

3）选择对象：（选择左侧的小圆弧对象）

4）选择对象：找到 1 个

5）选择对象：✓（结束对象选择）

6）类型＝极轴　关联＝是

7）指定阵列的中心点或［基点（B）/旋转轴（A）］：（拾取大圆中心点）

8）选择夹点以编辑阵列或［关联（AS）/基点（B）/项目（I）/项目间角度（A）/填充角度（F）/行（ROW）/层（L）/旋转项目（ROT）/退出（X）］<退出>：（在"阵列创建"选项卡中，输入项目数：8，填充：360，"旋转项目"按钮为启用状态）

9）单击"关闭阵列"按钮，结束命令。

【例4-20】 绘制一个小圆及一条曲线，用"路径阵列"命令将小圆沿着样条曲线做路径阵列，结果如图4-26c所示。

具体操作步骤如下：

1）绘制小圆和样条曲线。

2）执行"路径阵列"命令。

3）选择对象：（选择左侧的小圆对象）

4）选择对象：找到1个

5）选择对象：↙（结束对象选择）

6）类型=路径 关联=是

7）选择路径曲线：（选择样条曲线对象）

8）选择夹点以编辑阵列或［关联（AS）/方法（M）/基点（B）/切向（T）/项目（I）/行（R）/层（L）/对齐项目（A）/Z方向（Z）/退出（X）］<退出>：（在"阵列创建"选项卡中，先选择"特性"选项组中的"定数等分"，再输入项目数：5）

9）单击"关闭阵列"按钮，结束命令。

4.10 打断与合并

4.10.1 打断和打断于点

"打断"命令可将直线、弧、圆、多段线、椭圆、样条线和射线等实体对象在两点间打断，分成两个对象或删除中间的部分。

"打断于点"命令是将对象在一点处打断，实体被无缝隙断开。相当于"打断"命令的两打断点间距为0。

命令调用主要有以下方式：单击"默认"选项卡→"修改"选项组→"打断"按钮⌒或"打断于点"按钮⌒，或单击菜单栏的"修改"→"打断"，或在命令行输入BREAK（BR）。

命令提示中各选项功能如下：

1）选择对象：选择需要断开的对象。默认情况下该选择点为第一个打断点。

2）第二个打断点：指定用于打断对象的第二个点。若未选在对象上，系统将选择对象上与该点最接近的点。

3）第一点（F）：指定新点替换原来的第一个打断点。

注意：

1）若在"指定第二个打断点"提示后输入@↙，则表示第二个断开点与第一个断开点是同一点，即距离为 0。

2）对圆或圆弧进行断开操作时，一定要按逆时针方向进行操作，即第二点应相对于第一点沿逆时针方向，否则可能会把不该剪掉的部分剪掉。

【例 4-21】　用"打断"命令断开如图 4-27a 所示的水平直线，结果如图 4-27b 所示。

a)　　　　　　　　　　　　　　　　　　　　　　　　b)

图 4-27　打断图形

具体操作步骤如下：
1）绘制图形。
2）执行"打断"命令。
3）选择对象：（指定待断开的水平直线）
4）指定第二个打断点或［第一点（F）］：F↙（选择"第一点"选项，重新指定第一个打断点，否则系统默认选择对象的拾取点为第一个打断点）
5）指定第一个打断点：（拾取需断开的左侧交点）
6）指定第二个打断点：（拾取需断开的右侧交点，结束命令）

4.10.2　合并

"合并"命令可将选定的对象合并形成一个完整的对象。

命令调用主要有以下方式：单击"默认"选项卡→"修改"选项组→"合并"按钮，或单击菜单栏的"修改"→"合并"，或在命令行输入 JOIN。

命令提示中各选项功能如下：

1）选择源对象或要一次合并的多个对象：选择直线、多段线、三维多段线、圆弧、椭圆弧、螺旋或样条曲线。

2）源对象：可以合并其他对象的单个源对象。

3）要一次合并的多个对象：直接选择多个对象合并，而无须指定源对象。

4）选择要合并的对象：对象可以是直线、多段线、圆弧、椭圆弧、样条曲线或螺旋。根据选定的源对象，要合并的对象有所不同。

5）直线：可选择一条或多条直线合并到源，所选择直线对象必须共线，但是它们之间可以有间隙。

6）多段线：直线、多段线或圆弧对象均可以合并到源多段线。所有对象之间不能有间隙且共面。合并后生成的对象是单条多段线。

7）圆弧：选择一个或多个圆弧或通过"闭合"选项将源圆弧转换成圆。圆弧对象必须位于同一假想的圆上，但是它们之间可以有间隙。

8）椭圆弧：选择椭圆弧以合并到源，或通过"闭合"选项将源椭圆弧闭合成完整的椭圆。椭圆弧必须位于同一椭圆上，但是它们之间可以有间隙。

9）样条曲线：选择要合并到源的样条曲线。样条曲线对象必须相接（端点对端点）。

10）螺旋：选择要合并到源的螺旋。螺旋对象必须相接（端点对端点）。

注意：

1）构造线、射线及闭合的对象无法进行合并。

2）合并两条或多条圆弧（或椭圆弧）时，将从源对象开始按逆时针方向合并圆弧（或椭圆弧）。

【例4-22】　用"合并"命令将如图4-28a所示的两直线合并为一条直线，如图4-28b所示。再将如图4-28c所示的两圆弧合并为半圆，结果如图4-28d所示。

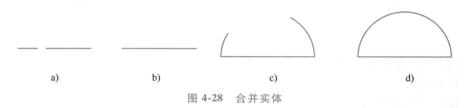

a)　　　　　　b)　　　　　　c)　　　　　　d)

图4-28　合并实体

具体操作步骤如下：

1）绘制两直线段（共线）。

2）执行"合并"命令。

3）选择源对象或要一次合并的多个对象：（指定左侧直线段）

4）找到1个

5）选择要合并的对象：（指定右侧直线段）

6）找到1个，总计2个

7）选择要合并的对象：✓（结束选择）

8）2条直线已合并为1条直线。

9）执行"合并"命令。

10）选择源对象或要一次合并的多个对象：（指定右侧圆弧）

11）找到1个

12）选择要合并的对象：（指定左侧圆弧）

13）找到1个，总计2个

14）选择要合并的对象：✓（结束选择）

15）2条圆弧已合并为1条圆弧。

4.11　拉长与对齐

4.11.1　拉长

"拉长"命令用于更改对象的长度或圆弧的包含角。

命令调用主要有以下方式：单击"默认"选项卡→"修改"选项组→"拉长"按钮，或单击菜单栏的"修改"→"拉长"，或在命令行输入LENGTHEN。

命令提示中各选项功能如下：

1）选择对象：显示对象的长度或圆弧的包含角。

2）增量：从距离选择点最近的端点处开始以指定的增量修改对象的长度。

3）长度增量：以指定的增量修改对象的长度。

4）角度：以指定的角度修改选定圆弧的包含角。

5）百分数：通过指定对象总长度的百分数设置对象长度。

6）全部：通过指定从固定端点测量的总长度的绝对值来设置选定对象的长度。"全部"选项也可按照指定的总角度设置选定圆弧的包含角。

7）动态：打开动态拖动模式。通过拖动选定对象的端点之一来改变其长度。

注意：

1）若增量值为正值，则拉长对象；若为负值，则修剪对象。

2）提示将一直重复，直到按＜Enter＞键结束命令。

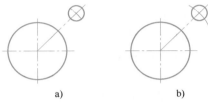

图 4-29　拉长圆弧

【例 4-23】　用"拉长"命令将如图 4-29a 所示的小圆定位弧线拉长为如图 4-29b 所示的图形。

具体操作步骤如下：

1）执行"拉长"命令。

2）选择对象或［增量（DE）/百分数（P）/全部（T）/动态（DY）］：DE↙（选择"增量"选项）

3）输入长度增量或［角度（A）］＜0.0000＞：5↙（输入拉长增量）

4）选择要修改的对象或［放弃（U）］：（拾取小弧线一端）

5）选择要修改的对象或［放弃（U）］：（拾取小弧线另一端）

6）选择要修改的对象或［放弃（U）］：↙（结束命令）

4.11.2　对齐

"对齐"命令用于在二维和三维空间中将对象与其他对象对齐。

命令调用主要有以下方式：单击"默认"选项卡→"修改"选项组→"对齐"按钮 ⬛，或单击菜单栏的"修改"→"三维操作"→"对齐"，或在命令行输入 ALIGN。

命令提示中各选项功能如下：

1）选择对象：选择要对齐的对象。

2）源点、目标点：指定一对、两对或三对源点和目标点，选定对象将在二维或三维空间从源点移动到目标点对齐。

注意：

1）只有使用两对点对齐对象时才有缩放提示。缩放对象将以第一目标点和第二目标点之间的距离作为缩放对象的参考长度。

2）当选择三对点时，选定对象可在三维空间移动和旋转，使之与其他对象对齐。

【例 4-24】　用"对齐"命令对齐如图 4-30a 所示的图形，结果如图 4-30b 所示。

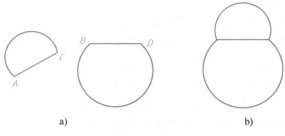

a)   b)

图 4-30 对齐图形

具体操作步骤如下：

1）执行"对齐"命令。

2）选择对象：（选择两对象）

3）选择对象：找到 2 个

4）选择对象：↙（结束选择）

5）第一个源点：（捕捉 A 点）

6）第一个目标点：（捕捉 B 点）

7）第二个源点：（捕捉 C 点）

8）第二个目标点：（捕捉 D 点）

9）指定第三个源点或<继续>：↙（继续）

10）是否基于对齐点缩放对象？［是(Y)/否(N)］<否>：Y↙（选择"是"选项缩放对齐，结束命令）

4.12 线 性 编 辑

4.12.1 编辑多段线

"编辑多段线"命令可以合并二维多段线、将线条和圆弧转换为二维多段线，还可以对多段线进行编辑（如移动、改变线宽和拟合曲线等）。

1. 编辑单个多段线

命令调用主要有以下方式：单击"默认"选项卡→"修改"选项组→"编辑多段线"按钮，或单击菜单栏的"修改"→"对象"→"多段线"，或在命令行输入 PEDIT。

另外，可直接双击要编辑的多段线，或选择多段线后，在右键快捷菜单中选择"编辑多段线"选项。

主要提示选项说明如下：

1）闭合（C)/打开（O)：将多段线端点闭合。如果多段线已经闭合选项为"打开（O)"，则执行后闭合的多段线被断开。

2）合并（J)：将与该多段线端点相连接的另一条多段线、线段或圆弧合并为一条多段线，并继承该多段线的属性（图层、颜色和线型等）。如果其中有已经拟合的曲线，则合并后恢复原状。

3）宽度（W）：设置多段线的统一宽度。

4）拟合（F）：通过各个顶点将多段线拟合成一条光滑曲线。

5）样条曲线（S）：将多段线拟合成 B 样条曲线。

6）非曲线化（D）：将拟合的曲线恢复原状。

7）线型生成（L）：控制线型生成器开/关。例如，已经设置了某种线型的多段线将其样条曲线化，当线型关闭时，其中一段曲线不显示原线型；当线型打开时，才显示原定义线型。

8）放弃（U）：取消上次操作。

9）编辑顶点（E）：进入该选项后，AutoCAD 将在多段线起点处显示一个"×"表示当前顶点，并在命令行列出有关选项。各选项说明如下。

① 下一个（N）/上一个（P）：上下移动，改变当前点。

② 打断（B）：在当前点 A 选择该项后，移动顶点到 B，选择"执行（G）"，则 A、B 两点间所有的线段将被删除。如只在一点打断，选择"执行（G）"后，原多段线被分为两段。

③ 插入（I）：在当前点 A 选择该项后，拾取一个新点，即在 A 点和上一点之间插入了这个新顶点。

④ 移动（M）：移动当前顶点。

⑤ 重生成（R）：重新生成多段线。

⑥ 拉直（S）：在当前点 A 选择该项后，移动顶点到 B，选择"执行（G）"，则原 A、B 间图线被拉直为 AB 直线。

⑦ 切向（T）：作曲线拟合时，在当前点设置曲线的切线方向。可拾取一个点与当前点的连线即为切线，也可输入角度值。

⑧ 宽度（W）：改变当前点到下一点线段的宽度。

⑨ 退出（X）：退出编辑顶点状态。

注意：

1）该命令可编辑矩形，还能将普通直线、圆弧转换成多段线进行编辑。

2）使用"合并（J）"选项时，两条线必须起点或终点相交，否则无效。

3）编辑顶点时，当前点不能用光标拾取，只能用键盘的方向键上、下移动取点。

4）编辑顶点时，要在命令行中选择"执行（G）"选项才能完成操作。

【例 4-25】　绘制如图 4-31a 所示的图形，用"编辑多段线"命令将其合并为一条多段线（可用夹点查看，如图 4-31b 所示为编辑前，如图 4-31c 所示为编辑后）。

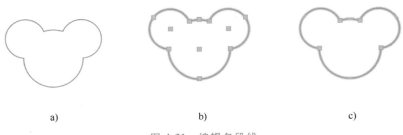

a)　　　　　　　　　　　　b)　　　　　　　　　　　　c)

图 4-31　编辑多段线

具体操作步骤如下：

1）执行"圆"和"修剪"命令，绘制图形。

2）执行"编辑多段线"命令。

3）选择多段线或[多条（M）]：（拾取一段圆弧）

4）是否将其转换为多段线？<Y>↙（按<Enter>键确认）

5）输入选项[闭合（C）/合并（J）/宽度（W）/编辑顶点（E）/拟合（F）/样条曲线（S）/非曲线化（D）/线型生成（L）/反转（R）/放弃（U）]：J↙（选择"合并"选项）

6）选择对象：（选择其他三段圆弧）

7）选择对象：找到3个

8）选择对象：↙（结束选择）

9）多段线已增加3条线段

10）输入选项[打开（O）/合并（J）/宽度（W）/编辑顶点（E）/拟合（F）/样条曲线（S）/非曲线化（D）/线型生成（L）/反转（R）/放弃（U）]：↙（结束命令）

2. 编辑多重多段线

"编辑多段线"命令还可以对多个多段线进行整体编辑。

使用"编辑多段线"命令，在命令行的提示中，选择"多条（M）"选项，然后拾取多个多段线，即可进行整体编辑。

主要提示选项说明如下：

1）模糊距离：输入合并两个多段线的有效距离。

2）合并类型（J）：选择合并类型，有以下三个选项：

① 延伸（E）：在给定的模糊距离内，延伸或剪切图线，使两个多段线在端点的位置连线合并。

② 添加（A）：过两个多段线的端点添加一条直线，使其合并。

③ 两者都（B）：先使用延伸方式，其次使用添加方式，使多段线合并。

注意：

1）模糊距离是指两个多段线要合并点的最小距离。

2）多重多段线编辑与多段线编辑的方法基本相同，主要区别只是编辑数量的多少。

3）合并时，只能在两条多段线的起始端点处合并，其他节点无效。

【例4-26】 绘制如图4-32a所示的两条多段线，然后完成如图4-32b所示编辑练习。

a)   b)

图4-32　编辑两条多段线

具体操作步骤如下：

1）执行"编辑多段线"命令。

2）选择多段线或[多条(M)]：M✓（选择"多条"选项）

3）选择对象：（选择两条多段线）

4）选择对象：找到2个

5）选择对象：✓（结束选择）

6）输入选项[闭合(C)/打开(O)/合并(J)/宽度(W)/拟合(F)/样条曲线(S)/非曲线化(D)/线型生成(L)/反转(R)/放弃(U)]：J✓（选择"合并"选项）

7）合并类型＝延伸

8）输入模糊距离或[合并类型(J)]<100.0000>：✓（默认距离为100mm）

9）多段线已增加3条线段

10）输入选项[闭合(C)/打开(O)/合并(J)/宽度(W)/拟合(F)/样条曲线(S)/非曲线化(D)/线型生成(L)/反转(R)/放弃(U)]：W✓（选择"宽度"选项）

11）指定所有线段的新宽度：2✓（输入新宽度值）

12）输入选项[闭合(C)/打开(O)/合并(J)/宽度(W)/拟合(F)/样条曲线(S)/非曲线化(D)/线型生成(L)/反转(R)/放弃(U)]：（返回主提示）

13）输入选项[闭合(C)/打开(O)/合并(J)/宽度(W)/拟合(F)/样条曲线(S)/非曲线化(D)/线型生成(L)/反转(R)/放弃(U)]：✓（结束命令）

4.12.2　编辑样条曲线

"编辑样条曲线"命令可以编辑样条曲线或将样条曲线拟合为多段线。

命令调用主要有以下方式：单击"默认"选项卡→"修改"选项组→"编辑样条曲线"按钮 ✍，或在命令行输入SPLINEDIT。

另外，可直接双击要编辑的样条曲线，或选择样条曲线后，在右键快捷菜单中选择"编辑样条曲线"选项。

主要提示选项说明如下：

1）闭合/打开：闭合开放的样条曲线或打开闭合的样条曲线。

2）合并：将选定的样条曲线与其他样条曲线、直线、多段线和圆弧在重合端点处合并，形成一个样条曲线。

3）拟合数据：使用下列选项编辑拟合数据。

① 添加：在样条曲线中增加拟合点，重新拟合样条曲线。

② 闭合/打开：闭合开放的样条曲线或打开闭合的样条曲线。

③ 删除：从样条曲线中删除拟合点，重新拟合样条曲线。

④ 扭折：在样条曲线上的指定位置添加节点和拟合点，但不会保持在该点的相切或曲率连续性。

⑤ 移动：将拟合点移动到新位置。

⑥ 清理：从图形数据库中删除样条曲线的拟合数据。

⑦ 切线：编辑样条曲线的起点和端点切线方向。

⑧ 公差：使用新的公差值将样条曲线重新拟合至现有点。

⑨ 退出：返回到主提示。

4）编辑顶点：使用下列选项重新定位样条曲线的控制顶点并清理拟合点。

① 添加：增加控制部分样条的控制点数。

② 删除：删除选定的控制点。

③ 提高阶数：增加控制点的数目。

④ 移动：重新定位选定的控制点。

⑤ 权值：修改样条曲线控制点的权值。权值越大，样条曲线越接近控制点。

⑥ 退出：返回到主提示。

5）转换为多段线：将样条曲线转换为多段线。

6）指定精度：精度值决定结果多段线与源样条曲线拟合的精确程度。有效值为 0 ~ 99 之间的整数。

7）反转：反转样条曲线的方向。主要用于第三方应用程序。

8）放弃：取消上一编辑操作。

9）退出：结束命令。

注意：

1）可以删除样条曲线的拟合点，也可以增加拟合点以提高精度。

2）公差越小，样条曲线与拟合点越接近。

【例 4-27】 绘制样条曲线，用"编辑样条曲线"命令将其拟合公差修改为 30mm（可用夹点查看，图 4-33a 所示为编辑前，图 4-33b 所示为编辑后）。

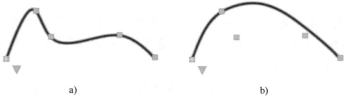

a)　　　　　　　　　　　　　　　　b)

图 4-33　编辑样条曲线

具体操作步骤如下：

1）执行"样条曲线"命令，绘制样条曲线。

2）执行"编辑样条曲线"命令。

3）输入选项[闭合(C)/合并(J)/拟合数据(F)/编辑顶点(E)/转换为多段线(P)/反转(R)/放弃(U)/退出(X)]<退出>：F↙（选择"拟合数据"选项）

4）[添加(A)/闭合(C)/删除(D)/扭折(K)/移动(M)/清理(P)/切线(T)/公差(L)/退出(X)]<退出>：L↙（选择"公差"选项）

5）输入拟合公差 <1.0000E-10>：30↙

6）[添加(A)/闭合(C)/删除(D)/扭折(K)/移动(M)/清理(P)/切线(T)/公差(L)/退出(X)]<退出>：↙（拟合数据）

7）输入选项[闭合(C)/合并(J)/拟合数据(F)/编辑顶点(E)/转换为多段线(P)/反转(R)/放弃(U)/退出(X)]<退出>：↙（结束命令）

4.13　编辑图案填充

修改现有的图案填充或创建新的图案填充对象。修改图案填充的图案、比例或角度等特性。

当选择需要编辑的图案填充时，功能区会出现"图案填充编辑器"上下文选项卡，可进行编辑修改。

命令调用主要有以下方式：单击"默认"选项卡→"修改"选项组→"编辑图案填充"按钮 ，或单击菜单栏的"修改"→"编辑图案填充"，或在命令行输入 HATCHEDIT。

命令提示中"选择图案填充对象"选项的功能：选择要编辑的图案填充对象，将弹出"图案填充编辑"对话框，可进行编辑修改。

"图案填充编辑"对话框中的选项与"图案填充和渐变色"对话框中的选项大致相同。

4.14　编　辑　阵　列

通过编辑阵列属性、编辑源对象或使用其他对象替换项，修改关联阵列。

当选择需要编辑的阵列对象时，功能区会出现"阵列"上下文选项卡，可进行编辑修改。

命令调用主要有以下方式：单击"默认"选项卡→"修改"选项组→"编辑阵列"按钮 ，或单击菜单栏的"修改"→"编辑阵列"，或在命令行输入 ARRAYEDIT。

命令提示中主要选项功能如下：

1）选择阵列：选择需要编辑的阵列。选择不同的阵列类型（矩形、路径或环形）将对应不同的提示。

2）源：激活编辑状态，在该状态下可以通过编辑它的一个项目来更新关联阵列。使用功能区上下文选项卡的"保存修改"或"放弃修改"按钮退出编辑模式。

3）替换：替换选定项目或项目的源对象。

4）重置：恢复删除的项目并删除所有替代项。

4.15　删　除　重　复　对　象

"删除重复对象"命令用于删除重复或重叠的直线、圆弧和多段线。对于局部重叠或连续的这些对象可进行合并。

命令调用主要有以下方式：单击"默认"选项卡→"修改"选项组→"删除重复对象"按钮 ，或单击菜单栏的"修改"→"删除重复对象"，或在命令行输入 OVERKILL。

执行"删除重复对象"命令，选择对象后，将弹出"删除重复对象"对话框，如图 4-34 所示。

各主要选项功能如下：

1）对象比较设置：对重复或重叠的对象进行比较。

2）公差：通过精度控制进行数值比较。如果值为0，则在修改或删除其中一个对象之前，被比较的两个对象必须匹配。

3）忽略对象特性：设置在比较过程中是否忽略对象的特性。

图4-34　"删除重复对象"对话框

4）选项：使用这些设置控制如何处理直线、圆弧和多段线等对象。

5）优化多段线中的线段：检查选定的多段线中单独的直线段和圆弧段。包括"忽略多段线线段宽度"和"不打断多段线"两个选项。

6）合并局部重叠的共线对象：将重叠的对象合并为单个对象。

7）合并端点对齐的共线对象：将具有公共端点的对象合并为单个对象。

8）保持关联对象：不会删除或修改关联对象。

【例4-28】　用"删除重复对象"命令将直线中的重叠线段删除（可用夹点查看，图4-35a所示为编辑前，如图4-35b所示为编辑后）。

a)　　　　　　　　　　　　b)

图4-35　删除重复对象

具体操作步骤如下：
1）执行"删除重复对象"命令。
2）选择对象：（选择重叠的直线）
3）选择对象：↙（结束选择，弹出"删除重复对象"对话框，默认或进行设置）
4）0个重复项已删除　3个重叠对象或线段已删除　　　　（按<Enter>键结束命令）

4.16　实例解析

【例4-29】　绘制如图4-36所示的密封板（点画线的设置详见第5章，这里可暂用细实线绘制）。

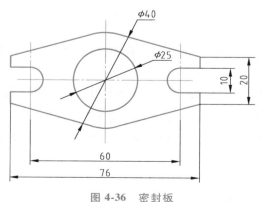

图4-36　密封板

密封板为对称图形，所以只需绘制四分之一的图形，再用"镜像"命令完成全图。绘制步骤如下：

1）设置状态栏的"极轴""对象捕捉"和"对象捕捉追踪"处于启用状态。

2）用"圆"命令绘制 ϕ40mm 大圆和右侧的 ϕ10mm 小圆，用"直线"命令绘制右上侧图形，如图 4-37 所示。

3）用"直线"命令绘制两圆的部分圆心定位线，如图 4-38 所示。

4）用"修剪"命令剪掉多余的图线，完成四分之一的图形轮廓，如图 4-39 所示。

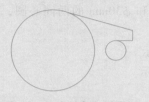 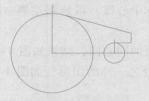 

图 4-37　绘制右上侧图形　　　图 4-38　绘制两圆的　　　图 4-39　完成四分之一的
　　　　　　　　　　　　　　　　部分圆心定位线　　　　　　　图形轮廓

5）用"镜像"命令，完成一半的图形轮廓，如图 4-40 所示。

6）用"镜像"命令，完成全部图形轮廓，如图 4-41 所示。注意：若选中多余的图线，要从选择集中去除该图线。

7）绘制 ϕ25mm 的圆，整理完成全部图形，如图 4-42 所示。

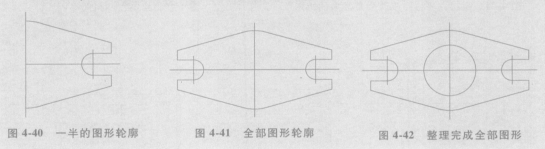

图 4-40　一半的图形轮廓　　　图 4-41　全部图形轮廓　　　图 4-42　整理完成全部图形

【例 4-30】　绘制如图 4-43 所示的平面图形。

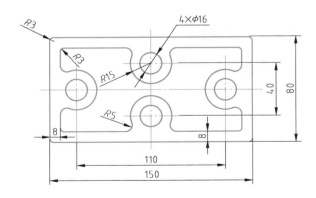

图 4-43　平面图形

使用"直线""矩形""偏移""复制""镜像""修剪"和"圆角"等命令，绘制步骤如下：

1）设置状态栏的"极轴追踪""对象捕捉"和"对象捕捉追踪"处于启用状态。

2）用"矩形"命令绘制外侧圆角矩形（长150mm、宽80mm）。

3）用"偏移"命令绘制内侧矩形，偏移距离为8mm，如图4-44所示。

4）用"圆角"命令绘制内外矩形圆角，圆角半径为3mm。也可用"矩形"命令的"圆角"选项直接绘制带圆角的矩形。

5）用"直线"命令绘制对称中心线，再绘制左侧$\phi16$mm和$\phi30$mm的两同心圆，如图4-45所示。

6）用"复制"命令完成上面的同心圆，结果如图4-46所示。

7）用"修剪"命令剪掉四分之一外的图形，如图4-47所示。

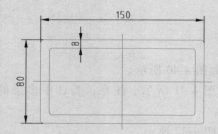

图4-44　绘制、偏移完成两个带圆角的矩形

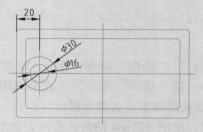

图4-45　绘制左侧两同心圆

图4-46　复制完成上面的同心圆

图4-47　修剪四分之一外的图形

8）先用"分解"命令将内侧矩形多段线分解，再用"圆角"命令完成半径为5mm的内部圆角，如图4-48所示。

9）用"镜像"命令，完成全部图形轮廓，整理完成全部图形，如图4-49所示。

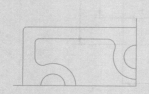

图4-48　完成四分之一的图形

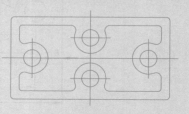

图4-49　完成全部图形

思考与练习

1. 选择目标时，"窗口（W）"方式和"窗交（C）"方式有什么区别？
2. "分解"命令能否把圆分解为两段圆弧对象？
3. 被修剪的对象本身是否可以作为剪切边？
4. 修剪和延伸之间切换的简便方法是什么？
5. 夹点编辑可循环选择哪几种编辑操作？
6. 试练习绘制图 4-50～图 4-56 所示平面图形。

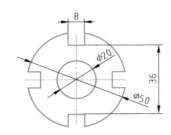

图 4-50　平面图形 1

图 4-51　平面图形 2

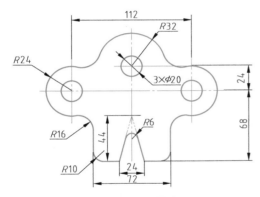

图 4-52　平面图形 3

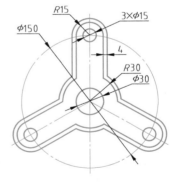

图 4-53　平面图形 4

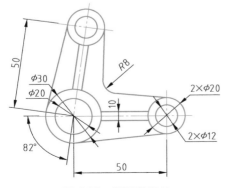

图 4-54　平面图形 5

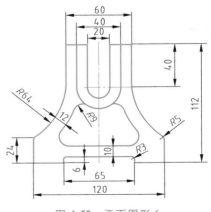

图 4-55　平面图形 6

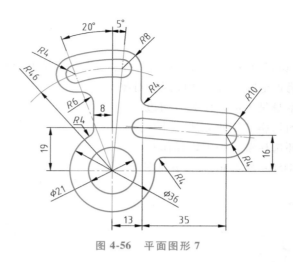

图 4-56　平面图形 7

相关拓展

绘制一种盾构机"刀盘"图形，如图 4-57 所示。

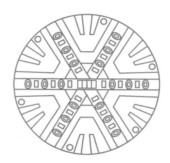

图 4-57　盾构机"刀盘"图形

盾构隧道掘进机，简称盾构机，是目前基建领域非常重要、科技含量非常高的大型工程机械之一。其基本工作原理是：一个圆柱体的钢组件沿隧洞轴线向前推进并对土壤进行挖掘，现已广泛用于地铁、铁路、公路、市政和水电等隧道工程。我国的盾构机已经拥有完全自主知识产权，打破了国外近一个世纪的技术垄断，且已进入国际市场，是"中国制造"崛起的最好证明之一。

第5章

图层与对象特性

按照国家标准绘制工程图时，应根据图形内容的不同采用不同的线型和线宽。AutoCAD采用图层来管理组织图形，它是类似于用叠加的方法来存放图形信息的极为重要的工具。

5.1　图层的创建与使用

用户要想完成一幅图样的绘制，首先需要创建图层，并设置每层上的颜色、线型和线宽，而在该层上创建的对象则默认采用这些特性。通过"图层"选项组（图5-1），对图形对象进行分类管理，可以方便地对图形进行绘制和编辑。

5.1.1　创建图层

图层的创建可利用"图层特性管理器"对话框来进行。利用此对话框，用户可以方便、快捷地设置图层的特性及控制图层的状态。

命令调用主要有以下方式：单击"默认"选项卡→"图层"选项组→"图层特性"按钮，或单击菜单栏的"格式"→"图层"，或在命令行输入 LAYER（LA）。

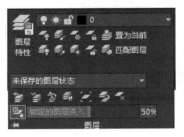

图 5-1　"图层"选项组

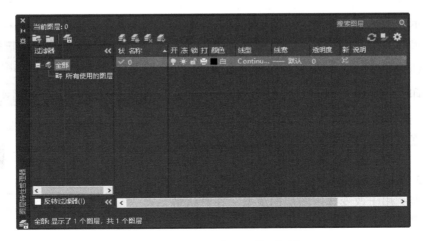

图 5-2　"图层特性管理器"对话框

执行"图层"命令后，将弹出"图层特性管理器"对话框，如图 5-2 所示。

当开始绘制一幅新图时，系统自动生成名为"0"的图层，这是 AutoCAD 的默认图层，默认 0 层线型为连续线（Continuous），颜色为白色。

对话框中各主要选项功能如下：

1）新建图层 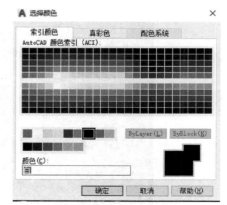 ：在绘图过程中，用户可随时创建新图层。系统会根据 0 层的特性来生成新图层，新创建的图层默认为"图层 1""图层 2"，等，依次类推。如果在此之前已选择了某个层，则根据所选图层的特性来生成新图层。

2）在所有视口中都被冻结的新图层 ：创建新图层，并在所有现有布局视口中将其冻结。

3）删除图层 ：若要删除不使用的图层，则可先从列表框中选择一个或多个图层，AutoCAD 将从当前图形中删除所选的图层。在对话框中同时按住<Shift>键可选择连续排列的多个图层，若同时按住<Ctrl>键，则可选择不连续排列的多个图层。删除包含对象的图层时，需要删除此图层中的所有对象，然后再删除此图层。

4）置为当前 ：选中一个图层，然后单击此按钮，就可以将该层设置为当前层。当前层的图层名会出现在列表框的顶部。

5）状态：显示图层的状态。

6）名称：显示图层名。选择图层名，按<F2>键可输入新名称，或停顿后再单击，也可实现对图层的重命名。

7）开/关：用于打开或关闭图层。当图层打开时，灯泡为亮色 ，该层上的图形可见，可以进行打印。当图层关闭时，灯泡为暗色 ，该层上的图形不可见，不可进行编辑，不能进行打印。

8）冻结/解冻：当图层被冻结时，为雪花图标 ，该层上图形不可见，不能进行重生成、消隐及打印等操作。当图层解冻后，为太阳图标 ，该层上图形可见，可进行重生成、消隐和打印等操作。

9）锁定/解锁：当图层被锁定 后，图层中的对象淡入显示，光标悬停在锁定对象上时，有一个小锁图标。锁定的图形不能被编辑，但可以输出。当图层解锁后，锁被打开 ，该层上的图形可以编辑。

10）打印：控制该层对象是否打印（打印 或不打印 ）。新建图层默认为可打印。

11）颜色：用于改变选定图层的颜色。单击"颜色"图标，可打开"选择颜色"对话框来选取颜色，如图 5-3 所示。

12）线型：用于改变选定图层的线型。在默认情况下，新创建图层的线型为连续线（Continuous），可

图 5-3 "选择颜色"对话框

以根据需要为图层设置不同的线型。单击线型名称，将打开"选择线型"对话框，如图 5-4

所示。在"已加载的线型"列表中指定线型，若该列表中没有需要的线型，可单击"加载"按钮，从打开的"加载或重载线型"对话框中选择，如图 5-5 所示。

图 5-4　"选择线型"对话框

图 5-5　"加载或重载线型"对话框

13）线宽：用于改变选定图层的线宽。单击线宽名称，打开"线宽"对话框，如图 5-6 所示，可在此选择合适的线宽。

14）透明度：用于改变选定图层的透明度。单击透明度名称，打开"图层透明度"对话框，可以在其中指定透明度值。有效值为 0~90，值越大，对象越显得透明。

15）新视口冻结：在新布局视口中冻结选定的图层。

16）说明：用于描述图层或图层过滤器。

17）搜索图层：输入字符，按名称过滤图层列表。

18）新建特性过滤器：打开"图层过滤器特性"对话框，创建图层过滤器。在过滤器定义列表中，可以设置过滤条件（如图层名称、状态和颜色等）。

图 5-6　"线宽"对话框

19）新建组过滤器：创建图层过滤器，显示对应的图层信息。仅包含拖动到该过滤器的图层。

20）图层状态管理器：打开"图层状态管理器"对话框，可以保存、恢复和管理图层状态集。

21）反转过滤器：显示所有不满足选定图层过滤器中条件的图层。

22）过滤器：显示图层过滤器列表，通过 ≫ ≪ 展开或收拢过滤器列表。当列表处于收拢状态时，通过 来显示过滤器列表。

23）刷新：刷新图层列表的顺序和图层状态信息。

24）切换替代亮显：为图层特性替代打开或关闭背景亮显。默认背景亮显处于关闭状态。

25）设置：显示"图层设置"对话框，可以设置各种显示选项。

注意：

1）0 层不能被删除或重命名，但可以对其特性（线型、线宽和颜色等）进行编辑、修改。

2）不能冻结当前层，也不能将冻结层改为当前层。

3）不能锁定当前层和0层。

4）可以只显示需要操作的图层，而关闭或冻结暂时不操作的图层，这样可以加快图形的显示速度。

【例5-1】 创建新图层，名称为"中心线"，颜色为红色，线型为CENTER2，线宽为0.25mm，并将其设置为当前层。

具体操作步骤如下：

1）执行"图层"命令，弹出"图层特性管理器"对话框。

2）单击"新建图层"按钮，将"图层1"重命名为"中心线"。

3）单击"颜色"图标"□ 白色"，弹出"选择颜色"对话框。选取红色，单击"确定"按钮，返回"图层特性管理器"对话框。

4）单击"线型"图标"Continuous"，弹出"选择线型"对话框。单击"加载"按钮，弹出"加载或重载线型"对话框。选取线型"CENTER2"，单击"确定"按钮，返回"选择线型"对话框。选取线型"CENTER2"，单击"确定"按钮，返回"图层特性管理器"对话框。

5）单击"线宽"图标"—— 默认"，弹出"线宽"对话框。选取0.25mm，单击"确定"按钮，返回"图层特性管理器"对话框。

6）单击"置为当前"按钮，将该图层设置为当前层，完成设置，结果如图5-7所示。

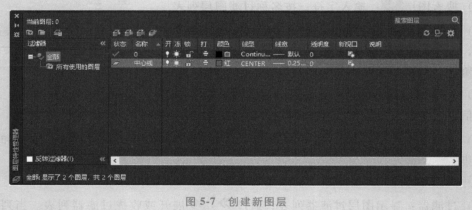

图5-7 创建新图层

5.1.2 使用图层

当前正在使用的图层称为当前层，绘制实体都是在当前图层中进行的。

绘图时，可通过"图层"选项组的"图层"下拉列表进行图层的切换，如图5-8所示。只需选择要置为当前层的图层名称即可，而不必打开"图层特性管理器"对话框再操作。

图5-8 "图层"下拉列表

绘图中如果想改变图层的状态（如开/关、冻结/解冻、锁定/解锁等），可直接在下拉列表中单击图标进行相应的设置。

5.1.3 图层的控制

通过"图层"选项组的图层工具，在绘图中能够更加方便快捷地进行相应的图层控制。

1）关闭 ：关闭选定对象所在的图层，使该层上的对象不可见。

2）打开 ：打开之前关闭的所有图层。图层上的对象（未被冻结）将可见。

3）隔离 ：隐藏或锁定除选定对象所在图层外的所有图层。即除了选定对象所在图层之外的所有图层均将关闭、在当前布局视口中冻结或锁定。

4）取消隔离 ：恢复使用"隔离"命令隐藏或锁定的所有图层。

5）冻结 ：冻结选定对象所在的图层。冻结图层上的对象不可见。在复杂图形中，冻结不需要的图层将加快显示和重生成的操作速度。

6）解冻 ：解冻之前冻结的所有图层。

7）锁定 ：锁定选定对象所在的图层。防止编辑时意外修改该图层上的对象。

8）解锁 ：解锁选定对象所在的图层。

9） 置为当前 ：将选定对象所在的图层设定为当前图层。这是指定当前图层的又一简便方法。

10） 匹配图层 ：更改选定对象所在的图层，以使其匹配目标图层。

11）图层状态：将列出图形中已保存的图层状态。

12）新建图层状态：显示"要保存的新图层状态"对话框，通过输入名称和说明，可以创建新图层状态。

13）管理图层状态：打开"图层状态管理器"对话框，包括新建、输入和编辑等设置。

14）上一个 ：放弃对图层设置的上一个或上一组更改。

15）改为当前图层 ：将选定对象的图层特性更改为当前图层的特性。

16）将对象复制到新图层 ：将一个或多个对象复制到其他图层。

17）图层漫游 ：显示选定图层上的对象并隐藏所有其他图层上的对象。

18）隔离 ：将图层隔离到当前布局视口，冻结除当前视口外的所有其他视口中的选定图层。同状态栏的"隔离/隐藏"按钮 。

19）合并 ：将选定图层合并为一个目标图层，并从图形中清理原始图层。

20）删除 ：删除图层上的所有对象并清理该图层。

21）锁定的图层淡入 ：控制锁定图层上对象的淡入程度。初始值为 50%。

5.2 对象的特性

对象的特性包括对象的常规特性（如图层、颜色、线型、线型比例和线宽等信息）及其类型所特有的特性（如圆的特有特性包括其圆心坐标、半径、周长及面积等信息），可通过对象特性工具进行查看和编辑。

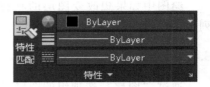

图5-9 "特性"选项组

在默认情况下，对象的颜色、线宽和线型等特性都使用当前图层的设置，但这些特性也可以不依赖图层，可通过"特性"选项组明确指定对象的特性，如图5-9所示。

标准设置包括随层"BYLAYER"、随块"BYBLOCK"和"默认"设置。

1）随层"BYLAYER"：指对象的特性将随该图层设置的情况而绘制。

2）随块"BYBLOCK"：指绘制的对象如在被插入的图层上，则块中的对象将继承插入时的特性。

3）默认：由系统变量控制，所有新图层使用默认设置。

5.2.1 对象的颜色

使用颜色可以帮助用户直观地标识对象。用户可以随图层指定对象的颜色，也可以不依赖图层明确指定对象的颜色。

命令调用主要有以下方式：单击"默认"选项卡→"特性"选项组→对象颜色下拉列表→"更多颜色"，或单击菜单栏的"格式"→"颜色"，或在命令行输入COLOR。

通过"选择颜色"对话框可设置当前对象颜色。

注意：

1）随图层指定颜色可以使用户轻松识别图形中的每个图层。

2）明确指定颜色会使同一图层的对象之间产生其他差别。

5.2.2 对象的线宽

给图形对象以及某些类型的文字指定不同的宽度值。

命令调用主要有以下方式：单击"默认"选项卡→"特性"选项组→线宽下拉列表→"线宽设置"，或单击菜单栏的"格式"→"线宽"，或在命令行输入LWEIGHT。

另外，在状态栏上，右击"线宽"按钮，从快捷菜单中选择"设置…"，也可调出"线宽设置"对话框，如图5-10所示。

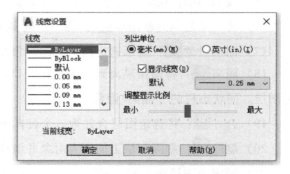

图5-10 "线宽设置"对话框

通过"线宽设置"对话框可设置当前对象的线宽和线宽单位、控制线宽的显示和显示比例，或设置图层的默认线宽值。

具有线宽的对象将以指定线宽值的精确宽度打印。这些值的标准设置包括"BYLAYER"

"BYBLOCK" 和 "默认"。它们可以以英寸或毫米为单位显示，默认单位为毫米。

注意：

1）所有图层初始默认设置为 0.25mm，由 LWDEFAULT 系统变量控制。

2）通过状态栏上的 "显示/隐藏线宽" 按钮来控制线宽的显示。

5.2.3　对象的线型

系统除提供了连续线型外，还提供了大量的非连续线型，如中心线和虚线等。利用

"线型管理器" 对话框可以加载线型和设置
当前线型，如图 5-11 所示。

命令调用主要有以下方式：单击 "默
认" 选项卡→"特性" 选项组→线型下拉列
表 ──────ByLayer────→"其
他…"，或单击菜单栏的 "格式"→"线型"，
或在命令行输入 LINETYPE。

"线型管理器" 对话框中各选项功能
如下：

图 5-11　"线型管理器" 对话框

1）线型过滤器：确定在线型列表中显
示哪些线型。

2）反转过滤器：根据与选定的过滤条件相反的条件显示线型。

3）加载：单击 "加载" 按钮，显示 "加载或重载线型" 对话框，可将从中选定的线型
加载到图形并将它们添加到线型列表。

4）当前：将选定线型设置为当前线型。

5）删除：从图形中删除选定的线型。只能删除未使用的线型，不能删除 BYLAYER、
BYBLOCK 和 CONTINUOUS 线型。

6）显示细节或隐藏细节：控制是否显示线型管理器的 "详细信息" 部分。

7）当前线型：显示当前线型的名称。

8）线型列表：在 "线型过滤器" 中，根据指定的选项显示已加载的线型。要迅速选
或清除所有线型，可在线型列表中单击鼠标右键以显示快捷菜单。

9）线型：显示已加载的线型名称。

10）外观：显示选定线型的样例。

11）说明：显示线型的说明，可以在 "详细信息" 区中进行编辑。"详细信息" 区中各
选项功能如下：

① 名称：显示选定线型的名称，可以编辑该名称。

② 说明：显示选定线型的说明，可以编辑该说明。

③ 缩放时使用图纸空间单位：按相同的比例在图纸空间和模型空间缩放线型。当使用
多个视口时，该选项很有用。

④ 全局比例因子：显示用于所有线型的全局缩放比例因子。

⑤ 当前对象缩放比例：设置新建对象的线型比例。生成的比例是全局比例因子与该对
象比例因子的乘积。

⑥ ISO 笔宽：将线型比例设置为标准 ISO 值列表中的一个。

注意：

1）非连续线型受图形尺寸的影响，若要改变非连续线型的外观，可调整系统变量"全局比例因子（LTSCALE）"和"当前对象缩放比例（CELTSCALE）"。

2）"全局比例因子"对图形中的所有非连续线型有效，其值的改变将影响所有已存在的对象及以后要绘制的新对象。

3）"当前对象缩放比例"即局部线型比例，是指每个对象可具有不同的线型比例。每个对象最终的线型比例等于当前对象缩放比例与全局比例因子之积。

4）全局比例因子默认值为 1，如果图中非连续线型显示的间距较大，则输入小于 1 的值，反之输入大于 1 的值。

5）修改"当前对象缩放比例"也可以通过"特性"选项板来实现。

【例 5-2】 绘制如图 5-12a 所示的图形，其中内侧圆为虚线圆，中心线为点画线。由于比例的原因，无法显示出虚线和点画线。试修改线型比例，显示出线型效果。编辑结果如图 5-12b 所示。

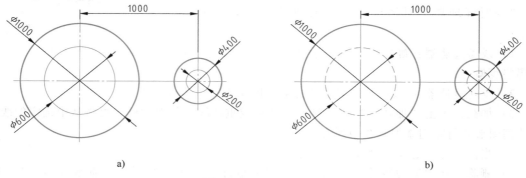

图 5-12 设置线型比例

具体操作步骤如下：

1）执行"线型"命令，打开"线型管理器"对话框。

2）在"详细信息"（如果对话框中没显示，则单击"显示细节"按钮即可）区的"全局比例因子"文本框中输入"5"，即将图形中的所有非连续线型放大 5 倍。

3）关闭对话框，结束操作。

5.2.4 "特性"选项板

"特性"选项板是一个功能很强的编辑命令集合。不仅可以修改对象的图层、颜色、线型和线宽，还可以对图形对象的坐标、大小和视点设置等特性进行修改。

命令调用主要有以下方式：单击"默认"选项卡→"特性"选项组右下角图标，或单击"视图"选项卡→"选项板"选项组→"特性"按钮，或单击菜单栏的"修改"→"特性"，或在命令行输入 PROPERTIES。

另外，选择对象后，在其右键快捷菜单中选择"特性…"选项，也可打开"特性"选项板，如图 5-13 所示。

该选项板根据选择对象的不同，列出的特性内容也不同。在未选定对象时，仅显示常规特性的当前设置。如果选定了单个对象，可以查看并更改该对象的特性。如果选定了多个对象，可以查看并更改它们的共同特性。

右击"特性"选项板标题栏，将弹出快捷菜单，可控制窗口的固定与浮动、隐藏等。

"特性"选项板主要选项说明如下：

（1）顶部框格及选项

1）顶部框格：显示已选择的实体，单击下拉按钮后可选择其他已定义的选择集。未选定任何对象时，显示为"无选择"，表示没有选择任何要编辑的对象。此时列表窗口显示了当前图形的特性，如图层、颜色和线型等。

图 5-13 "特性"选项板

2）切换 PICKADD 系统变量值 ：打开（1）或关闭（0）系统变量 PICKADD 值。即新选择的实体是添加到原选择集，还是替换原选择集。

3）选择对象 ：使用任意选择方法选择所需对象。"特性"选项板将显示选定对象的共有特性。可以修改选定对象的特性，或输入编辑命令对选定对象进行修改。

4）快速选择 ：单击"快速选择"按钮，显示"快速选择"对话框。创建基于过滤条件的选择集。

（2）其他选项

1）常规：对象的普通特性。包括图层、颜色、线型、线型比例、线宽和透明度等。

2）打印样式：图形输出特性。

3）视图：显示特征。

4）其他：UCS 坐标系等特征。

注意：

1）可以在打开"特性"选项板之前选择对象，也可以在打开"特性"选项板之后选择对象。

2）在"特性"选项板中编辑对象后，如果不显示效果，则在绘图区空白处单击即可显示编辑后的效果。

3）使用<Esc>键取消夹点。

【例 5-3】 绘制任意大小的一个圆，利用"特性"选项板，将其面积修改为 $200mm^2$，如图 5-14 所示。

图 5-14 用"特性"选项板编辑图形

具体操作步骤如下：
1）绘制任意一圆。
2）打开"特性"选项板。
3）在"几何图形"的"面积"一栏中输入"200"。

4）在绘图区空白处单击，圆即变为面积为 200mm^2 的圆。

5）按<Esc>键取消夹点，结束操作。

5.2.5 "快捷特性"选项板

通过"快捷特性"选项板，也可以修改对象的特性。

命令调用主要有以下方式：单击状态栏的"快捷特性"按钮，或在对象的右键快捷菜单中选择"快捷特性"。

另外，双击对象也可以直接打开该对象的"快捷特性"选项板，如图 5-15 所示为圆的"快捷特性"选项板。

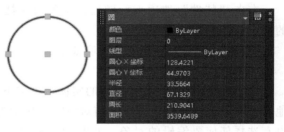

图 5-15　圆的"快捷特性"选项板

在"快捷特性"选项板中，使用"自定义"按钮调出"自定义用户界面"对话框，可设置使用哪些选项板或命令。

5.2.6　特性匹配

"特性匹配"命令用于将源对象的特性（如图层、颜色和线型等），复制给目标对象。

命令调用主要有以下方式：单击"默认"选项卡→"特性"选项组→"特性匹配"按钮■，或单击菜单栏的"修改"→"特性匹配"，或在命令行输入 MATCHPROP（MA）。

主要提示选项说明如下：

1）选择源对象：提示拾取一个源对象。其特性可复制给目标对象。

2）选择目标对象：提示选择欲赋予特性的目标对象。

3）设置（S）：设置要复制的有关选项。

4）基本特性：选择所需的复选项。

5）特殊特性：将标注样式、文字样式、填充图案、多段线、视口、表格、材质、阴影显示和多重引线等特性复制给相应的目标对象。

注意：

1）源对象只能点选，不能用框选。

2）"当前活动设置"默认设置是所有选项均打开。如果不需要某些选项，则可在提示中重新设置。

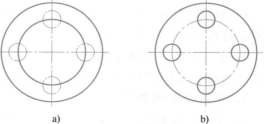

a)　　　　　　　　b)

图 5-16　用"特性匹配"命令编辑图形

【例 5-4】　利用"特性匹配"命令，将如图 5-16a 所示的小圆定位圆改成点画线圆，小圆轮廓线改为粗实线。编辑后的图形如图 5-16b 所示。

具体操作步骤如下：

1）执行"特性匹配"命令。

2）拾取大圆中心点画线为源对象。

3）在"选择目标对象"提示下，拾取小圆的定位圆。

4）按<Enter>键结束选择。

5）按<Enter>键重复执行"特性匹配"命令。

6）拾取大圆轮廓线为源对象。

7）在"选择目标对象"提示下，拾取小圆轮廓线。

8）按<Enter>键结束选择。

5.3 实例解析

【例5-5】 创建并使用如图5-17所示的图层：粗实线：白色、线型Continuous、线宽0.50mm，细实线：绿色、线型Continuous、线宽0.25mm，虚线：黄色、线型DASHED、线宽0.25mm；中心线：红色、线型CENTER、线宽0.25mm。

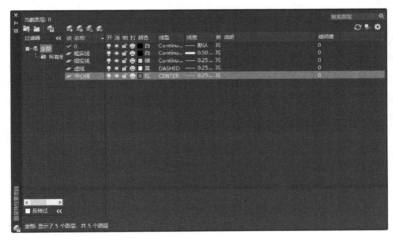

图5-17 新建图层

具体操作步骤如下：

1）执行"图层"命令，打开"图层特性管理器"对话框。

2）单击"新建图层"按钮，将"图层1"改为"粗实线"。

3）默认颜色为与0层相同的白色。

4）单击"线宽"图标"—— 默认"，在"线宽"对话框中选取0.50mm，单击"确定"按钮，返回"图层特性管理器"对话框。

5）单击"新建图层"按钮，将"图层2"改为"细实线"。

6）单击"颜色"图标"□ 白色"，在"选择颜色"对话框中选取绿色，单击"确定"按钮，返回"图层特性管理器"对话框。

7）单击"线宽"图标"—— 默认"，在"线宽"对话框中选取0.25mm，单击"确定"按钮，返回"图层特性管理器"对话框。

8）单击"新建图层"按钮，将"图层3"改为"虚线"。

9）单击"颜色"图标，在"选择颜色"对话框中选取黄色，单击"确定"按钮，返回"图层特性管理器"对话框。

10）单击"线型"图标，在"选择线型"对话框中单击"加载"按钮，选取线型"DASHED"，单击"确定"按钮，返回"选择线型"对话框。选取线型"DASHED"，再单击"确定"按钮，返回"图层特性管理器"对话框。

11）单击"线宽"图标，在"线宽"对话框中选取0.25mm，单击"确定"按钮，返回"图层特性管理器"对话框（默认线宽为与上面的"细实线"层线宽相同，可省略这步）。

12）单击"新建图层"按钮，将"图层4"改为"中心线"。

13）单击"颜色"图标，在"选择颜色"对话框中选取红色，单击"确定"按钮，返回"图层特性管理器"对话框。

14）单击"线型"图标，在"选择线型"对话框中单击"加载"按钮，选取线型"CENTER"，单击"确定"按钮，返回"选择线型"对话框。选取线型"CENTER"，再单击"确定"按钮，返回"图层特性管理器"对话框。

15）默认线宽为与上面的"虚线"层线宽相同，无须再设置。

16）关闭"图层特性管理器"对话框，返回绘图区。

17）使用图层：在"图层"选项组的"图层"下拉列表中，选取相应图层，绘制图形，如图5-18a所示。调整前面章节绘制的图形（图5-18b），先选择要调整的图形对象，再选取对应图层即可，如图5-18c所示。

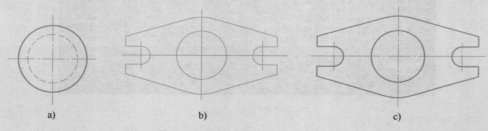

图5-18　使用图层绘制及调整图形

18）可保存含此设置的图形文件，作为自己的"样板图"文件，以备绘制其他图形时调用。

思考与练习

1. 图层都有哪些特性？

2. 一般情况下，用AutoCAD绘制的图形对象特性，设为"随层"还是"随块"？

3. 如何创建图层？如何设置图层的颜色、线型和线宽？

4. 如何修改非连续线型的线型比例？

5. 如何在屏幕上看到线宽设置效果？

6. 使用"图层特性管理器"对话框，新建下面四个图层："粗实线"层的颜色为白色，线型为连续线，线宽为 0.7mm；"细实线"层的颜色为绿色，线型为连续线，线宽为 0.35mm；"中心线"层的颜色为红色，线型为点画线，线宽为 0.35mm；"虚线"层的颜色为黄色，线型为虚线，线宽为 0.35mm。

7. 在绘制图形时，如果发现某一图形对象没有绘制在预先设置的图层上，应如何纠正？

8. 试用"特性"和"特性匹配"命令编辑图形。

相关拓展

创建图层，绘制"辽宁舰"甲板俯视图，如图 5-19 所示。

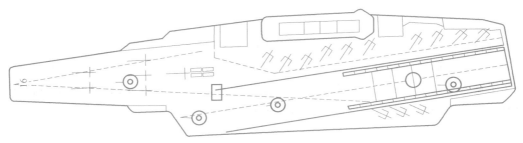

图 5-19　"辽宁舰"甲板俯视图

辽宁号航空母舰（代号：001 型航空母舰，舷号：16，简称：辽宁舰）于 2012 年 9 月 25 日正式加入海军序列，结束了中国人民解放军海军没有航空母舰的历史，标志着中国人民解放军海军建设和发展步入新的历史阶段。辽宁舰主要参数：舰长 304m、水线 281m；舰宽 70.5m、吃水 10.5m；飞行甲板长 300m、宽 70m；机库长 152m、宽 26m、高 7.2m。

第6章

文字标注和表格

在进行设计时，不仅要绘出图形，而且经常要标注文字，如填写标题栏、技术要求、明细栏和对某些图形的注释等。AutoCAD 提供了强大的文字标注和表格功能，从创建文字样式、文字输入到文字的编辑、修改属性，及使用表格功能和创建、复制不同类型的表格，以满足制图设计中不同的需要，可以极大地提高工作效率。

6.1 文 字 样 式

使用 AutoCAD 绘图时，文字标注需要创建几种新的文字样式，也就是说需要预先设定文字的字型（具有字体、字的大小、倾斜度和文字方向等特性的文字样式）。文字样式设置后，需要时从这些文字样式中进行选择即可。

创建和修改文字样式，命令调用主要有以下方式：单击"默认"选项卡→"注释"选项组→"文字样式"按钮 ![图标] （图 6-1），或单击"注释"选项卡→"文字"选项组右下角图标 ![图标] （图 6-2），或单击菜单栏的"格式"→"文字样式"，或在命令行输入 STYLE。

图 6-1 "默认"选项卡中"注释"选项组

图 6-2 "注释"选项卡中"文字"选项组

执行"文字样式"命令，系统将弹出"文字样式"对话框，如图 6-3 所示。该对话框各项功能如下：

1）样式：当前图形文件中所有曾定义过的字体样式列表。若用户还未定义过字体样式，则只有 Standard 一种样式。选中所需的样式，此文字样式设置成为当前的文字样式，并作为默认样式进行标注。样式名前的 ![图标] 图标指样式具有注释性。

2）"所有样式"下拉列表：指定"所有样式"还是"仅使用中的样式"显示在样式列表中。

3）预览窗口：显示随着字体的更改和效果的修改而动态更改的样例文字。

4）置为当前：将从"样式"列表中选定的样式设定为当前文字样式。

5）新建：单击"新建"按钮，弹出"新建文字样式"对话框，如图6-4所示。系统自动提供默认名称，也可输入新的样式名称，名称中可包含字母、数字和特殊字符。

图6-3　"文字样式"对话框

图6-4　"新建文字样式"对话框

6）删除：可删除未使用的文字样式。

7）"字体"选项组：字体决定文字最终显示的形式。字体文件分为两种：一种是普通字体文件，即Windows系列应用软件所提供的字体文件，为TrueType类型的字体；另一种是AutoCAD特有的字体文件，被称为大字体文件。两种字体都可选用。

①字体名：从列表中选择名称后，该程序将读取指定字体的文件。除非文件已经由另一个文字样式使用，否则将自动加载该文件的字符定义。可以定义使用同样字体的多个样式。

②字体样式：指定字体格式，如斜体、粗体或者常规字体。选定"使用大字体"后，该选项变为"大字体"，用于选择大字体文件。

③使用大字体：指定亚洲语言的大字体文件。只有在"字体名"中指定SHX文件，才能使用"大字体"。只有SHX文件可以创建"大字体"。

8）"大小"选项组。

①注释性：可以使用注释性文字样式创建注释性文字，为图形中的说明和选项卡使用"注释性"文字。

②使文字方向与布局匹配：可以指定图纸空间视口中的文字方向与布局匹配。

③高度：设置文字的高度。若在此设置字高，则以后输入的文字高度均为此值。一般在此取默认值"0"，在命令过程中要求指定文字的高度时再输入所需高度。

9）"效果"选项组：可以设定字体的具体特征。

①颠倒：是否将文字旋转180°来放置。

②反向：是否将文字以镜像方式标注。

③垂直：确定文字是水平标注还是垂直标注。

④宽度因子：设定文字的宽度系数。

⑤倾斜角度：设定文字倾斜角度，输入一个-85~85之间的值将使文字倾斜。

10）应用：将对话框中更改的样式应用到当前样式和使用当前样式的文字。

注意：

1）"删除"按钮无法删除默认的 Standard 样式和已经被使用的文字样式。

2）根据国家标准，应在工程图中使用长仿宋体，简体中文字。系统提供的字库中，中文是按照国家标准创建的"长仿宋"字体（gbcbig.shx），而西文创建了两个字库（gbenor.shx 和 gbeitc.shx），这样写出的文字比较符合我国的国家标准。如果使用 TTF 字体，除了字型不符合国家标准外，还有可能在符号上出错，例如 AutoCAD 的直径描述符号"%%D"将成为"?"。

【例 6-1】 创建符合制图国家标准的文字样式，如图 6-5 所示。名称为"工程字"，字体名为"gbenor.shx"，勾选"使用大字体"，大字体样式为"gbcbig.shx"。

图 6-5 创建新文字样式——"工程字"

具体操作步骤如下：

1）执行"文字样式"命令。

2）弹出"文字样式"对话框，单击"新建"按钮，弹出"新建文字样式"对话框。

3）在"样式名"文本框中输入新样式名称"工程字"，单击"确定"按钮返回"文字样式"对话框。

4）在"字体"下拉列表中选择"gbenor.shx"。

5）勾选"使用大字体"，在"大字体"下拉列表中选择"gbcbig.shx"。

6）勾选"注释性"和"使文字方向与布局匹配"。

7）单击"应用"按钮，关闭对话框，完成新文字样式"工程字"的设置。

6.2 标注控制码与特殊字符

在实际绘图中，经常需要标注一些特殊字符。AutoCAD 为输入这些字符提供了一些简捷的控制码，通过从键盘上直接输入这些控制码，即可达到输入特殊字符的目的。

AutoCAD 提供的控制码，均由两个百分号"%%"和一个字母组成。输入这些控制码后，屏幕上不会立即显示它们所代表的特殊字符，只有在按<Enter>键结束本次标注命令之后，控制码才会变成相应的特殊字符。控制码及其对应的特殊字符如下：

1）%%D：标注符号"度"（°）。

2）%%P：标注"正负号"（±）。

3）%%C：标注"直径"（φ）。

4）%%%：标注"百分号"（%）。

5）%%nnn：产生由 nnn 的 ASCII 代码对应的特殊字符。

6）%%O：打开或关闭文字上划线功能。

7）%%U：打开或关闭文字下划线功能。

6.3 单行文字和多行文字

文字样式设置好以后，就可使用单行文字（TEXT）、多行文字（MTEXT）等命令对文字进行标注。

6.3.1 标注单行文字

使用"单行文字"命令可在图形中动态地标注一行或几行文字，即在命令行输入文字时，在屏幕上同步显示正在输入的每个字。

"单行文字"命令调用主要有以下方式：单击"默认"选项卡→"注释"选项组→"文字"→"单行文字"，或单击菜单栏的"绘图"→"文字"→"单行文字"，或在命令行输入 TEXT 或 DTEXT。

执行"单行文字"命令后，命令行出现提示"指定文字的起点或［对正（J）/样式（S）］:"。命令提示中各选项功能如下：

1）文字的起点：输入一个坐标点作为标注文字的起点，并默认为左对齐方式。

2）指定高度<默认值>：给出标注文字的高度，括号内为当前文字高度。

3）指定文字的旋转角度<默认值>：给出标注文字的旋转角度，括号内为当前旋转角度。

4）输入文字：输入标注文字内容。

5）对正：设置标注文字的对正方式，如图 6-6 所示。系统默认文字的对齐方式为左对齐。当选择其他对齐方式时，按<Enter>键可改变对齐方式。

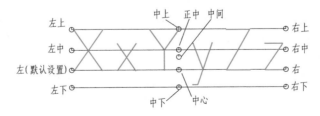

图 6-6 文字的对正方式

① 对齐（A）：选择该选项，可使生成的文字在指定的两点之间均匀分布。

② 调整（F）：文字充满在指定的两点之间，并可控制其高度。

③ 中心（C）：文字以插入点为中心向两边排列。

④ 中间（M）：文字以插入点为中间向两边排列。

⑤ 右（R）：文字以插入点为基点向右对齐。

⑥ 左上（TL）：文字以插入点为字符串的左上角。

⑦ 中上（TC）：文字以插入点为字符串顶线的中心点。

⑧ 右上（TR）：文字以插入点为字符串的右上角。

⑨ 左中（ML）：文字以插入点为字符串的左中点。

⑩ 正中（MC）：文字以插入点为字符串的正中点。

⑪ 右中（MR）：文字以插入点为字符串的右中点。

⑫ 左下（BL）：文字以插入点为字符串的左下角。

⑬ 中下（BC）：文字以插入点为字符串底线的中点。

⑭ 右下（BR）：文字以插入点为字符串的右下角。

图6-7 用"单行文字"命令标注字母

6）样式：指定文字样式，选择"样式"选项后，命令行出现提示"输入样式名或［？］<Standard>:"，可在提示后输入定义的样式名，并根据命令行提示操作。

【例6-2】 用"单行文字"命令标注字母"A、B、C、D"，字高为5mm，如图6-7所示。

具体操作步骤如下：

1）执行"单行文字"命令。

2）当前文字样式："工程字" 文字高度：2.5000 注释性：是 对正：左

3）指定文字的起点或［对正（J）/样式（S）］：（拾取一点作为字母A的起点）

4）指定高度 <2.5000>：5↙（输入文字高度）

5）指定文字的旋转角度 <0>：↙（按<Enter>键默认不旋转角度）

6）绘图区显示输入提示，输入字母"A"。

7）拾取B点相应位置，输入字母"B"。

8）字母"C""D"的输入同上。

9）连续按两次<Enter>键，结束命令。

6.3.2 标注多行文字

虽然用"单行文字"命令也可以标注多行文字，但换行时定位及行列对齐比较困难，且标注结束后，每行文字都是一个单独的对象，不易编辑。因此，AutoCAD提供了"多行文字"命令，可一次标注多行文字，并且多行文字作为一个段落、一个对象来处理，整个对象默认采用相同的文字样式。

"多行文字"命令调用主要有以下方式：单击"默认"选项卡→"注释"选项组→"文字"→"多行文字"，或单击菜单栏的"绘图"→"文字"→"多行文字"，或在命令行输入MTEXT。

执行"多行文字"命令，在绘图区指定两个对角点围成一个区域后，系统将显示"文字编辑器"上下文选项卡及"文字输入"窗口，如图6-8所示。

1. "文字编辑器"上下文选项卡

（1）"样式"选项组

1）样式：向多行文字对象应用文字样式。默认情况下，"标准"文字样式处于活动状态。

图 6-8　"文字编辑器" 上下文选项卡及 "文字输入" 窗口

2）注释性：打开或关闭当前多行文字对象的 "注释性"。

3）文字高度：按图形单位设置新文字的字符高度或修改选定文字的高度。如果当前文字样式没有固定高度，则文字高度将为系统变量 TEXTSIZE 中存储的值。多行文字对象可以包含不同高度的字符。

4）遮罩：显示 "背景遮罩" 对话框，可以设置是否使用背景遮罩、图形背景填充颜色等。

（2）"格式" 选项组

1）匹配：将选定文字的格式应用到目标文字。

2）加粗 B：将被选择的文字加粗。

3）斜体 I：将被选择的文字设成斜体。

4）删除线：打开和关闭新文字或选定文字的删除线。

5）下划线 U：将被选择的文字加下划线。

6）上划线 O：将被选择的文字加上划线。

7）堆叠：如果选定文字中包含堆叠字符，则创建堆叠文字。正斜杠（/）以垂直方式堆叠文字，由水平线分隔。磅字符（#）以对角形式堆叠文字，由对角线分隔。插入符（^）创建公差堆叠，不用直线分隔。

8）上标：将选定文字转换为上标。

9）下标：将选定文字转换为下标。

10）大小写：将选定文字更改为大写或小写。

11）字体：为新输入的文字指定字体或改变选定文字的字体类型。

12）颜色：可以设置为输入文字指定颜色或修改选定文字的颜色。

13）清除：删除选定字符或段落的格式。

14）倾斜角度：确定文字是向前倾斜还是向后倾斜。

15）追踪：增大或减小选定字符之间的空间。

16）宽度因子：扩展或收缩选定字符。

（3）"段落" 选项组

1）对正：显示 "多行文字对正" 菜单，并且有九个对齐选项可用。"左上" 为默认。

2）项目符号和编号：显示 "项目符号和编号" 菜单。

3）行距：显示建议的行距选项或 "段落" 对话框。在当前段落或选定段落中设置行距。

4）段落：显示 "段落" 对话框。

5）合并段落：将选定的段落合并为一段，并用空格替换每段的回车。

6）左对齐、居中、右对齐、两端对齐和分散对齐 ![对齐按钮]：设置当前段落或选定段落的左、中或右文字边界的对正和对齐方式。包含在一行的末尾输入的空格，并且这些空格会影响行的对正。

（4）"插入"选项组

1）列：显示"栏"弹出菜单，提供三个栏选项（"不分栏""静态栏"和"动态栏"）。也可选择在"分栏设置"对话框中进行具体设置。

2）符号：在光标位置插入符号或不间断空格，也可以手动插入符号。如果选择"其他…"命令，将弹出"字符映射表"对话框，可以插入其他特殊字符。

3）字段：显示"字段"对话框，从中可以选择要插入到文字中的字段。关闭该对话框后，字段的当前值将显示在文字中。

（5）"拼写检查"选项组

1）拼写检查：确定输入时"拼写检查"为打开还是关闭状态。默认情况下，此选项为开。

2）编辑词典：显示"词典"对话框。

（6）"工具"选项组　查找和替换：显示"查找和替换"对话框，搜索、替换指定的字符串等。

（7）"选项"选项组

1）更多：包括"字符集"和"文字编辑器"等设置。

2）标尺：在编辑器顶部显示标尺。拖动标尺末尾的箭头可更改多行文字对象的宽度。也可以从标尺中选择制表符。

3）放弃：即左箭头按钮，放弃在"多行文字"功能区上下文选项卡中执行的操作，包括对文字内容或文字格式的更改。也可以使用<Ctrl+Z>组合键。

4）重做：即右箭头按钮，重做在"多行文字"功能区上下文选项卡中执行的操作，包括对文字内容或文字格式所做的更改。也可以使用<Ctrl+Y>组合键。

（8）"关闭"选项组　关闭文字编辑器：结束"多行文字"命令，关闭"多行文字"功能区上下文选项卡。

注意：

1）"文字输入"窗口的右框和标尺 ◆ 为宽度调整器，右下角为角大小调整器，下框有高度调整器。拖动这些调整器，可动态调节多行文字的范围。

2）在"文字输入"窗口中，当选中带有分隔符号"/""#"或"^"的多行文字时，可以创建一种堆叠的文字或分数。选中这一部分文字（"分子""分隔符号"和"分母"），如图6-9a所示，单击"格式"选项组中的"堆叠"按钮 ![堆叠按钮] 或右键快捷菜单中的"堆叠"选项即可完成堆叠，如图6-9b所示。"堆叠"不适用于单行文字。

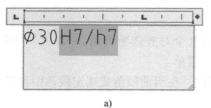

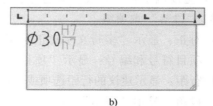

a)　　　　　　　　　　　　　　　　b)

图 6-9　堆叠文字

【例 6-3】　用"多行文字"命令标注如图 6-10 所示的段落文字。

国家标准—技术制图

$20\frac{H7}{f8}$

$45°$

$\phi60$

30 ± 0.002

图 6-10　用"多行文字"命令标注多行文字

具体操作步骤如下：

1）执行"多行文字"命令。

2）当前文字样式："工程字"　当前文字高度：3.5　指定第一角点：（单击一点为多行文字区域的第一角点）

3）指定对角点或［高度（H）/对正（J）/行距（L）/旋转（R）/样式（S）/宽度（W）］：（单击另一点为对角点，弹出"文字编辑器"上下文选项卡和"文字输入"窗口。也可以先选择"高度"或"样式"等选项重新设置"文字高度"或"文字样式"）

4）在"文字输入"窗口输入第一行文字"国家标准—技术制图"，按<Enter>键换行。

5）输入第二行文字"20H7/f8"，再选中"H7/f8"后单击"堆叠"按钮，按<Enter>键换行。

6）输入第三行文字"45%%D"（或先输入"45"，再单击"文字编辑器"选项卡中的"符号"@，选择" 度数 %%d "），按<Enter>键换行。

7）输入第四行文字"%%C60"（或单击"符号"@，选择" 直径 %%c "再输入"60"），按<Enter>键换行。

8）输入第五行文字"30%%P0.002"（或先输入"30"，再单击"符号"@，选择" 正/负 %%p "，再输入"0.002"），关闭"文字编辑器"选项卡，结束段落文字输入。

6.4　注释的使用

在工程图纸中，文字和标注的样式都有规范、统一的标准。如果按照 1：1 比例布局出图，则可以很方便地设置这些样式。但对于非 1：1 比例布局出图的图形，则需要考虑设置对象的注释性，以提高绘图效率。

通过"默认"选项卡的"注释缩放"选项组或状态栏的注释工具按钮可对注释性对象进行比例设置及控制显示。

6.4.1　创建注释性对象

所谓注释性对象，是指带有注释性特性的对象处于启用状态（设置为"是"）。将注释添加到图形中时，用户可以打开这些对象的注释性特性。

注释性对象包括图案填充、文字（单行和多行）、标注、公差、引线和多重引线、块、属性等。注释性对象将根据注释比例进行自动缩放和显示，以适应布局的不同视口。

创建注释性对象主要有以下方式：在"文字样式"对话框中勾选"注释性"复选按钮；或在"特性"选项板中将注释性对象的注释性设置为"是"，如图6-11所示。

将光标悬停在注释性对象上时会显示注释性图标。当注释性对象仅支持一个注释比例时，光标将显示 图标。如果该对象支持多个注释比例，则光标将显示 图标。

6.4.2　设置当前注释比例

注释比例是指与模型空间、布局视口和模型视图一起保存的设置。将注释性对象添加到图形中时，其支持当前注释比例，根据该比例进行缩放，并自动以正确的大小显示在模型空间中。

使用模型选项卡或选定某个视口后，当前注释比例将显示于状态栏 1:1 。

设置当前注释比例的方式是：单击状态栏的"注释比例"下拉按钮，如图6-12所示，选择列表中的比例作为当前注释比例。

图6-11　"特性"选项板——创建注释性对象

图6-12　状态栏的"注释比例"

在将注释性对象添加到模型空间之前，需预先设置注释比例，且注释比例应设置为与布局中的视口比例相同。即如果想要将注释性对象在比例为1∶2的视口中显示正常大小，则注释比例也要设置为1∶2。

注意：注释性特性必须和布局配合使用。

6.4.3　注释性对象添加和删除的比例

1．自动添加当前注释比例

在图形中创建注释性对象后，它仅支持一个注释比例，即创建该对象时的当前注释比例。

在状态栏上，通过"自动添加注释比例"按钮 ，可控制注释性对象是否自动添加注释比例。当按钮为启用状态时，若更改注释比例，则系统自动将比例添加至所有注释性对象。

2. 添加和删除注释比例

添加或删除注释性对象的当前注释比例，可单击"默认"选项卡→"注释缩放"选项组→"添加当前比例"按钮。

添加或删除注释性对象的多个注释比例，可通过以下方式：单击注释性对象的"特性"选项板→"注释性比例"文本框按钮，或单击"默认"选项卡→"注释缩放"选项组→"添加/删除比例"按钮，或单击注释性对象右键快捷菜单中的"注释性对象比例"→"添加/删除比例..."。

执行以上操作后将弹出"注释对象比例"对话框，如图 6-13 所示，可以显示对象的注释比例列表。

对话框中各选项功能如下：

1）对象比例列表：显示选定对象支持的比例列表。

2）列出选定对象的所有比例：在对象比例列表中显示选定对象支持的所有比例。

3）仅列出所有选定对象的公共比例：在对象比例列表中仅显示所有选定对象支持的公共比例。

4）添加：单击"添加"按钮，将弹出"将比例添加到对象"对话框，如图 6-14 所示。

5）删除：从对象比例列表中删除所选定的比例。

图 6-13　"注释对象比例"对话框

图 6-14　"将比例添加到对象"对话框

注意：

1）添加或删除比例时，可按住<Shift>键或<Ctrl>键选择多个比例。

2）无法删除当前比例或被对象或视图参照的比例。

【例 6-4】　应用注释性文字样式创建文字"技术要求"。文字支持当前注释比例 1：1，添加多个注释比例 1：2、1：4 和 2：1，再将注释比例 1：4 删除。

具体操作步骤如下：

1）打开前面设置的"工程字"文字样式，看是否设置为注释性文字样式，即勾选"注释性"复选按钮，并将该样式"置为当前"。

2）执行"文字"命令，输入文字"技术要求"。

3）选中文字"技术要求"，右击选择"特性"选项，弹出该文字的"特性"选项板，如图6-15所示。

4）"注释性比例"后面的文本框显示文字当前注释比例1∶1，单击该栏右侧按钮 ⬚ ，弹出"注释对象比例"对话框。

5）单击"添加"按钮，弹出"将比例添加到对象"对话框，按住<Ctrl>键的同时单击列表中的1∶2、1∶4和2∶1，选中多个注释比例，如图6-16所示。

6）单击"确定"按钮，返回"注释对象比例"对话框，注释比例添加成功，对象比例列表显示多个注释比例，如图6-17所示。

图6-15　文字的"特性"选项板

图6-16　"将比例添加到对象"对话框——选择
多个注释比例

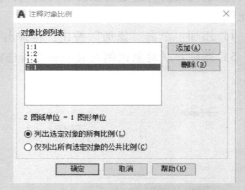

图6-17　"注释对象比例"对话框——添加
多个注释比例

7）如想删除注释比例1∶4，只需选择该比例后，单击"删除"按钮即可。

6.4.4　注释性对象的可见性

对于模型空间或布局视口，可以显示所有注释性对象，也可以仅显示支持当前注释比例的对象，这样就减少了对使用多个图层来管理注释的可见性的需求。

通过状态栏的"注释可见性"按钮 🔴 ，可控制注释性对象的可见性。

默认情况下，"注释可见性"按钮处于打开状态，将显示所有的注释性对象。关闭该按钮，将仅显示支持当前注释比例的注释性对象。

注意：

1）如果某个对象支持多个注释比例，则该对象将以当前比例显示。

2）若要使注释性对象可见，则必须打开该对象所在的图层。

3）注释可见性由系统变量 ANNOALLVISIBLE 控制。

6.5　表 格 样 式

在 AutoCAD 中，用户可以使用创建表格命令自动生成数据表格。系统支持从 Microsoft Excel 中直接复制表格，还可以输出表格数据到 Microsoft Excel 或其他应用程序。

表格允许将 AutoCAD 和 Microsoft Excel 列表信息整合到一个 AutoCAD 表格中，此表可以进行动态链接。这样在更新数据时，AutoCAD 和 Microsoft Excel 就会自动显示通知，可以选中这些通知，对任何原文档的信息及时更新。

使用表格样式，可以保证字体、颜色、文字和高度等保持一致。

命令调用主要有以下方式：单击"默认"选项卡→"注释"选项组→"表格样式"按钮 ，或单击"注释"选项卡→"表格"选项组右下角图标 ，或单击菜单栏的"格式"→"表格样式"，或在命令行输入 TABLESTYLE。

执行"表格样式"命令后，打开"表格样式"对话框，如图 6-18 所示。

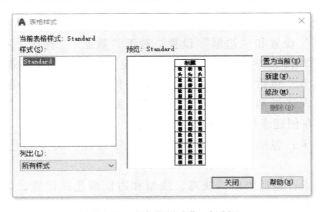

图 6-18　"表格样式"对话框

在该对话框中，显示当前默认使用的表格样式为"Standard"；"样式"列表中显示了当前图形所包含的表格样式；"预览"窗口中显示选中表格的样式；"列出"下拉列表显示图形中的"所有样式"或"正在使用的样式"。对话框中其余各项功能如下：

（1）新建　在"表格样式"对话框中单击"新建"按钮，将弹出"创建新的表格样式"对话框，可创建新的表格样式，如图 6-19 所示。

1）新样式名：输入新的表格样式名。

2）基础样式：选择表格样式，以此样式为基础样式创建新表格样式。

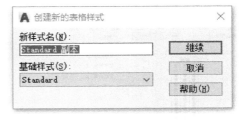

图 6-19　"创建新的表格样式"对话框

3）继续：单击"继续"按钮，打开"新建表格样式"对话框，如图 6-20 所示。

①起始表格：图形中用作设置新表格样式的样例表格。一旦选定表格，即可指定要从此

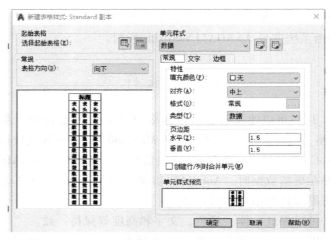

图 6-20 "新建表格样式"对话框的"常规"选项卡

表格复制到表格样式的结构和内容。创建新的表格样式时，可以指定一个起始表格，也可以从表格样式中删除起始表格。

② 常规：可以完成对表格方向的设置。

③ 单元样式：包括数据、标题和表头三个单元，每个单元包括三个选项卡，可以进行"常规"设置、"文字"设置和"边框"设置。对于"数据""标题"和"表头"的单元样式应该分别设置，设置好后，可以从"单元样式预览"窗口查看设置效果。

④ "常规"选项卡：包括表格的特性，如表格的填充颜色、表格内对象的对齐方式、表格单元数据格式及表格类型；表格水平、垂直边距的设置；选中"创建行/列时合并单元"复选按钮，可以在创建表格的同时合并单元格。

⑤ "文字"选项卡：包括表格内文字样式、文字高度、文字颜色和文字角度的设置，如图 6-21 所示。

⑥ "边框"选项卡：包括表格的线宽、线型和边框颜色的设置，如图 6-22 所示，还可以将表格内的线设置成双线形式，单击表格边框按钮可以将选定的特性应用到边框。边框设置好后，一定要单击表格边框按钮，应用选定的特性，如不应用，表格中的边框线在打印和预览时都看不见。

图 6-21 "新建表格样式"对话框的"文字"选项卡

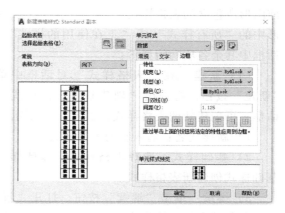

图 6-22 "新建表格样式"对话框的"边框"选项卡

完成上述设置后，单击"确定"按钮，返回"表格样式"对话框，可以看到新创建的表格样式，单击"关闭"按钮，完成设置。

（2）置为当前　设置已存在的表格样式为当前表格样式。

（3）修改　单击"修改"按钮，打开"修改表格样式"对话框，修改选中的表格样式。

（4）删除　删除选中的表格样式。

6.6　创建和编辑表格

6.6.1　创建表格

创建表格可以使用默认的表格样式或自定义的样式。

命令调用主要有以下方式：单击"默认"选项卡→"注释"选项组→"表格"按钮 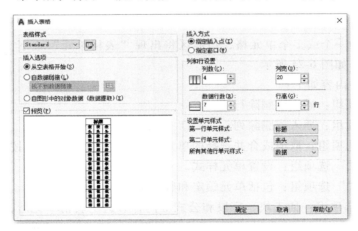，或单击"注释"选项卡→"表格"选项组→"表格"按钮 ，或单击菜单栏的"绘图"→"表格"，或在命令行输入 TABLE（TB）。

执行"表格"命令后，打开"插入表格"对话框，如图 6-23 所示。

图 6-23　"插入表格"对话框

对话框中各主要选项的功能如下：

（1）表格样式　用来选择系统提供的或用户已经创建好的表格样式。单击后面的按钮可打开"表格样式"对话框创建新的表格样式。

（2）插入选项　指定插入表格的方式。

1）从空表格开始：创建可以手动填充数据的空表格。

2）自数据链接：从外部电子表格中的数据创建表格。

3）自图形中的对象数据：启动"数据提取"向导。

（3）预览　控制是否显示预览。

（4）预览窗口　显示表格的预览效果。

（5）插入方式　选择表格插入的方式。

1）指定插入点：可以在绘图窗口中的某点插入固定大小的表格。

2）指定窗口：在绘图窗口中，可以通过拖动表格边框来创建任意大小的表格。

（6）列和行设置　通过输入"列数""列宽""数据行数"及"行高"文本框中的数值来改变表格的大小。

（7）设置单元样式　指定表格中单元样式。

1）第一行单元样式：指定表格中第一行的单元样式。默认使用"标题"单元样式。

2）第二行单元样式：指定表格中第二行的单元样式。默认使用"表头"单元样式。

3）所有其他行单元样式：指定表格中所有其他行的单元样式。默认使用"数据"单元样式。

6.6.2　编辑表格

通常在创建表格之后，根据需要可添加内容及对表格进行编辑。

双击单元格的内部，功能区将出现"文字编辑器"上下文选项卡，可编辑单元内容。

图 6-24　"表格单元"上下文选项卡

单击要编辑的一个或多个单元格，功能区将出现"表格单元"上下文选项卡，可对表格进行编辑修改，如图 6-24 所示。

各选项组主要内容如下：

1）"行"选项组：插入或删除行。

2）"列"选项组：插入或删除列。

3）"合并"选项组：取消或合并选择的单元格，合并可选择按行、按列或全部。

4）"单元样式"选项组：设置单元样式。

5）"单元格式"选项组：包括单元锁定和数据格式。

6）"插入"选项组：插入块、字段和公式等内容。选定表格单元后，可以从表格工具栏及快捷菜单中插入公式。也可以打开在位文字编辑器，然后在表格单元中手动输入公式。

7）"数据"选项组：创建、编辑和管理数据链接。数据链接树状图将显示包含在图形中的链接，还提供用于创建新数据链接的选项。

注意：

1）通过表格的"特性"选项板可以进行编辑。

2）选择单元格后，可通过拖动夹点来编辑表格。

3）选择单元格后，也可以单击鼠标右键，然后使用快捷菜单中的选项来编辑表格。

6.7　实例解析

【例 6-5】　新建表格样式"啮合特性表"，并插入该样式的表格，如图 6-25 所示。其中的文字字体样式为"工程字"，文字高度为 5mm，对齐方式为正中。

模数 m	1
齿数 z	40
压力角 α	20°

图 6-25　啮合特性表

具体操作步骤如下：

1）执行"表格样式"命令，弹出"表格样式"对话框。

2）单击"新建"按钮，在弹出的"创建新的表格样式"对话框中"新样式名"文本框中输入新表格样式名"啮合特性表"。

3）单击"继续"按钮，弹出"新建表格样式"对话框。

4）在"常规"选项组，"表格方向"设为"向下"；在"常规"选项卡"特性"选项组中，"对齐"选择"正中"；在"文字"选项卡中，"文字样式"选择"工程字"，在"文字高度"文本框中输入字高为"5"；在"边框"选项卡中，"边框"选择"所有边框"。

5）单击"确定"按钮，返回"表格样式"对话框，再单击"置为当前"按钮使用该样式创建表格，单击"关闭"按钮退出"表格样式"对话框。

6）执行"表格"命令，弹出"插入表格"对话框。

7）在"插入方式"选项组，勾选"指定插入点"复选按钮；在"列和行设置"选项组，"列数"选择"2"，"列宽"选择"20"，"数据行数"选择"1"，"行高"选择"1"；在"设置单元样式"选项组，三个框全部选择"数据"。

8）单击"确定"按钮，此时将在绘图窗口中插入一个3行2列的表格。

9）指定插入点：指定表格左上角的位置（如果表格样式将表格的方向设置为由下而上读取，则插入点位于表格的左下角）。

10）指定插入点后，插入表格。

11）在每个表格单元中输入相应内容。

思考与练习

1. "单行文字"命令是否可以标注多行文字？

2. 如何将"多行文字"命令标注的段落文字拆分为单行文字？

3. 新建符合制图国家标准的文字样式，样式名为"工程字"，字体为"gbenor. shx"，使用大字体"gbcbig. shx"。

4. 使用新建的文字样式"工程字"，标注如图 6-26 所示的多行文字（其中"技术要求"字高为 7mm，其他文字的字高为 5mm），并添加两种注释比例 1∶2 和 2∶1。

技术要求

1. 未注圆角 $R2 \sim R3$。

2. 铸件不得有气孔、裂纹等缺陷。

图 6-26　标注多行文字

5. 新建表格样式，样式名为"标题栏"，并插入该样式的表格，如图 6-27 所示。

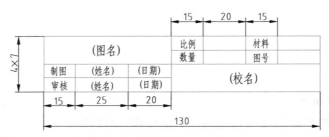

图 6-27　创建并插入"标题栏"表格

相关拓展

绘制"中国天眼"图形，如图 6-28 所示。

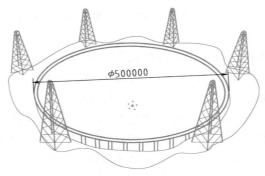

图 6-28　"中国天眼"图形

创建表格，并用工程字（7 号字及 5 号字）完成"中国天眼——基本信息"，如图 6-29 所示。

中国天眼——基本信息			
中文名	500m口径球面射电望远镜	中文俗称	中国天眼
外文名	FAST	发起人	南仁东
边框	1500m长	首席科学家	南仁东
地址	贵州省平塘县克度镇金科村大窝凼	总工程师	南仁东
建成	2016年	设施级别	国家重大科技基础设施
口径	500m	接收面积	25万m² (相当于30个足球场)

图 6-29　"中国天眼——基本信息"表格

中国天眼，全称 500m 口径球面射电望远镜（Five-hundred-meter Aperture Spherical radio Telescope，FAST），位于贵州省黔南布依族苗族自治州平塘县大窝凼的喀斯特洼坑中。由我国天文学家南仁东先生于 1994 年提出构想，历时 22 年建成，于 2016 年 9 月 25 日落成启用。FAST 是具有我国自主知识产权、世界最大单口径、最灵敏的射电望远镜。

第7章

尺 寸 标 注

尺寸标注是工程图样的重要组成部分，是零件制造、工程施工和零部件装配的重要依据。不同的行业标注尺寸的方式有所不同，在对图形进行尺寸标注之前，首先必须了解行业的尺寸标注要求，设置相应的尺寸标注样式。

7.1　尺寸标注样式

尺寸标注由尺寸界线、尺寸线、尺寸文字、箭头、指引线和中心标记等几部分组成，如图 7-1 所示。

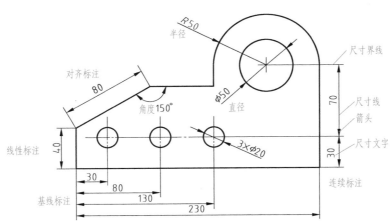

图 7-1　尺寸标注

尺寸标注变量设置的全部集合作为一个整体并赋予一个名字就是尺寸标注样式。设置尺寸标注的样式，即对尺寸标注的各组成部分进行设置，然后再用这个设置的样式对图形进行标注，以获得一个完整、清晰、正确的尺寸标注。

AutoCAD 进行尺寸标注，应按照一定的步骤进行，才能更快、更好地完成标注工作。尺寸标注的方法及过程如下：

1）创建一个图层用于标注尺寸。

2）创建尺寸标注所需的文字样式。

3）创建尺寸标注样式。选用所建立的文字样式，并设置尺寸标注的比例因子、尺寸线、尺寸界线、箭头、尺寸文字、尺寸单位、尺寸精度和公差等内容。

4）保存所设的尺寸标注样式，以备使用。

5）使用所建立的标注样式，用尺寸标注命令标注图形的尺寸，并对不符合要求的标注，用尺寸标注编辑命令编辑修改。

AutoCAD 提供了自动测量的功能。标注尺寸时，系统能自动测量出所标注图形的尺寸，所以用户绘图时应尽量准确，避免修改标注文字，以加快绘图的速度。

利用功能区的"注释"选项卡（图7-2），可进行尺寸标注及相关设置。

图 7-2 "注释"选项卡

7.1.1 设置尺寸标注样式

AutoCAD 系统提供了多种标注样式，可使用当前的标注样式标注尺寸。

在英制样板文件中，提供了一个默认名为"STANDARD"的标注样式。米制样板文件提供了名为"ISO-25"的国际标准化组织设计的米制标注样式。标注样式名称前面有图标 ▲ 的为注释性标注样式。

命令调用主要有以下方式：单击"默认"选项卡→"注释"选项组→"标注样式"按钮 ⊢⊣，或单击"注释"选项卡→"标注"选项组→"标注样式"按钮 ⊿，或单击菜单栏的"格式"→"标注样式"，或在命令行输入 DDIM（D）。

执行"标注样式"命令后，将打开"标注样式管理器"对话框，如图7-3所示。该对话框各项功能如下：

1）样式：该区域用于显示当前图形所设置的所有标注样式的名称。在"样式"列表中，选定样式名称后单击鼠标右键，弹出右键快捷菜单，可以设置当前标注样式、重命名及删除该标注样式。

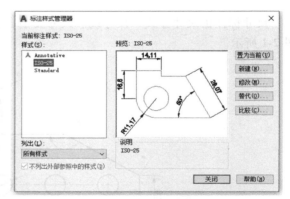

图 7-3 "标注样式管理器"对话框

2）列出：在"样式"列表中控制样式显示。

3）置为当前：当用户从"样式"列表选择一种样式后，单击该按钮，系统把所选定的标注样式设置为当前标注样式。

4）新建：单击该按钮，将打开"创建新标注样式"对话框，用于指定新样式的名称或在某一样式的基础上进行修改。在用户设置好这些选项并单击"继续"按钮之后，将打开"新建标注样式"对话框，用于定义新的标注样式。

5）修改：单击该按钮，将打开"修改标注样式"对话框，使用此对话框可以对所选标注样式进行修改。

6）替代：单击该按钮，将打开"替代标注样式"对话框，使用此对话框可以设置当前使用的标注样式的临时替代值。单击"替代"按钮后，当前标注样式的替代样式将被应用到所有尺寸标注中，直到用户转换到其他样式或删除替代样式为止。

7）比较：该按钮用于比较两种标注样式的特性或浏览一种标注样式的全部特性，并可将比较结果输出到 Windows 剪贴板上，然后再粘贴到 Windows 其他应用程序中。

7.1.2　创建尺寸标注样式

ISO-25 标注样式与我国制图国家标准是有区别的，可以根据实际情况，自行定义所需的标注样式。

在"标注样式管理器"对话框中，单击"新建"按钮，将打开"创建新标注样式"对话框，如图 7-4 所示。输入新样式名（默认新样式名为当前样式的副本），单击"继续"按钮，将打开"新建标注样式"对话框，各选项卡用于设置所需的尺寸标注样式。图 7-5 所示为"新建标注样式"对话框的"线"选项卡。

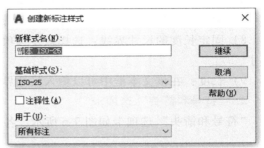

图 7-4　"创建新标注样式"对话框

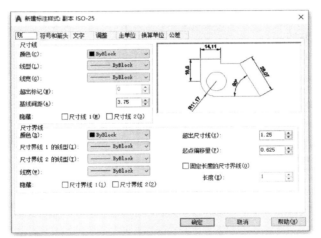

图 7-5　"新建标注样式"对话框的"线"选项卡

1. "线"选项卡

各主要选项功能如下：

（1）尺寸线　该区域用于设置尺寸线的特性。

1）颜色：用于显示并设置尺寸线的颜色。

2）线型：用于设置尺寸线的线型。

3）线宽：用于设置尺寸线的线宽。

4）超出标记：用于指定尺寸线超过尺寸界线的长度。

5）基线间距：用于设置基线标注的尺寸线之间的距离。

6）隐藏：该区域用于设置尺寸线是否隐藏。勾选"尺寸线 1"，则隐藏第一条尺寸线；勾选"尺寸线 2"，则隐藏第二条尺寸线。

（2）尺寸界线　该区域用于控制尺寸界线的外观。

1）颜色：用于设置尺寸界线的颜色。

2）尺寸界线1的线型：用于设置尺寸界线1的线型。

3）尺寸界线2的线型：用于设置尺寸界线2的线型。

4）线宽：用于设置尺寸界线的线宽。

5）隐藏：该区域用于抑制尺寸界线。勾选"尺寸界线1"，则隐藏第一条尺寸界线；勾选"尺寸界线2"，则隐藏第二条尺寸界线。

6）超出尺寸线：用于设置尺寸界线超出尺寸线的长度。

7）起点偏移量：用于设置尺寸界线到所指定的标注起点的偏移距离。

8）固定长度的尺寸界线：选择该复选项，可以用一组固定长度的尺寸界线标注图形的尺寸。

9）长度：在该文本框中可以输入尺寸界线长度的数值。

2. "符号和箭头"选项卡

"符号和箭头"选项卡如图7-6所示，各主要选项功能如下：

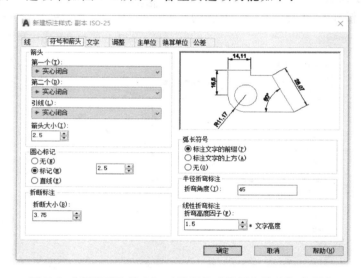

图7-6　"新建标注样式"对话框的"符号和箭头"选项卡

（1）箭头　该区域用于设置标注箭头和引线的类型和大小。系统提供了20多种箭头的样式，用户也可以使用自定义箭头样式。

1）第一个：用于设置第一个箭头的样式。

2）第二个：用于设置第二个箭头的样式。

3）引线：用于设置引线的箭头样式。

4）箭头大小：用于设置箭头的大小。

（2）圆心标记　该区域用于设置直径标注、半径标注的圆心标记和中心线的外观。系统提供了三种圆心标记类型选项。

1）无：不设置圆心标记或中心线。

2）标记：设置圆心标记。

3）直线：设置中心线。

4）数值框：设置圆心标记或中心线的大小。

（3）弧长符号　在该区域中，可以设置弧长符号显示的位置。

1）标注文字的前缀：弧长符号作为标注文字的前缀，标在文字的前面。

2）标注文字的上方：弧长符号标在文字上方。

3）无：不标注弧长符号。

（4）半径折弯标注　可以设置标注大圆弧半径的标注线的折弯角度。

（5）线性折弯标注　可以设置标注的线性尺寸的标注线的折弯角度。

3．"文字"选项卡

"文字"选项卡如图7-7所示，用于设置标注文字的外观、放置的位置和文字的方向。

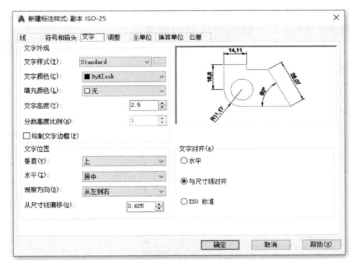

图7-7　"新建标注样式"对话框的"文字"选项卡

各主要选项功能如下：

（1）文字外观　该区域用于设置标注文字的类型、颜色和大小。

1）文字样式：该下拉列表框用于设置当前标注文字样式。

2）文字颜色：该下拉列表框用于设置标注文字样式的颜色。

3）填充颜色：该下拉列表框用于设置填充颜色。

4）文字高度：用于设置当前标注文字样式的高度。如果要使用"文字"选项卡上的"文字高度"设置，则必须将文字样式中的文字高度设为0。

5）分数高度比例：用于设置标注文字中分数相对于其他文字的比例，该比例与标注文字高度的乘积为分数文字的高度。

6）绘制文字边框：选择该复选项，系统将在标注文字的周围绘制一个边框。

（2）文字位置　该区域用于设置标注文字放置的位置。

1）垂直：该下拉列表框用于设置标注文字沿着尺寸线垂直对正。若选择"居中"选项，则系统把尺寸线分为两部分，并将标注文字放在尺寸线两部分的中间；若选择"上"选项，则系统把标注文字放在尺寸线的上面；若选择"外部"选项，则系统把标注文字放在尺寸线外侧；若选择"JIS"选项，则系统按照日本工业标准（JIS）放置标注文字。

2）水平：该下拉列表框用于设置水平方向文字所放位置。若选择"居中"选项，则系统把标注文字放在尺寸界线的中间；若选择"第一条尺寸界线"，则标注文字沿尺寸线与第一条尺寸界线左对正；若选择"第二条尺寸界线"，则标注文字沿尺寸线与第二条尺寸界线右对正；若选择"第一条尺寸界线上方"，则标注文字被放在第一条尺寸界线之上；若选择"第二条尺寸界线上方"，则标注文字被放在第二条尺寸界线之上。

3）观察方向：控制标注文字的观察方向。按"从左到右"或"从右到左"的阅读方式放置文字。

4）从尺寸线偏移：用于设置标注文字与尺寸线之间的距离。

（3）文字对齐 该区域用于设置标注文字是保持水平还是与尺寸线平行。

1）水平：系统将水平放置文字。

2）与尺寸线对齐：标注文字沿尺寸线方向放置。

3）ISO标准：当标注文字在尺寸界线内时，文字将与尺寸线对齐；当标注文字在尺寸界线外时，文字将水平排列。

4. "调整"选项卡

"调整"选项卡如图7-8所示，各主要选项功能如下：

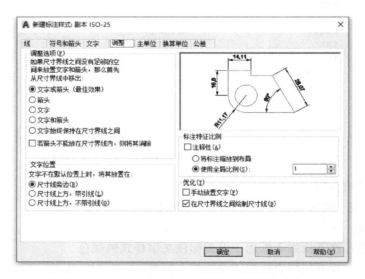

图7-8 "新建标注样式"对话框的"调整"选项卡

（1）调整选项 该区域用于调整尺寸界线、尺寸文字与箭头之间的相互位置关系。当两条尺寸界线之间的距离够大时，AutoCAD总是把文字和箭头放在尺寸界线之间。否则，将根据该区域的选项放置文字和箭头。

1）文字或箭头（最佳效果）：选择最佳效果自动移出尺寸文字或箭头。

2）箭头：首先将箭头放在尺寸界线外侧。

3）文字：首先将尺寸文字放在尺寸界线外侧。

4）文字和箭头：将文字和箭头都放在尺寸界线外侧。

5）文字始终保持在尺寸界线之间：将标注文字始终放在尺寸界线之间。

6）若箭头不能放在尺寸界线内，则将其消除：选择该复选项，系统将隐藏箭头。

（2）文字位置　该区域用于设置如果文字不在默认位置上时，尺寸文字的放置位置。

1）尺寸线旁边：选择此单选按钮，标注文字被放在尺寸线旁边。

2）尺寸线上方，带引线：选择此单选按钮，标注文字放在尺寸线上方，并用引出线将文字与尺寸线相连。

3）尺寸线上方，不带引线：选择此单选按钮，标注文字放在尺寸线上方，而且不用引出线将文字与尺寸线相连。

（3）标注特征比例　该区域用于设置全局比例或图纸空间比例。

1）注释性：使用此特性，用户可以自动完成缩放注释的过程，从而使注释能够以正确的大小在图纸上打印或显示。

2）将标注缩放到布局：选择此单选按钮，可以根据当前模型空间视口与图纸空间的缩放关系设置比例。

3）使用全局比例：用于设置全局比例因子，在文本框中设置的比例因子将影响文字高度、箭头尺寸、偏移和间距等标注特性，但这个比例不改变标注测量值。

（4）优化　该区域用于设置其他的一些调整选项。

1）手动放置文字：选择此复选项，系统将忽略标注文字的水平对正设置，在标注时可将标注文字放在用户指定的位置上。

2）在尺寸界线之间绘制尺寸线：选择此复选项，在尺寸界线之间始终会绘制尺寸线。

5. "主单位" 选项卡

"主单位" 选项卡如图 7-9 所示，用于设置主标注单位的格式和精度，或添加标注文字的前缀和后缀等。

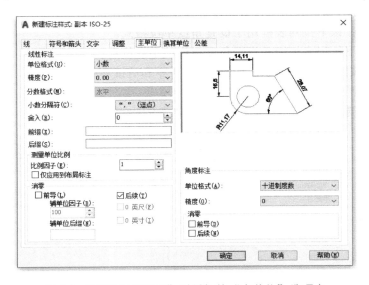

图 7-9　"新建标注样式" 对话框的 "主单位" 选项卡

各主要选项功能如下：

（1）线性标注　该区域用于设置线性标注的格式和精度。

1）单位格式：该下拉列表框用于设置所有标注类型的当前单位格式（除角度标注外）。

2）精度：该下拉列表框用于设置标注文字的小数位数。

3）分数格式：该下拉列表框用于设置分数的格式。

4）小数分隔符：该下拉列表框用于设置十进制格式的分隔符。

5）舍入：该列表框用于设置所有标注类型的标注测量值的四舍五入规则（除角度标注外）。

6）前缀：该文本框用于设置标注文字的前缀。

7）后缀：该文本框用于设置标注文字的后缀。

如果用户使用了"前缀"和"后缀"这两个选项，则系统将给所有的尺寸文本都添加前缀或后缀，但实际上并不是所有的尺寸文字都需要相同的前缀或后缀。因此，一般情况下，不使用这两个文本框，而是根据需要在标注时为尺寸文本添加前缀或后缀。

（2）测量单位比例　该区域用于设置测量线性尺寸时所采用的比例。

1）比例因子：设置所有标注类型的线性标注测量值的比例因子（除角度标注外）。测量尺寸乘上这个比例因子，就是最后所标注的尺寸。例如，如果绘图时将尺寸缩小一半绘制，即绘图比例为1∶2，那么在此设置比例因子为2，AutoCAD就将把测量值扩大一倍，使用真实的尺寸值进行标注。

2）仅应用到布局标注：选择该复选项，仅对在布局里创建的标注应用线性比例值。

（3）消零　该区域用于控制是否显示尺寸标注中的前导零和后续零。

1）前导：选择该复选项，不输出十进制尺寸的前导零。例如，选择此项后，测量值0.8000将被标注为.8000。

2）后续：选择该复选项，不输出十进制尺寸的后续零。例如，选择此项后，测量值23.5000将被标注为23.5。

（4）角度标注　该区域用于设置角度标注的当前标注格式。

1）单位格式：该下拉列表框用于设置角度单位格式。

2）精度：该下拉列表框用于设置角度标注的小数位数。

（5）消零　该区域用于控制角度标注的前导零和后续零的可见性。

6．"换算单位"选项卡

"换算单位"选项卡如图7-10所示，各主要选项功能如下：

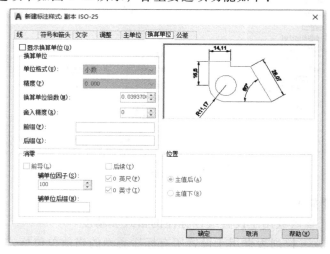

图7-10　"新建标注样式"对话框的"换算单位"选项卡

（1）显示换算单位　选择该复选项，可以给标注文字添加换算测量单位。如果该复选项未被选中，该对话框中其他所有选项变为不可用。

（2）换算单位　该区域用于设置"单位格式""精度""换算单位倍数""舍入精度""前缀"和"后缀"。

（3）消零　该区域用于控制前导零和后续零，以及英尺和英寸中零的可见性。

（4）位置　该区域用于设置换算单位的放置位置。

1）主值后：选择该单选按钮，换算单位放置在公称尺寸之后。

2）主值下：选择该单选按钮，换算单位放置在公称尺寸下面。

7.　"公差"选项卡

"公差"选项卡如图7-11所示，用于设置标注文字中公差的格式及显示。

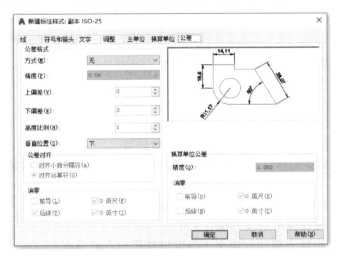

图7-11　"新建标注样式"对话框的"公差"选项卡

尺寸公差比较好的标注方法是选中公称尺寸，在特性窗口中去添加公差值。

但切记不要将基本的标注样式设成带公差的，除非所有以这种样式标注的尺寸都具有相同的公差。而这种情况在实际应用中几乎是不存在的，所以该项功能不在此详述。

7.2　各类尺寸的标注

AutoCAD系统提供了各种类型尺寸标注方法，以实现方便快捷地对图形进行尺寸标注。

通过"默认"选项卡的"注释"选项组（图7-12a）及"注释"选项卡的"标注""中心线"和"引线"选项组（图7-12b）可进行各类尺寸的标注和编辑。

7.2.1　线性标注

"线性"标注命令可用于水平、垂直或旋转的尺寸标注，它需要指定两点来确定尺寸界线，也可以直接选取需标注的尺寸对象。一旦所选对象确定，系统则自动标注。

命令调用主要有以下方式：单击"默认"选项卡→"注释"选项组→"线性"按钮 ，或单击"注释"选项卡→"标注"选项组→"标注"→"线性"按钮 ，或单击菜单栏的

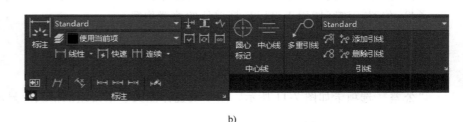

a)   b)

图7-12 "默认"选项卡的"注释"选项组及"注释"选项卡的"标注""中心线"和"引线"选项组

"标注"→"线性"，或在命令行输入 DIMLINEAR（DIMLIN）。

命令提示中各主要选项含义如下：

1）指定第一条尺寸界线原点：指定第一条尺寸界线的原点。

2）指定第二条尺寸界线原点：指定第二条尺寸界线的原点。

3）指定尺寸线位置：指定一点来定位尺寸线位置。

4）选择对象：选择要标注尺寸的对象。在选择对象之后，自动确定第一条和第二条尺寸界线的原点。

5）多行文字（M）：在打开的"多行文字编辑器"对话框中输入文字。

6）文字（T）：可在提示后输入单行文字。

7）角度（A）：可输入新的标注文字角度以替代原有的角度。

8）水平（H）：使尺寸文字水平放置。

9）垂直（V）：使尺寸文字垂直放置。

10）旋转（R）：创建旋转型尺寸标注，在提示下输入所需的旋转角度。

注意：

1）"多行文字（M）""文字（T）"和"角度（A）"等选项在所有的尺寸标注命令中的含义及功能是一样的，因此在以后的命令中将不再赘述。

2）在选择尺寸界线定位点时可以采用目标捕捉方式，这样能准确、快速地标注尺寸。

【例7-1】 用"线性"命令标注如图7-13所示图形中 AB 段的尺寸。

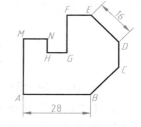

图7-13 线性标注和对齐标注

具体操作步骤如下：

1）执行"线性"标注命令。

2）指定第一条尺寸界线原点或<选择对象>：（捕捉 A 点或 AM 线上的任一点均可）

3）指定第二条尺寸界线原点：（捕捉 B 点）

4）指定尺寸线位置或［多行文字（M）/文字（T）/角度（A）/水平（H）/垂直（V）/旋转（R）］：（在合适位置拾取一点作为尺寸线位置）

5）标注文字＝28（系统自动显示测量值，完成标注）

7.2.2 对齐标注

"对齐"标注命令用于创建与尺寸界线的原点对齐的线性标注。

命令调用主要有以下方式：单击"默认"选项卡→"注释"选项组→"对齐"按钮，或单击"注释"选项卡→"标注"选项组→"已对齐"按钮，或单击菜单栏的"标注"→"对齐"，或在命令行输入 DIMALIGNED。

注意：

1）"对齐"命令一般用于倾斜对象的尺寸标注，系统能自动将尺寸线调整为与所标注线段平行。

2）"角度"选项可以改变尺寸文字的方向，如果不使用此选项，尺寸文字将按照尺寸样式设置方式摆放。

【例7-2】 用"对齐"命令标注如图7-13所示图形中 DE 段的尺寸。

具体操作步骤如下：
1）执行"对齐"标注命令。
2）指定第一条尺寸界线原点或<选择对象>：✓（采用选择对象标注方式）
3）选择标注对象：（拾取线段 DE，自动显示测量值"16"）
4）指定尺寸线位置或［多行文字（M）/文字（T）/角度（A）］：（在合适位置拾取一点作为尺寸线位置）
5）标注文字＝16（系统自动显示测量值，完成标注）

7.2.3 角度标注

"角度"标注命令用于测量选定的几何对象或三个点之间的角度。角度标注尺寸线为弧线。

命令调用主要有以下方式：单击"默认"选项卡→"注释"选项组→"角度"按钮，或单击"注释"选项卡→"标注"选项组→"角度"按钮，或单击菜单栏的"标注"→"角度"，或在命令行输入 DIMANGULAR。

命令提示中"象限点（Q）"选项的含义：指定标注应锁定到的象限。选择此选项后，将标注文字放置在角度标注外时，尺寸线会延伸超过尺寸界线。

注意："角度"命令中，若选择圆弧，则系统自动计算并标注圆弧的角度。若选择圆、直线或按<Enter>键，则会继续选择目标和尺寸线位置。

【例7-3】 用"角度"命令标注如图7-14所示图形中的夹角。

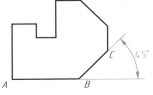

图7-14 角度标注

具体操作步骤如下：

1）执行"角度"标注命令。

2）选择圆弧、圆、直线或<指定顶点>：（拾取 AB 边）

3）选择第二条直线：（拾取 BC 边）

4）指定标注弧线位置或［多行文字（M）/文字（T）/角度（A）/象限点（Q）］：（拾取一点，确定尺寸线位置）

5）标注文字=45d（系统自动显示测量值，完成角度标注）

7.2.4 弧长标注

"弧长"标注命令用于标注圆弧线段或多段线圆弧线段的长度。

命令调用主要有以下方式：单击"默认"选项卡→"注释"选项组→"弧长"按钮，或单击"注释"选项卡→"标注"选项组→"弧长"按钮，或单击菜单栏的"标注"→"弧长"，或在命令行输入 DIMARC。

命令提示中各主要选项含义如下：

1）部分：标注选定圆弧的某一部分弧长。

2）引线：添加引线对象。当圆弧大于 90°时会显示此选项。引线按径向绘制，指向所标注圆弧的圆心。

3）无引线：创建引线之前取消"引线"选项。

注意：

1）如果需要将弧长符号放置在标注文字上方，可在对象特性或标注样式中进行设置。

2）若要删除弧长标注中的引线，则需删除弧长标注，再重新创建不带引线的弧长标注。

【例7-4】 用"弧长"命令标注如图 7-15 所示圆弧线段的弧长。

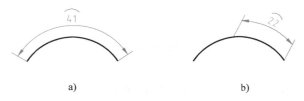

a)   b)

图 7-15　标注整段圆弧及部分圆弧长度

具体操作步骤如下：

1）执行"弧长"标注命令。

2）选择弧线段或多段线圆弧段：（选择需要标注的圆弧线段）

3）指定弧长标注位置或［多行文字（M）/文字（T）/角度（A）/部分（P）/引线（L）］：（指定尺寸线的位置）

4）标注文字=41（系统自动显示测量值，如图 7-15a 所示）

另外，如果选择"部分（P）"选项，可以标注选定圆弧的某一部分弧长，如图 7-15b 所示。如果选择"引线（L）"选项，也可以用引线标注出圆弧的长度。

7.2.5 半径标注/直径标注

"半径"/"直径"标注命令用于标注圆及圆弧的半径或直径尺寸。

命令调用主要有以下方式：单击"默认"选项卡→"注释"选项组"半径"按钮 / "直径"按钮 ，或单击"注释"选项卡→"标注"选项组→"半径"按钮 /"直径"按钮 ，或单击菜单栏的"标注"→"半径"/"直径"，或在命令行输入 DIMRADIUS（DIM-RAD）/ DIMDIAMETER（DIMDIA）。

注意：

1）在"指定尺寸线位置"提示后，可直接移动光标以确定尺寸线的位置，屏幕将显示其变化。

2）在尺寸样式设置时，可设置一个只用于圆弧尺寸标注的标注样式，以满足圆弧尺寸标注的要求。

【例 7-5】 用"半径"命令标注如图 7-16 所示图形中的圆弧半径，用"直径"命令标注图形中大圆的直径。

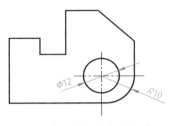

图 7-16　半径和直径标注

（1）半径标注　具体操作步骤如下：

1）执行"半径"命令。

2）选择圆弧或圆：（选择圆弧段）

3）标注文字 = 10（系统自动显示测量值"$R10$"）

4）指定尺寸线位置或[多行文字（M）/文字（T）/角度（A）]：（确认尺寸线位置，结束命令）

（2）直径标注　具体操作步骤如下：

1）执行"直径"命令。

2）选择圆弧或圆：（选择圆弧段）

3）标注文字 = 12（系统自动显示测量值"$\phi12$"）

4）指定尺寸线位置或[多行文字（M）/文字（T）/角度（A）]：（确认尺寸线位置，结束命令）

7.2.6 折弯标注

"折弯"标注命令用于折弯标注圆或圆弧的半径。

命令调用主要有以下方式：单击"默认"选项卡→"注释"选项组→"折弯"按钮 ，或单击"注释"选项卡→"标注"选项组→"折弯"按钮 ，或单击菜单栏的"标注"→"折弯"，或在命令行输入 DIMJOGGED。

【例 7-6】 用"折弯"命令标注如图 7-17 所示图形中圆弧的半径。

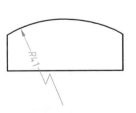

图 7-17　折弯标注

具体操作步骤如下：

1）执行"折弯"标注命令。

2）选择圆弧或圆：（选择圆弧）

3）指定图示中心位置：（单击圆心方向上一点，替代中心位置）

4）标注文字 = 41（系统自动显示测量值"R41"）

5）指定尺寸线位置或［多行文字（M）/文字（T）/角度（A）］：（单击一点，确定尺寸线位置）

6）指定折弯位置：（输入折弯位置，完成折弯标注）

7.2.7 坐标标注

"坐标"标注命令用于自动测量和标注一些特殊点的坐标。如从原点（基准）到要素的水平或垂直距离。

命令调用主要有以下方式：单击"默认"选项卡→"注释"选项组→"坐标"按钮，或单击"注释"选项卡→"标注"选项组→"坐标"按钮，或单击菜单栏的"标注"→"坐标"，或在命令行输入 DIMORDINATE（DIMORD）。

命令提示中各主要选项含义如下：

1）指定点坐标：指示对象上的点。

2）指定引线端点：使用点坐标和引线端点的坐标差确定是 X 坐标标注还是 Y 坐标标注。如果 Y 坐标的坐标差较大，标注就测量 X 坐标；否则就测量 Y 坐标。

3）X 基准：测量 X 坐标并确定引线和标注文字的方向。将显示"指定引线端点"提示，从中可以指定端点。

4）Y 基准：测量 Y 坐标并确定引线和标注文字的方向。将显示"指定引线端点"提示，从中可以指定端点。

注意："坐标"标注命令可根据引出线的方向，自动标注选定点的水平或垂直坐标。

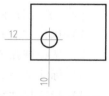

图 7-18　坐标标注

【例 7-7】　如图 7-18 所示，在（10，12）处绘制圆，用"坐标"命令标注圆心的 X、Y 坐标。

具体操作步骤如下：

1）执行"坐标"标注命令。

2）指定点坐标：（捕捉圆心点）

3）指定引线端点或［X 基准（X）/Y 基准（Y）/多行文字（M）/文字（T）/角度（A）］：X↙（选择"X 基准"选项）

4）指定引线端点或［X 基准（X）/Y 基准（Y）/多行文字（M）/文字（T）/角度（A）］：（指定合适位置为引线端点）

5）标注文字 = 10（系统自动完成 X 方向坐标标注）

6）重复执行"坐标标注"命令。

7）指定点坐标：（捕捉圆心点）

8）指定引线端点或［X 基准（X）/Y 基准（Y）/多行文字（M）/文字（T）/角度（A）］：Y↙（选择"Y 基准"选项）

9）指定引线端点或［X基准（X）/Y基准（Y）/多行文字（M）/文字（T）/角度（A）］：（指定合适位置为引线端点）

10）标注文字＝12（系统自动完成Y方向坐标标注）

7.2.8　基线/连续标注

"基线"命令用于创建从上一个标注或选定标注的基线处开始的标注。默认情况下，使用基准标注的第一条尺寸界线作为基线标注的尺寸界线原点，各尺寸线共用第一条尺寸界线。

"连续"命令用于创建从上一个标注或选定标注的尺寸界线开始的标注。在同一尺寸线水平或垂直方向连续标注尺寸，相邻两尺寸线共用同一尺寸界线。

命令调用主要有以下方式：单击"注释"选项卡→"标注"选项组→"基线"按钮 /"连续"按钮 ，或单击菜单栏的"标注"→"基线"/"连续"，或在命令行输入 DIMBASE-LINE（DIMBASE）/DIMCONTINUE。

命令提示中主要选项含义如下：

1）选择：选择基准标注。指定线性标注、坐标标注或角度标注，否则，系统使用上次在当前任务中创建的标注对象。

2）第二条尺寸界线原点：如果基准标注是线性标注或角度标注，将显示此提示。

3）点坐标：如果基准标注是坐标标注，将显示此提示。

4）放弃：放弃在命令中上一次输入的基线（或连续）标注。

注意：

1）默认情况下，最近创建的标注将用作基准标注。即先标注第一段尺寸，再使用"基线"或"连续"命令。

2）通过"新建标注样式"对话框中"线"选项卡的"基线间距"或系统变量 DIMDLI，可以设定基线标注之间的默认间距。

【例7-8】　如图7-19所示，用"基线"命令标注图形中的垂直方向尺寸，用"连续"命令标注水平方向尺寸。

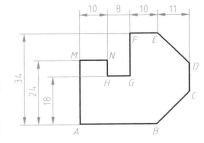

图7-19　基线标注和连续标注

（1）基线标注　具体操作步骤如下：

1）执行"线性"命令，标注 AH 间垂直距离"18"。

2）执行"基线"命令。

3）指定第二条尺寸界线原点或［选择（S）/放弃（U）］＜选择＞：（捕捉 M 点或 MN 线上一点）

4）标注文字＝24（系统自动显示测量值，完成第二段距离标注）

5）指定第二条尺寸界线原点或［选择（S）/放弃（U）］＜选择＞：（捕捉 F 点或 FE 线上一点）

6）标注文字＝34（系统自动显示测量值，完成第三段距离标注）

7）指定第二条尺寸界线原点或［选择（S）/放弃（U）］＜选择＞:↙（默认"选择"选项）

8）选择基线标注:↙（结束命令）

（2）连续标注　具体操作步骤如下：

1）执行"线性"命令，标注 *MN* 间水平距离"10"。

2）执行"连续"命令。

3）指定第二条尺寸界线原点或［选择（S）/放弃（U）］＜选择＞:（捕捉 *F* 点或 *FG* 线上一点）

4）标注文字＝8（系统自动显示测量值，完成第二段距离标注）

5）指定第二条尺寸界线原点或［选择（S）/放弃（U）］＜选择＞:（捕捉 *E* 点）

6）标注文字＝10（系统自动显示测量值，完成第三段距离标注）

7）指定第二条尺寸界线原点或［选择（S）/放弃（U）］＜选择＞:（捕捉 *D* 点或 *DC* 线上一点）

8）标注文字＝11（系统自动显示测量值，完成第四段距离标注）

9）指定第二条尺寸界线原点或［选择（S）/放弃（U）］＜选择＞:↙（默认"选择"选项）

10）选择连续标注:↙（结束命令）

7.2.9　快速标注

"快速"命令可以快速创建成组的基线、连续和坐标尺寸标注，对所选中几何体进行一次性标注。

命令调用主要有以下方式：单击"注释"选项卡→"标注"选项组→"快速"按钮 ⊡，或单击菜单栏的"标注"→"快速"，或在命令行输入 QDIM。

执行"快速"命令后，系统首先提示"选择要标注的几何图形"，选取需标注的对象，并按＜Enter＞键结束选择。

命令提示中各主要选项功能如下：

1）连续（C）：执行一系列连续标注。

2）并列（S）：执行一系列相交标注。

3）基线（B）：执行一系列基线标注。

4）坐标（O）：执行一系列坐标标注。

5）半径（R）：执行一系列半径标注。

6）直径（D）：执行一系列直径标注。

7）基准点（P）：为基线和坐标标注设置新的基准点。

8）编辑（E）：编辑一系列标注。

9）指定要删除的标注点：减少图形中的端点数目。

10）添加（A）：增加尺寸界线的端点数目。

11）退出（X）：退出此选项。

12）设置（T）：指定关联标注优先级。

注意：

1）使用"快速"命令时，系统自动查找所选几何体上的端点，并将它们作为尺寸界线的始末点进行标注。选择"编辑"选项可以增加或减少端点的数目。

2）选择圆或圆弧可以标注其半径、直径，但不能标注其圆心。

【例7-9】 用"快速"命令的"连续"选项标注如图7-20a所示的图形。

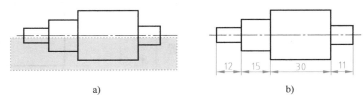

a)   b)

图7-20 快速标注

具体操作步骤如下：

1）执行"快速"命令。

2）关联标注优先级=端点

3）选择要标注的几何图形：

指定对角点：找到12个（用交叉窗口选择方式选中图形下面的全部图线，如图7-20a所示）

4）选择要标注的几何图形：↙（结束对象选择）

5）指定尺寸线位置或[连续（C）/并列（S）/基线（B）/坐标（O）/半径（R）/直径（D）/基准点（P）/编辑（E）/设置（T）]<连续>:↙（默认选择"连续"选项，在合适位置单击确定为尺寸线位置，完成标注，如图7-20b所示）

7.2.10 标注

"标注"命令可以在使用单个命令中创建多个标注和标注类型，无须在多个标注命令间进行切换，根据要标注的对象类型自动创建标注，加快了标注过程。

命令调用主要有以下方式：单击"默认"选项卡→"注释"选项组→"标注"按钮，或单击"注释"选项卡→"标注"选项组→"标注"按钮，或在命令行输入DIM。

"标注"命令支持的标注类型包括线性标注、坐标标注、角度标注、半径和折弯半径标注、直径标注、弧长标注、基线标注和连续标注等，还包括将选定标注的尺寸线与参照或基准标注对齐、偏移选定标注的尺寸、为后续创建的标注指定不同的层等。

命令提示中主要选项功能如下：

1）对齐：将多个平行、同心或同基准标注对齐到选定的基准标注。

2）分发：指定可用于分发一组选定的孤立线性标注或坐标标注的方法。

3）相等：均匀分发所有选定的标注。此项要求至少三条标注线。

4）偏移：按指定的偏移距离分发所有选定的标注。

5）图层：指定图层以替代当前图层，进行新标注。

另外，在标注过程中，若按现有标注方式重叠放置标注后，将显示以下选项：

1）移开：将现有标注和新插入的标注排列成基线标注类型。

2）打断：将现有标注拆分为两个标注，并将这些标注排列成连续标注类型。

3）替换：删除现有标注，并用已插入的标注来替换它。

4）无：在现有标注的顶部插入新标注。

注意：当光标悬停在对象上时，系统自动根据对象类型生成要使用的合适标注类型的预览。选择要标注的对象或对象上的点，再在合适位置单击放置尺寸线。

【例7-10】 用"标注"命令标注如图7-21所示的图形。

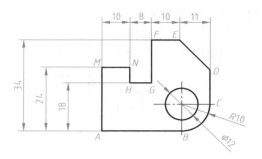

图7-21 用"标注"命令标注图形

具体操作步骤如下：

1）执行"标注"命令。

2）选择对象或指定第一个尺寸界线原点或［角度（A）/基线（B）/连续（C）/坐标（O）/对齐（G）/分发（D）/图层（L）/放弃（U）］：（光标悬停在 AM 线段上）

3）选择直线以指定尺寸界线原点：（选择 AM 线段）

4）指定尺寸界线位置或第二条线的角度［多行文字（M）/文字（T）/文字角度（N）/放弃（U）］：（指定位置点，完成 AM 间尺寸"24"的标注）

5）选择对象或指定第一个尺寸界线原点或［角度（A）/基线（B）/连续（C）/坐标（O）/对齐（G）/分发（D）/图层（L）/放弃（U）］：B↙（选择"基线"选项）

6）当前设置：偏移 （DIMDLI）= 8.000000

7）指定作为基线的第一个尺寸界线原点或［偏移（O）］：（指定尺寸"24"的下侧尺寸界线）

8）指定第二个尺寸界线原点或［选择（S）/偏移（O）/放弃（U）］<选择>：（捕捉 H 点）

9）标注文字 = 18

10）指定第二个尺寸界线原点或［选择（S）/偏移（O）/放弃（U）］<选择>：（捕捉 F 点）

11）标注文字 = 34

12）指定第二个尺寸界线原点或［选择（S）/偏移（O）/放弃（U）］<选择>：↙（默认"选择"选项）

13）指定作为基线的第一个尺寸界线原点或［偏移（O）］：↙（结束"基线"选项）

14）选择对象或指定第一个尺寸界线原点或［角度（A）/基线（B）/连续（C）/坐标（O）/对齐（G）/分发（D）/图层（L）/放弃（U）］：（光标悬停在 MN 线段上）

15）选择直线以指定尺寸界线原点：（选择 MN 线段）

16）指定尺寸界线位置或第二条线的角度［多行文字（M）/文字（T）/文字角度（N）/放弃（U）］：（指定位置点，完成 MN 间尺寸"10"的标注）

17）选择对象或指定第一个尺寸界线原点或［角度（A）/基线（B）/连续（C）/坐标（O）/对齐（G）/分发（D）/图层（L）/放弃（U）］：C↙（选择"连续"选项）

18）指定第一个尺寸界线原点以继续：（指定尺寸"10"的右侧尺寸界线）

19）指定第二个尺寸界线原点或［选择（S）/放弃（U）］＜选择＞：（捕捉 F 点）

20）标注文字＝8

21）指定第二个尺寸界线原点或［选择（S）/放弃（U）］＜选择＞：（捕捉 E 点）

22）标注文字＝10

23）指定第二个尺寸界线原点或［选择（S）/放弃（U）］＜选择＞：（捕捉 D 点）

24）标注文字＝11

25）指定第二个尺寸界线原点或［选择（S）/放弃（U）］＜选择＞：↙（默认"选择"选项）

26）指定第一个尺寸界线原点以继续：↙（结束"连续"选项）

27）选择对象或指定第一个尺寸界线原点或［角度（A）/基线（B）/连续（C）/坐标（O）/对齐（G）/分发（D）/图层（L）/放弃（U）］：（光标悬停在 BC 圆弧上）

28）选择圆弧以指定半径或［直径（D）/折弯（J）/弧长（L）/角度（A）］：（选择 BC 圆弧）

29）指定半径标注位置或［直径（D）/角度（A）/多行文字（M）/文字（T）/文字角度（N）/放弃（U）］：（指定标注位置，完成圆弧 BC 的标注）

30）选择对象或指定第一个尺寸界线原点或［角度（A）/基线（B）/连续（C）/坐标（O）/对齐（G）/分发（D）/图层（L）/放弃（U）］：（光标悬停在小圆上）

31）选择圆以指定直径或［半径（R）/折弯（J）/角度（A）］：（选择小圆）

32）指定直径标注位置或［半径（R）/多行文字（M）/文字（T）/文字角度（N）/放弃（U）］：（指定标注位置，完成小圆的标注）

33）选择对象或指定第一个尺寸界线原点或［角度（A）/基线（B）/连续（C）/坐标（O）/对齐（G）/分发（D）/图层（L）/放弃（U）］：↙（结束命令）

7.2.11　标注打断

"标注打断"命令可以将标注在与其他对象的相交处打断或恢复打断，可用于线性标注、角度标注、坐标标注、半径标注、直径标注、弧长标注及使用直线引线的多重引线等。

命令调用主要有以下方式：单击"注释"选项卡→"标注"选项组→"标注打断"按钮，或单击菜单栏的"标注"→"标注打断"，或在命令行输入 DIMBREAK。

命令提示中各主要选项的含义如下：

1）选择标注：指定标注或多重引线对象。

2）选择对象：指定与标注或引线对象相交的对象。

3）多个：指定多个标注。

4）自动：自动将折断标注放置在与选定标注相交的对象的所有交点处。修改标注或相交对象时，会自动更新使用此选项创建的所有折断标注。

5）删除：从选定的标注中删除所有折断标注。

6）手动：手动放置折断标注。为折断位置指定标注、延伸线或引线上的两点。如果修改标注或相交的对象，则不会更新使用此选项创建的任何折断标注。

注意：

1）在"新建标注样式"对话框的"符号和箭头"选项卡中，可以控制折断标注的大小。

2）使用"手动"选项，一次仅可以放置一个手动折断标注。

3）"标注打断"命令不支持"引线（LEADER）"或"快速引线（QLEADER）"命令创建的引线。

【例 7-11】 用"标注打断"命令调整如图 7-22a 所示的图形，图 7-22b 是调整后的效果。

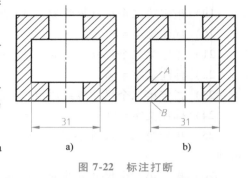

a)　　　　b)

图 7-22　标注打断

具体操作步骤如下：

1）执行"标注打断"命令。

2）选择要添加/删除折断的标注或[多个（M）]：（选择尺寸"31"）

3）选择要折断标注的对象或[自动（A）/（M）/删除（R）]<自动>：（选择"手动"选项）

4）指定第一个打断点：（指定 A 点为第一个打断点）

5）指定第二个打断点：（指定 B 点为第二个打断点）

6）1 个对象已修改

7.2.12　调整间距

"调整间距"命令可以自动调整图形中现有的平行线性标注和角度标注，以使其间距相等或在尺寸线处相互对齐。

命令调用主要有以下方式：单击"注释"选项卡→"标注"选项组→"调整间距"按钮 ，或单击菜单栏的"标注"→"调整间距"，或在命令行输入 DIMPACE。

命令提示中主要选项功能如下：

1）输入值：输入间距的数值。

2）自动：默认状态是自动，即按照当前尺寸样式设定的间距。

注意：

1）通过输入间距值 0，使尺寸相互对齐。

2）"调整间距"命令仅适用于平行的线性标注或共用一个顶点的角度标注。

【例 7-12】 用"调整间距"命令调整如图 7-23a 所示的图形，图 7-23b 是调整后的效果。

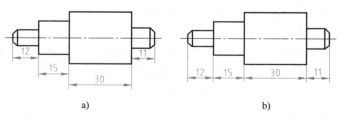

a)　　　　　　　　　　　　　b)

图 7-23　调整间距

具体操作步骤如下：

1）执行"调整间距"命令。

2）选择基准标注：（选择尺寸"15"）

3）选择要产生间距的标注：指定对角点：找到1个（选择尺寸"12"）

4）选择要产生间距的标注：找到1个，总计2个（选择尺寸"30"）

5）选择要产生间距的标注：指定对角点：找到1个，总计3个（选择尺寸"11"）

6）选择要产生间距的标注：↙（结束选择）

7）输入值或［自动（A）］<自动>:0↙（输入"0"↙，结束命令）

7.2.13 折弯线性标注

"折弯线性"命令可以将折弯线添加到线性标注或对齐标注。用于表示不显示实际测量值的标注值。

命令调用主要有以下方式：单击"注释"选项卡→"标注"选项组→"折弯线性"按钮

，或单击菜单栏的"标注"→"折弯线性"，或在命令行输入 DIMJOGLINE。

命令提示中各主要选项的含义如下：

1）选择要添加折弯的标注：指定要向其添加折弯的线性标注或对齐标注。

2）指定折弯位置（或按 Enter 键）：指定一点为折弯位置。按<Enter>键可在标注文字与第一条尺寸界线之间的中点处放置折弯，或在基于标注文字位置的尺寸线的中点处放置折弯。

3）删除：指定要从中删除折弯的线性标注或对齐标注。

注意：使用夹点在线性标注上沿尺寸线拖动，可重新定位折弯。

【例7-13】 用"折弯线性"命令调整如图7-24a 所示的图形，图7-24b 所示为调整后的效果。

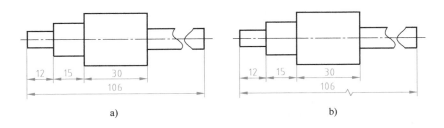

a)   b)

图 7-24 折弯线性标注

具体操作步骤如下：

1）执行"折弯线性"命令。

2）选择要添加折弯的标注或［删除（R）］：（选择尺寸"106"）

3）指定折弯位置（或按 Enter 键）：（选择尺寸线上一点折弯，结束命令）

7.3　编辑尺寸标注

标注完成后，对少数不符合要求的尺寸，可以通过修改图形对象来修改标注，也可以用尺寸编辑命令进行修改，以符合国家标准的规定。

7.3.1　标注更新

"标注更新"命令用于将当前的标注样式保存起来，以供随时调用。也可以使用一种新的标注样式更换当前的标注样式。

命令调用主要有以下方式：单击"注释"选项卡→"标注"选项组→"标注更新"按钮，或单击菜单栏的"标注"→"更新"，或在命令行输入 DIMSTYLE。

命令提示中各主要选项含义及功能如下：

1）注释性（AN）：指定创建的标注样式是否是注释性。

2）保存（S）：可输入一个新样式名称，系统将按新样式名存储当前标注样式。

3）恢复（R）：在系统提示后输入已定义过的标注样式名称，即可用此标注样式更换当前的标注样式。

4）状态（ST）：将打开文本窗口，并在该窗口中显示当前标注样式的各设置数据。

5）变量（V）：选择该项后，命令行提示用户选择一个标注样式。选定后，系统打开文本窗口，并在窗口中显示所选样式的设置数据。

6）应用（A）：选择该项后，系统提示用户选择标注对象。选定后，所选择的标注对象将自动更换为当前标注样式。

注意：该命令不更新现有基线标注之间的尺寸线间距。

7.3.2　重新关联标注

尺寸关联是指所标注与被标注对象有关联关系。如果标注的尺寸是自动测量值，且是按尺寸关联模式进行标注的，那么改变被标注对象的大小后，相应的标注尺寸也将发生改变。

"重新关联"命令是将选定的标注重新关联到对象或对象上的点。

命令调用主要有以下方式：单击"注释"选项卡→"标注"选项组→"重新关联"按钮，或单击菜单栏的"标注"→"重新关联"，或在命令行输入 DIMREASSOCIATE。

每个关联点都显示一个标记。如果当前标注的定义点与对象无关联，则标记将显示为"×"；如果定义点与几何图形相关联，则标记将显示为"⊠"。

命令提示中各主要选项的含义如下：

1）选择对象：指定一个或多个非关联标注或引线对象，以将其手动重新关联到对象或对象上的点。

2）解除关联：指定可重新关联的所有非关联标注或引线对象。

注意：

1）通过对象"特性"选项板的"关联"特性值，可查看是否为关联标注。

2）如果用鼠标滚轮平移或缩放，则标记将消失。

【例7-14】 将如图7-25a所示非关联的线性标注与矩形对象重新关联。

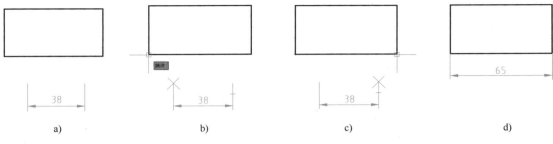

a)　　　　　b)　　　　　c)　　　　　d)

图7-25　重新关联标注

具体操作步骤如下:

1)执行"重新关联"命令。

2)选择要重新关联的标注…

3)选择对象或[解除关联(D)]:指定对角点:找到1个(选择尺寸标注"38")

4)选择对象或[解除关联(D)]:↙(结束选择)

5)指定第一个尺寸界线原点或[选择对象(S)]<下一个>:(捕捉矩形左下角点,如图7-25b所示)

6)指定第二个尺寸界线原点<下一个>:(捕捉矩形右下角点,如图7-25c所示)

7)结束重新关联标注,尺寸数值为系统自动测量值,如图7-25d所示。

7.3.3　编辑标注文字

"编辑标注文字"命令用于修改标注文字的位置和角度。

命令调用主要有以下方式:单击"注释"选项卡→"标注"选项组→编辑标注文字位置的各按钮，或单击菜单栏的"标注"→"对齐文字",或在命令行输入DIMTEDIT。

命令提示中各主要选项功能如下:

1)左对齐(L):调整尺寸标注文字为左对齐。

2)右对齐(R):调整尺寸标注文字为右对齐。

3)居中(C):将尺寸标注文字放在尺寸线中间。

4)默认(H):将尺寸标注文字调整到尺寸样式设置的方向。

5)角度(A):改变尺寸标注文字的角度。

【例7-15】 用"编辑标注文字"命令,将图7-26a中的标注调整为图7-26b中的效果。

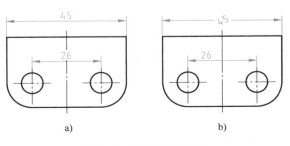

a)　　　　b)

图7-26　编辑标注文字

具体操作步骤如下：

1）执行"左对正"编辑标注文字命令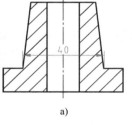。

2）选择标注：（选择尺寸标注"26"）

3）为标注文字指定新位置或［左对齐（L）/右对齐（R）/居中（C）/默认（H）/角度（A）］：_l （完成尺寸"26"文字位置的编辑）

4）执行"文字角度"编辑标注文字命令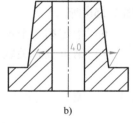。

5）选择标注：（选择尺寸标注"45"）

6）为标注文字指定新位置或［左对齐（L）/右对齐（R）/居中（C）/默认（H）/角度（A）］：_a

7）指定标注文字的角度：30✓ （完成尺寸"45"文字方向的编辑）

7.3.4 倾斜尺寸界线

"倾斜"命令可按指定的角度调整线性标注尺寸界线的倾斜角度。当尺寸界线与图形的其他要素冲突时，可倾斜尺寸界线。

命令调用主要有以下方式：单击"注释"选项卡→"标注"选项组→"倾斜"按钮 ，或单击菜单栏的"标注"→"倾斜"，或在命令行输入 DIMEDIT。

注意：倾斜角度是从 UCS 的 X 轴正向进行测量。

【例 7-16】 用"倾斜"命令，将图 7-27a 中的标注调整为图 7-27b 中的效果。

图 7-27　倾斜尺寸界线

具体操作步骤如下：

1）执行"倾斜"命令。

2）输入标注编辑类型或［默认（H）/新建（N）/旋转（R）/倾斜（O）］<默认>：_o

3）选择对象：找到 1 个 （选择要倾斜的尺寸标注）

4）选择对象：✓ （结束选择）

5）输入倾斜角度（按<Enter>键表示无）：60✓ （输入倾斜角 60°，完成编辑）

7.3.5 "编辑标注"命令

"编辑标注"命令用来旋转、修改或恢复标注文字，也可倾斜尺寸界线。

"编辑标注"命令的调用主要通过在命令行输入 DIMEDIT。功能区"注释"选项卡"标注"选项组中的"倾斜"按钮 为该命令中的一个选项。

命令提示中主要选项功能如下：

1）默认（H）：系统将按默认位置及方向放置标注文字。

2）新建（N）：将打开"多行文字编辑器"对话框，对标注文字内容进行修改。

3）旋转（R）：系统将选中的标注文字按输入的角度放置。

4）倾斜（O）：系统将按输入的角度倾斜尺寸界线。

注意：

1）如需修改标注文字，也可用"TEXTEDIT"命令或双击标注文字，在"多行文字编辑器"对话框中修改、输入新值即可。修改后的标注将失去关联性。

2）"旋转"选项与"编辑标注文字"命令中的"角度"选项效果相同。

3）当角度的输入值为0时，系统将标注文字按默认方向放置。

7.3.6　利用"夹点"编辑标注

编辑尺寸标注较便捷的方法是使用标注的夹点菜单。

如果将光标悬停在标注尺寸线的中间夹点上，则显示该标注的夹点菜单，如图7-28a所示，通过选择相应的选项来编辑该标注。夹点菜单中各选项功能如下：

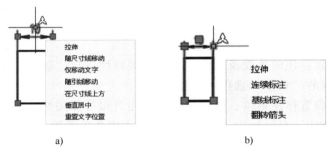

a)　　　　　　　　　　　　　　　　b)

图7-28　标注的夹点菜单

1）拉伸：默认的夹点功能。可灵活改变文字位置及移动、拉伸尺寸线，也可根据命令行提示指定不同的基点或复制尺寸线。

2）随尺寸线移动：将尺寸线同文字一起移动。

3）仅移动文字：只移动标注文字而不移动尺寸线。

4）随引线移动：用引线的方式将标注文字引出标注。

5）在尺寸线上方：标注文字放置在尺寸线的上方（仅垂直标注的文字在尺寸线的左侧）。

6）垂直居中：标注文字放置在尺寸线居中中断处。

7）重置文字位置：将标注文字移回默认位置。

如果将光标悬停在标注的两端夹点上，则显示该标注的夹点菜单，如图7-28b所示，通过选择相应的选项来编辑该标注。夹点菜单中各选项功能如下：

1）拉伸：可改变文字位置及移动、拉伸尺寸线，也可根据命令行提示指定不同的基点或复制尺寸线。

2）连续标注：从该标注开始创建连续标注。

3）基线标注：从该标注开始创建基线标注。

4）翻转箭头：以该标注界线为镜像线翻转箭头。

7.3.7 利用"特性"选项板编辑标注

标注对象的"特性"选项板是非常有用的工具，其可以对标注的几乎全部设置进行编辑。

选中一个或多个标注，在其右键快捷菜单中选择"特性"选项，弹出其"特性"选项板，可查看或更改该标注的特性。

图7-29所示为任意一个线性标注的"特性"选项板，主要特性区域说明如下：

1）常规：可设置标注的普通特性。包括图层、颜色、线型、线型比例、线宽和关联等。

2）其他：可设置标注样式、注释性和注释性比例等特性。

3）直线和箭头：可设置标注的尺寸线、尺寸界线和箭头等特性。与"新建标注样式"对话框的"线"选项卡和"符号和箭头"选项卡中各项类似。

4）文字：可设置标注文字相关特性。与"新建标注样式"对话框的"文字"选项卡中各项类似。

5）调整：可设置标注的外观及全局比例等相关特性。与"新建标注样式"对话框的"调整"选项卡中各项类似。

图7-29　线性标注的"特性"选项板

6）主单位：可设置标注单位、标注前缀和标注后缀等相关特性。与"新建标注样式"对话框的"主单位"选项卡中各项类似。

7）换算单位：可设置标注的换算格式和换算比例等相关特性。与"新建标注样式"对话框的"换算单位"选项卡中各项类似。

8）公差：可设置标注的公差形式及精度等相关特性。与"新建标注样式"对话框的"公差"选项卡中各项类似。

注意：在"文字"区域的"文字替代"栏中，尖括号"<>"内代表的是系统测量值，可手动输入其他数值代替系统测量值，但会失去标注的关联性。

【例7-17】　利用"特性"选项板编辑标注，将如图7-30a所示的标注添加前缀，结果如图7-30b所示。

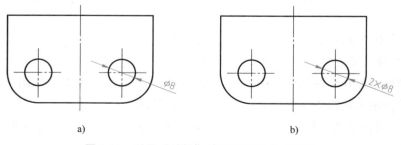

a)　　　　　　　　　　　　　　　　b)

图7-30　利用"特性"选项板编辑尺寸标注

具体操作步骤如下：

1）选中直径尺寸"φ8"，再单击鼠标右键，选择快捷菜单中的"特性"选项，调出其"特性"选项板。

2）将滑块拖动到"主单位"区域，在"标注前缀"文本框中输入"2×%%c"，如图 7-31 所示。

图 7-31　"特性"选项板编辑标注

3）关闭"特性"选项板，按<Esc>键取消标注对象的选择，完成编辑尺寸标注。

7.4　圆心标记和中心线

7.4.1　圆心标记

"圆心标记"命令用于标注圆或圆弧的中心。在命令执行期间，将中心标记添加到一个或多个圆或圆弧。"圆心标记"命令自动标注的圆或圆弧中心标记为一个整体。

命令调用主要有以下方式：单击"注释"选项卡→"中心线"选项组→"圆心标记"按钮⊕，或单击菜单栏的"标注"→"圆心标记"，或在命令行输入 CENTERMARK。

使用对象"特性"选项板或夹点可以编辑圆心标记。

将光标悬停在夹点上，会显示"拉伸"（移动中心标记）和"更改延伸长度"（以全部统一更改四条中心线延伸）两个选项。

注意：圆心标记的标注形式由尺寸样式设置的相关内容所决定。

【例 7-18】　用"圆心标记"命令标注如图 7-32a 所示圆的中心，结果如图 7-32b 所示。

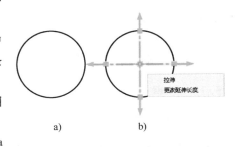

图 7-32　圆心标记

具体操作步骤如下：

1）执行"圆心标记"命令。

2）选择要添加圆心标记的圆或圆弧：（选择圆上一点，自动完成圆心标记）

3）选择要添加圆心标记的圆或圆弧：✓（结束命令）

4）选择标注完的圆心标记，将光标悬停在中心夹点上，单击"更改延伸长度"，输入"5"✓，统一延伸四条中心线，如图7-32b所示。

5）按<Esc>键消除夹点，完成标注。

7.4.2 中心线

"中心线"命令用于创建与所选线和线性多段线线段关联的中心线几何图形。

命令调用主要有以下方式：单击"注释"选项卡→"中心线"选项组→"中心线"按钮 ，或在命令行输入CENTERLINE。

使用对象"特性"选项板或夹点可以编辑中心线。

注意：注释缩放和标注样式不适用于中心线。

【例7-19】 用"中心线"命令标注如图7-33a所示图形的竖直中心线，结果如图7-33b所示。

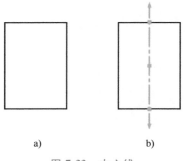

a)   b)

图7-33 中心线

具体操作步骤如下：

1）执行"中心线"命令。

2）选择第一条直线：（选择左侧直线）

3）选择第二条直线：（选择右侧直线，自动完成中心线）

4）选择标注完的中心线，单击上面夹点，向上拖动，输入"5"✓向上延伸中心线；再单击下面夹点，向下拖动，输入"5"✓则向下延伸中心线，如图7-33b所示。

5）按<Esc>键消除夹点，完成标注。

7.5 多重引线

"多重引线"是将引线和说明内容一起进行标注。多重引线对象通常包含箭头、引线、基线（短水平线）及多行文字或块等。

多重引线是一个实体。多重引线的引线是一条直线或样条曲线，其一端带有箭头，也可无箭头，另一端带有多行文字对象或块。

7.5.1 多重引线样式

"多重引线样式"命令可以控制引线的外观，指定基线、引线、箭头和内容的格式。

命令调用主要有以下方式：单击"默认"选项卡→"注释"选项组→"多重引线样式"按钮 ，或单击"注释"选项卡→"引线"选项组→"多重引线样式"按钮 ，或单击菜单栏的"格式"→"多重引线样式",或在命令行输入 MLEADERSTYLE。

执行"多重引线样式"命令,系统将弹出"多重引线样式管理器"对话框,如图 7-34 所示。可以使用默认多重引线样式 Standard,也可以创建新的多重引线样式或修改选定的多重引线样式。

在"多重引线样式管理器"对话框中,单击"新建"按钮,弹出"创建新多重引线样式"对话框,如图 7-35 所示,可以设定新样式名。单击"继续"按钮,弹出"修改多重引线样式"对话框,如图 7-36 所示。

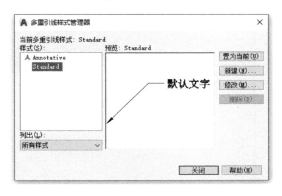

图 7-34 "多重引线样式管理器"对话框

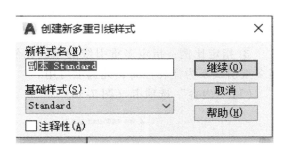

图 7-35 "创建新多重引线样式"对话框

另外,在"多重引线样式管理器"对话框中,如果选择某一多重引线样式后,单击"修改"按钮,也会弹出"修改多重引线样式"对话框。

"修改多重引线样式"对话框包括"引线格式""引线结构"和"内容"三个选项卡,各主要选项含义如下:

(1)"引线格式"选项卡(图 7-36)

1)类型:确定引线的类型。可以选择直线引线、样条曲线引线或者无引线。

2)颜色:确定引线的颜色。

3)线型:确定引线的线型。

4)线宽:确定引线的线宽。

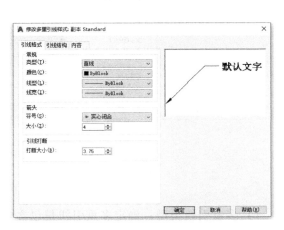

图 7-36 "修改多重引线样式"对话框的"引线格式"选项卡

5)箭头:确定多重引线箭头的符号和尺寸。

6)引线打断:控制将折断标注添加到多重引线时使用的设置。

7)打断大小:显示和设置多重引线用于"打断"命令的打断大小。

(2)"引线结构"选项卡(图 7-37)

1)约束:控制多重引线的约束。

①最大引线点数:指定引线的最大点数。

②第一段角度:指定基线中第一个点的角度。

③第二段角度:指定基线中第二个点的角度。

2）基线设置：控制多重引线的基线设置。

① 自动包含基线：将水平基线附着到多重引线内容。

② 设置基线距离：确定多重引线基线的固定距离。

3）比例：控制多重引线的缩放。

① 注释性：指定多重引线为注释性。

② 将多重引线缩放到布局：根据模型空间视口和图纸空间视口中的缩放比例，确定多重引线的比例因子。当多重引线不为注释性时，此选项可用。

③ 指定比例：指定多重引线的缩放比例。当多重引线不为注释性时，此选项可用。

（3）"内容"选项卡（图7-38）

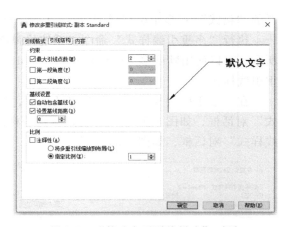

图 7-37　"修改多重引线样式"对话框的"引线结构"选项卡

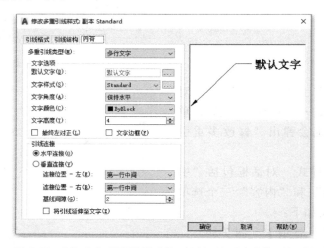

图 7-38　"修改多重引线样式"对话框的"内容"选项卡

1）多重引线类型：确定多重引线是包含多行文字或是包含块。此处的选择将影响对话框中其他可用的选项内容。

2）文字选项：控制文字的外观。

① 默认文字：设置多重引线内容的默认文字。单击后面的"浏览"按钮 ，将打开"多行文字在位编辑器"对话框。

② 文字样式：指定属性文字的预定样式，显示当前加载的文字样式。

③ 文字角度：确定多重引线文字的旋转角度。

④ 文字颜色：确定多重引线文字的颜色。

⑤ 文字高度：将文字的高度设置为要在图纸空间显示的高度。

⑥ 始终左对齐：指定文字始终左对齐。

⑦ 文字边框：使用文本框为文字内容添加边框。

3）引线连接：控制多重引线的引线连接设置。

① 水平连接：将引线插入到文字内容的左侧或右侧。

② 连接位置-左：选择文字位于引线右侧时基线连接到文字的方式。

③ 连接位置-右：选择文字位于引线左侧时基线连接到文字的方式。

④ 基线间隙：指定基线与文字之间的距离。

⑤ 将引线延伸至文字：将基线延伸到文字行边缘处的端点。

⑥ 垂直连接：将引线插入到文字内容的顶部或底部。

⑦ 连接位置-上：将引线连接到文字内容的中上部。

⑧ 连接位置-下：将引线连接到文字内容的底部。

上述是"多重引线类型"为"多行文字"时的选项，而"多重引线类型"为"块"时的选项如下：

1）源块：指定附着到多重引线的块。

2）附着：指定将块附着到多重引线对象的方式。

3）颜色：指定块内容的颜色。块中包含的对象颜色需设定为"ByBlock"。

4）比例：指定插入块时的比例。

7.5.2　创建多重引线

"多重引线"命令可创建多重引线对象。

命令调用主要有以下方式：单击"默认"选项卡→"注释"选项组→"多重引线"按钮 ⌁，或单击"注释"选项卡→"引线"选项组→"多重引线"按钮 ⌁，或单击菜单栏的"标注"→"多重引线"，或在命令行输入 MLEADER。

"多重引线"可创建为箭头优先、引线基线优先或内容优先。如果已使用新的多重引线样式，则可以从该指定样式创建多重引线。

命令提示中各主要选项含义如下：

1）指定引线箭头的位置：指定多重引线对象箭头的位置。

2）指定引线基线的位置：指定多重引线对象基线的位置。

3）内容优先：指定多重引线内容的位置。

4）选项：指定设置多重引线对象的相关选项。

5）引线类型：指定如何处理引线。创建直线、样条曲线或无引线的多重引线。

6）引线基线：指定是否添加水平基线。

7）内容类型：指定要用于多重引线的内容类型。指定内容为块、多行文字或无内容。

8）最大节点数：指定新引线的最大点数或线段数。

9）第一个角度：约束新引线中第一个点的角度。

10）第二个角度：约束新引线中第二个点的角度。

11）退出选项：退出该"选项"设置。

注意：

1）多重引线的引线和基线与内容关联，当重定位基线时，内容和引线将随其移动。

2）某些情况下，引线和对象之间的关联性会丢失，可用注释监视器来跟踪关联性。

【例 7-20】　新建多重引线样式"倒角 C"，应用该样式及"多重引线"命令，标注如图 7-39 所示图形中的倒角"C2"。

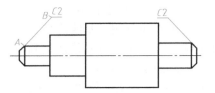

图 7-39　多重引线标注倒角

具体操作步骤如下：

1）执行"多重引线样式"命令，弹出"多重引线样式管理器"对话框。

2）单击"新建"按钮，弹出"创建新多重引线样式"对话框，在"新样式名"中输入"倒角 C"，"基础样式"可默认为"Standard"，单击"继续"按钮。

3）弹出"修改多重引线样式"对话框。"引线格式"选项卡如图 7-40a 所示，箭头符号选择"无"，"打断大小"选择"2"。"引线结构"选项卡如图 7-40b 所示，"最大引线点数"选择"2"，"第一段角度"选择"45"，"第二段角度"选择"0"，勾选"注释性"。"内容"选项卡如图 7-40c 所示，"多重引线类型"选择"多行文字"，"文字高度"选择"3.5"，"连接位置-左"选择"最后一行加下划线"，"连接位置-右"选择"最后一行加下划线"。单击"确定"按钮，返回"多重引线样式管理器"对话框。

图 7-40　多重引线样式"倒角 C"

4）单击"置为当前"按钮，再单击"关闭"按钮，完成新建多重引线样式。

5）执行"多重引线"命令。

6）指定引线箭头的位置或[引线基线优先(L)/内容优先(C)/选项(O)]＜选项＞：（指定 A 点）

7）指定引线基线的位置：（指定 B 点）

8）系统出现"文字编辑器"选项卡和"文字输入"窗口，输入"C2"，关闭"文字编辑器"选项卡，结束标注。

7.5.3　编辑多重引线

创建多重引线后，可对多重引线对象进行相应的编辑操作。

1. 对齐多重引线

"对齐"多重引线命令是指将选定的多重引线对象对齐并进行间隔排列。

命令调用主要有以下方式：单击"注释"选项卡→"引线"选项组→"对齐多重引线"按钮 ，或在命令行输入 MLEADERALIGN。

选择多重引线后，指定所有其他要与之对齐的多重引线。

命令提示中各主要选项含义如下：

1）选择多重引线：选择要修改的多重引线。

2）选项：指定用于对齐的多重引线选项。

3）分布：将内容在两个选定的点之间均匀隔开。

4）使引线线段平行：放置内容，使选定多重引线的最后引线线段平行。

5）指定间距：指定多重引线内容的间距。

6）使用当前间距：使用多重引线内容的当前间距。

2. 合并多重引线

"合并"多重引线命令是指将包含块的选定多重引线合并到行或列中，并共用一个单引线。

命令调用主要有以下方式：单击"注释"选项卡→"引线"选项组→"合并多重引线"按钮 ，或在命令行输入 MLEADERCOLLECT。

选择多重引线后，可以指定其合并到的位置。

命令提示中各主要选项含义如下：

1）指定收集的多重引线位置：指定合并多重引线集合的点为集合的左上角。

2）垂直：将多重引线合并为一列或多列。

3）水平：将多重引线合并为一行或多行。

4）缠绕：指定罗列在一起的多重引线的相关设置，包括"缠绕宽度"及"每行中块的最大数目"。

3. 添加引线/删除引线

"添加引线"命令可将引线添加至多重引线对象。

"删除引线"命令可从多重引线对象中删除引线。

命令调用主要有以下方式：单击"注释"选项卡→"引线"选项组→"添加引线"按钮 /"删除引线"按钮 ，或在命令行输入 MLEADEREDIT。

选择多重引线后，可以添加或删除引线。

命令提示中各主要选项含义如下：

1）选择多重引线：选择要更改的多重引线。

2）引线箭头的位置：指定新引线的箭头应在的位置。

3）添加引线：将引线添加至选定的多重引线对象。根据光标的位置，新引线将添加到选定多重引线的左侧或右侧。

4）删除引线：从选定的多重引线对象中删除引线。

注意：

1）进行合并的多重引线，其内容必须为块。

2）添加引线后的多重引线对象，其所有引线与内容为一个实体。

【例7-21】 新建多重引线样式"序号"，应用该样式创建如图7-41a所示图形中的零件序号，并用"对齐"多重引线命令将序号排列整齐。

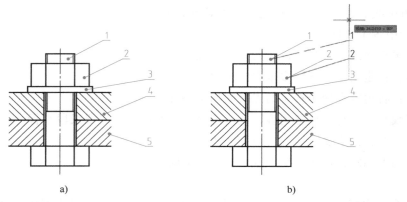

图 7-41 对齐多重引线

具体操作步骤如下：

1）新建多重引线样式，新样式名为"序号"，基础样式可默认为例7-20中的"倒角C"样式。

2）在"修改多重引线样式"对话框中，"引线格式"选项卡如图7-42a所示，箭头符号选择"小点"。"引线结构"选项卡如图7-42b所示，"最大引线点数"选择"2"，勾选"注释性"。"内容"选项卡如图7-42c所示，"多重引线类型"选择"多行文字"，"文字高度"选择"5"，"连接位置-左"和"连接位置-右"都选择"最后一行加下划线"。

图 7-42 多重引线样式"序号"

3）执行"多重引线"命令，标注所有序号。

4）执行"对齐"多重引线命令。

5）选择多重引线：指定对角点：找到8个 已过滤3个（选择所有序号，可框选，系统自动过滤掉所有非多重引线对象）

6）选择多重引线：↙（结束选择）

7）当前模式：使用当前间距

8）选择要对齐到的多重引线或[选项(O)]：（选择要对齐到的序号3）

9）指定方向：（指定垂直方向，如图7-41b所示，完成对齐）

7.6 公 差 标 注

在机械图中，经常会用到带有尺寸公差和几何公差的标注。在 AutoCAD 中给出了解决这类问题的一些方法。

7.6.1 尺寸公差标注

如果在"新建标注样式"的"公差"选项卡中设置尺寸公差，那么每个用这种样式标注的尺寸均会带有公差值，这不是用户需要的。

尺寸公差标注主要有以下方式：

（1）"多行文字编辑器"方式 在标注尺寸过程中选择"多行文字（M）"选项，将打开"多行文字编辑器"对话框，在尺寸后输入极限偏差值进行公差标注（极限偏差之间输入"^"，选中极限偏差后堆叠）。

（2）"特性"选项板方式 标注尺寸后，利用该尺寸的"特性"选项板，在"公差"区域中进行公差设置。

（3）"替代标注样式"方式 在"标注样式管理器"中单击"替代"按钮，然后将弹出"替代标注样式"对话框，在"公差"选项卡中设置尺寸公差，再用此样式替代当前样式进行标注。替代样式只能使用一次，因此不会影响其他的尺寸标注。

注意：

1）利用"特性"选项板的方式设置尺寸公差较方便，可选择多个具有相同极限偏差值的尺寸共同进行设置。

2）在"特性"选项板中，系统自动为"公差上偏差"的输入值加正号"+"，为"公差下偏差"的输入值加负号"−"。如果下极限偏差为正数，则需要输入负号"−"。

【例 7-22】 利用"特性"选项板，标注如图 7-43a 所示的尺寸公差。

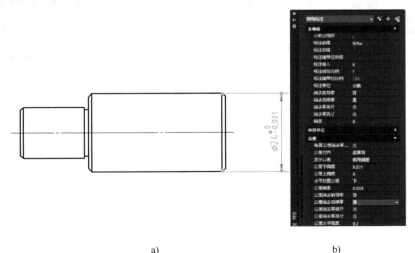

a)   b)

图 7-43 利用"特性"选项板标注尺寸公差

具体操作步骤如下：

1）执行"线性"命令，标注线性尺寸"24"。

2）右击线性尺寸"24"，选择快捷菜单中的"特性"选项，调出"特性"选项板。

3）如图 7-43b 所示，在"主单位"区域，"标注前缀"文本框中输入"%%c"，即添加前缀 φ。

4）在"公差"区域，从"显示公差"下拉列表中选择"极限偏差"，从"公差精度"下拉列表中选择"0.000"，"公差下偏差"文本框中输入"0.021"，"公差上偏差"文本框中输入"0"，"公差消去后续零"选择"是"，"公差文字高度"文本框中输入"0.7"。绘图区所选定的尺寸随设置而变化。

5）按<Esc>键消除夹点，完成尺寸公差标注。

7.6.2 几何公差标注

几何公差用于控制机械零件的实际尺寸（如位置、形状、方向和定位尺寸等）与理想尺寸之间的允许差值。几何公差的大小直接关系零件的使用性能，在机械图形中有非常重要的作用。

"公差"命令调用主要有以下方式：单击"注释"选项卡→"标注"选项组→"公差"按钮 ，或单击菜单栏的"标注"→"公差"，或在命令行输入 TOLERANCE（TOL）。

执行"公差"命令后，将打开"几何公差"对话框，如图 7-44 所示。

对话框中各主要选项含义如下：

1）符号：显示几何特征符号，用来区分所标注的公差类型。单击图中黑色方框，将打开"特征符号"对话框，如图 7-45 所示，可在此对话框中选取公差特征符号。

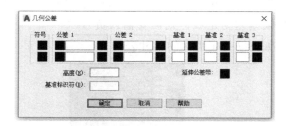

图 7-44 "几何公差"对话框

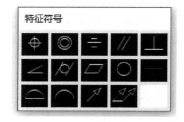

图 7-45 "特征符号"对话框

2）公差 1/公差 2：创建公差值，并可在公差值前插入直径符号，在其后插入包容条件符号。

① 第一个框：在公差值前面插入直径符号。单击该框插入直径符号。

② 第二个框：创建公差值。输入具体的公差值。

③ 第三个框：单击该框将显示"附加符号"对话框，用于控制零件的材料状态。包括"最大的材料状态 M""最小的材料状态 L"和"不相关的特征尺寸 S"三个选项。

3）基准 1/基准 2/基准 3：用于输入测量零件公差所依据的基准。在文本框中输入基准线或基准面的代号，单击黑色方框选择材料状态，选择方法与前面相同。

4）高度：用于指定预定的公差范围值。

5）延伸公差带：单击该黑色方框，将显示预定的公差范围符号与预定的公差范围值的配合，即预定的公差范围值后加上符号"P"。

6）基准标识符：此文本框用于输入基准的标识符号，如 A、B、C 等。

注意：

1）"公差"命令中不包括指引线，如果要准确指定几何公差在图中的位置，需要与引线联合使用。

2）"引线（LEADER）"或"快速引线（QLEADER）"命令可将引线与几何公差一同标注。

图 7-46　垂直度公差标注

【例 7-23】　用"QLEADER"命令标注如图 7-46 所示的垂直度公差。

具体操作步骤如下：

1）在命令行输入"QLEADER"。

2）选择"设置"选项，弹出"引线设置"对话框，在"注释"选项卡中选择"注释类型"为"公差"，如图 7-47 所示。单击"确定"按钮返回绘图区。

3）指定引线起始点 A、转折点 B 及与几何公差连接点 C 后，弹出"几何公差"对话框，如图 7-48 所示。

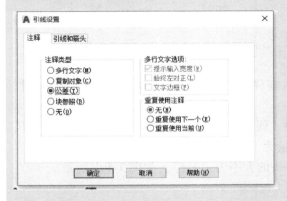

图 7-47　"引线设置"对话框

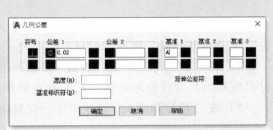

图 7-48　几何公差的标注

4）在"几何公差"对话框中，单击"符号"的黑色方框，打开"特征符号"对话框，选择"垂直度"公差符号。

5）在"公差 1"中，单击第一个黑色方框，显示"ϕ"；在文本框中输入"0.02"。

6）在"基准 1"中，输入基准字母 A，单击"确定"按钮完成标注。

7.7　实例解析

【例 7-24】　创建符合机械制图国家标准的新标注样式，名称为"机械"。具体要求为：基线标注的尺寸线间距为"8"，尺寸界线与标注对象间的起点偏移量为"0"，尺寸界线超出尺寸线的距离为"2"；箭头大小为"3.5"；文字样式为工程字，文字高度为"3.5"，文字位置从尺寸线偏移为"1"；长度标注的单位精度为"0.0"，小数分隔符为句点；"角度"子样式的文字应为水平。

另外，也可调用 GB- A3 样板图，其默认标注样式为"GB-35"，在"GB-35"标注样式的基础上创建"机械"标注样式及"角度"子样式。

具体操作步骤如下：

1）执行"标注样式"命令，打开"标注样式管理器"对话框，如图 7-49a 所示。

2）单击对话框中的"新建"按钮，打开"创建新标注样式"对话框，如图 7-49b 所示。

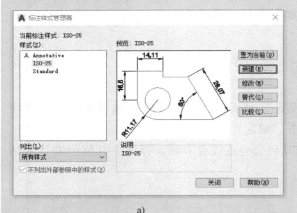
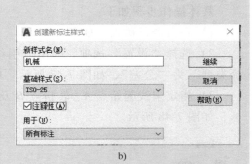

a)　　　　　　　　　　　　　b)

图 7-49　新建"机械"标注样式

3）在"创建新标注样式"对话框中输入新样式名"机械"，单击"继续"按钮，打开"新建标注样式：机械"对话框。

4）在"新建标注样式：机械"对话框的"线"选项卡中，设置基线间距为"8"，尺寸界线超出尺寸线的距离为"2"，起点偏移量为"0"，如图 7-50a 所示。

5）在"符号和箭头"选项卡中，设置箭头的大小为"3.5"，如图 7-50b 所示。

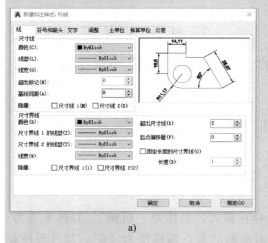

a)　　　　　　　　　　　　　b)

图 7-50　"新建标注样式：机械"对话框的"线"选项卡及"符号和箭头"选项卡

6）在"文字"选项卡中，选取文字样式为"工程字"，设置文字高度为"3.5"，从尺寸线偏移为"1"，文字对齐方式为"与尺寸线对齐"，如图 7-51a 所示。若未设置"工程字"样式，可单击后面的"浏览"按钮，设置符合国家标准的新文字样式，如图 7-51b 所示，详见 6.7 节。

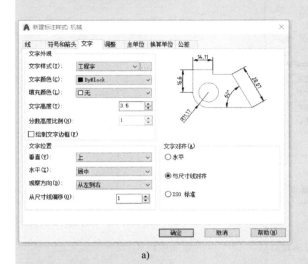

a)

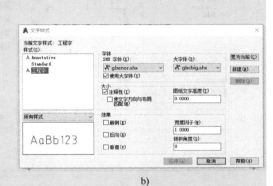

b)

图 7-51 "新建标注样式：机械"对话框的"文字"选项卡及"文字样式"对话框

7）在"调整"选项卡中，采用默认设置，选中"文字或箭头（最佳效果）"，指定标注为注释性，如图 7-52a 所示。

8）在"主单位"选项卡中，线性标注的"单位格式"为"小数"，精度为"0.0"，小数分隔符为"句点"，如图 7-52b 所示。

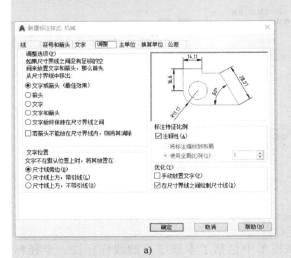

a)

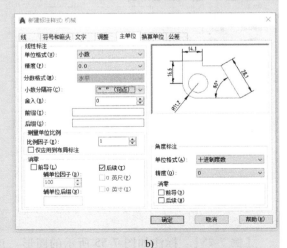

b)

图 7-52 "新建标注样式：机械"对话框的"调整"选项卡及"主单位"选项卡

9）"换算单位"及"公差"选项卡可暂不用设置，均采用默认设置。

10）单击"确定"按钮，返回"标注样式管理器"对话框，样式列表中出现新建的"机械"标注样式，如图7-53a所示，但预览框中的角度标注还不符合要求。

11）选择该新建的"机械"标注样式，单击"新建"按钮，在"用于"下拉列表中选择"角度标注"，如图7-53b所示。

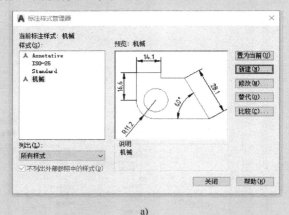
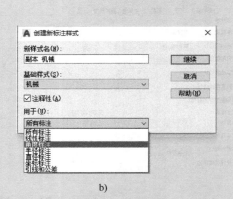

a)　　　　　　　　　　　　　　　　b)

图7-53 "机械"标注样式的基础样式及新建"角度"子样式

12）单击"继续"按钮，将创建基础样式为"机械"的"角度"子样式。

13）单击"文字"选项卡，修改文字位置，在"垂直"下拉列表中选择"外部"，"文字对齐"选择"水平"，如图7-54a所示。

14）单击"确定"按钮，返回"标注样式管理器"对话框。选择该"机械"标注样式，单击"置为当前"按钮，再单击"关闭"按钮完成设置，如图7-54b所示。

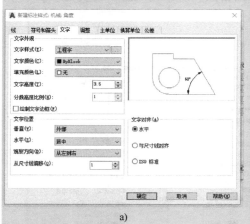
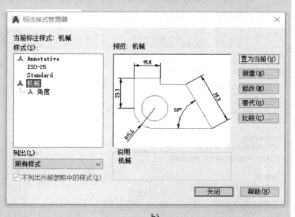

a)　　　　　　　　　　　　　　　　b)

图7-54 "角度"子样式的"文字"选项卡及新建完成的"机械"标注样式

【例7-25】 标注如图7-55所示的图形。该图形中包括了本章学习的线性标注、半径标注、直径标注、角度标注和公差标注等。可先标注半径尺寸、直径尺寸、线性尺寸和角度尺寸，再标注尺寸公差、几何公差，最后对个别标注进行编辑。

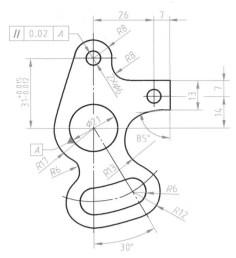

图 7-55　尺寸标注综合练习

具体操作步骤如下：

1）将上例新建的"机械"标注样式设置为当前标注样式。

2）执行"标注"命令，直接标注各半径尺寸、直径尺寸、线性尺寸及角度尺寸。

3）标注"2×φ6"：双击尺寸"φ6"，系统出现"文字编辑器"选项卡和"文字输入"窗口，在"φ6"前面输入"2×"，关闭"文字编辑器"选项卡。也可以选中"φ6"，再单击鼠标右键，选择"特性"选项，调出其"特性"选项板，在"主单位"区域的"标注前缀"文本框中输入"2×%%c"，完成编辑。

4）标注尺寸公差"$31^{+0.015}_{-0.012}$"：选中尺寸数字"31"，在其"特性"选项板的"公差"区域中，从"显示公差"下拉列表中选择"极限偏差"，在"公差下偏差"文本框中输入"0.012"，"公差上偏差"文本框中输入"0.015"，从"公差精度"下拉列表中选择"0.000"，"公差文字高度"文本框中输入"0.7"，完成尺寸公差标注。

5）标注几何公差 ‖ 0.02 A ：在命令行输入"QLEADER"执行"快速引线"命令，选择"设置"选项，在"引线设置"对话框中选择"公差"，单击"确定"按钮返回绘图区。从尺寸"2×φ6"上面的箭头处开始指定三个点（分别为引线起始点、转折点及与几何公差连接点），弹出"几何公差"对话框。单击"符号"的黑色方框，打开"特征符号"对话框，选择"平行度"公差符号。在"公差1"的文本框中输入公差值"0.02"，在"基准1"的文本框中输入"A"，完成几何公差标注。

6）基准符号▼：可用"多段线"命令绘制及"文字"命令输入完成。也可用"属性块"的方式绘制和插入，属性块将在第8章介绍。

7）编辑打断标注（编辑尺寸数字"13"被遮挡处）：执行"标注打断"命令，分别将线性尺寸"14"和"7"的尺寸界线在数字"13"两侧打断，完成编辑标注。

思考与练习

1. 修改标注样式中的设置后，图形中的哪些尺寸标注将自动使用更新后的样式？

2. 在角度标注中，选择边的先后顺序和十字光标的位置，哪个与所标注的角度值之间有关系？

3. 在"公差上偏差"文本框中输入"0"，"公差下偏差"文本框中输入"0.021"，则标注尺寸公差如何显示？

4. 在 AutoCAD 2022 中，如何直接标注带有引线的几何公差？

5. 新建符合机械制图国家标准的标注样式，样式名为"机械-5"，主要要求如下：

1）基线标注的尺寸线间距为"10"。

2）起点偏移量为"0"，超出尺寸线的距离为"2"。

3）箭头大小为"5"。

4）线性标注单位的精度为"0.00"。

5）文字标注样式为工程字，字高为"5"，文字位置从尺寸线偏移为"1"。

6）小数分隔符为句点。

7）"角度"子样式的文字为水平。

6. 标注前面章节所绘制图形的尺寸，如图 7-56 和图 7-57 所示。

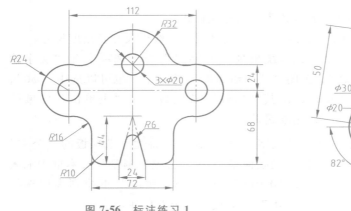

图 7-56　标注练习 1

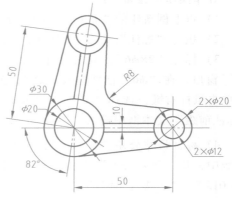

图 7-57　标注练习 2

7. 绘制如图 7-58 所示的键槽断面图，并完成标注。

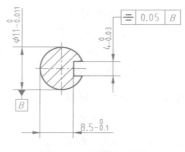

图 7-58　键槽断面图

相关拓展

绘制并标注空心螺栓，如图 7-59 所示。

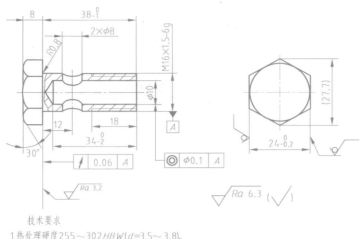

技术要求

1.热处理硬度255～302HBW(d=3.5～3.8)。

2.氧化。

图 7-59　空心螺栓

　　空心螺栓又称为过油螺栓，螺栓密封形式为铰接式，多用于输油管、输水管连接密封。空心螺栓具有紧固和过油的双重功能，广泛应用在汽车、船舶和机械等发动机供油系统及液压管路系统。

　　（"一个人的作用，对于革命事业来说，就如一架机器上的一颗螺丝钉。机器由于有许许多多的螺丝钉的联接和固定，才成了一个坚实的整体，才能够运转自如，发挥它巨大的工作能力。螺丝钉虽小，其作用是不可估量的。我愿永远做一个螺丝钉。"摘自《雷锋日记》）"螺丝钉"精神是永恒的，我们应将崇高的理想融入日常学习生活中，从而实现自己的价值追求，做新时代的"螺丝钉"。

第8章

图块与外部参照

图块是由一组图形对象组成的一个集合。一个图块可以包含多条直线、圆和圆弧等对象，但它是作为一个整体进行操作的，并被赋予一个块名保存，需要时可将这个实体作为一个整体被调用，因此使操作更方便。可将常用的图形符号（如电子元器件、门窗构件、螺纹连接件、表面粗糙度符号和标题栏等）定义成图块。

图块有以下几个优点：

（1）创建图块库 把经常使用的图形定义成图块，并建立一个图库，需要时直接调出，节省重复绘图时间，提高工作效率。

（2）节省磁盘空间 当一组图形多次出现时，会占用很多磁盘空间，但对块的插入，AutoCAD 仅记录块的插入点，从而减小图形文件大小，节省磁盘空间。

（3）便于图形的修改 利用图块的相同性，可将插入的图块同时进行修改。

（4）携带属性 属性是块中的文本信息，这些文本信息可以在每次插入块时改变，也可以隐藏起来，还可以从图中将属性提取出来。

8.1 块的创建与应用

8.1.1 块的创建、插入与存储

1. 创建图块

创建图块命令调用主要有以下方式：单击"默认"选项卡→"块"选项组→"创建"按钮 ，或单击菜单栏的"绘图"→"块"→"创建"，或在命令行输入 BLOCK/BMAKE。

"默认"选项卡中"块"选项组如图 8-1 所示。

执行"创建"命令后，将打开如图 8-2 所示的"块定义"对话框。

图 8-1 "默认"选项卡
中"块"选项组

对话框中各选项功能如下：

（1）名称 在文本框中输入图块名。单击文本框右边的下拉按钮，将弹出下拉列表，在该列表中列出图形中已经定义的图块名。

（2）基点 用于指定图块的插入点。其中各选项功能如下：

1）"拾取点"按钮 ：该按钮用于指定由光标在屏幕上拾取点作为图块的插入点。单

图 8-2 "块定义"对话框

击该按钮后，"块定义"对话框暂时消失，此时用户可在屏幕上拾取点作为插入点；拾取操作结束后，对话框重新弹出。

2）X、Y、Z：用于输入坐标以确定图块的插入基点。如果用户不使用"拾取点"按钮，则可在其中输入图块插入基点的坐标值来确定基点。若采用单击方式确定基点，则"X、Y、Z"框中将显示该基点的 X、Y、Z 坐标值。

（3）对象 用于确定组成图块的实体。其中各选项功能如下：

1）"选择对象"按钮 ✛：该按钮用于选择组成图块的实体，单击该按钮后"块定义"对话框暂时消失，等待用户在绘图区用目标选择方式选择组成图块的实体。实体选择操作结束后，自动回到对话框状态。

2）保留：在定义图块后，将继续保留构成图块的图形实体。

3）转换为块：选择此选项后，将把所选的对象作为图形的一个块。

4）删除：在创建块定义后，删除所选的原始对象。

（4）"方式"选项组

1）注释性：指定图块为注释性。

2）使块方向与布局匹配：指定在图纸空间视口中的块方向与布局方向匹配。

3）按统一比例缩放：指定图块是否按统一比例缩放。

4）允许分解：指定图块是否可以被分解。

（5）设置 设置插入块时采取的形式。

1）块单位：用户可以指定当从设计中心拖放一个块到当前图形中时该块缩放的单位。

2）超链接：打开"插入超链接"对话框，在该对话框中可以插入超级链接与块定义相关联。

（6）在块编辑器中打开 选中该复选项后，在块编辑器中可打开当前的块定义。

（7）说明 对图块进行文字说明。

注意：

1）块名称不能超过 255 个字符，可包含字符、数字、空格及特殊字符。块名称及块定义保存于当前图形中。

2）在 0 层上定义图块时，插入后的块对象将与所插入到的图层的颜色和线型一致。在非0层上定义图块时，块对象将保持该图层的特性，插入后的块对象特性仍保持不变。

3）如果没有拾取基点，块就会按照系统默认的世界坐标系原点（0，0，0）作为基点来创建块，这样在插入块时，块就会与插入点之间保持原来与原点之间的距离。

【例8-1】　绘制一个五角星图形，用"创建"命令将图形创建名为"五角星"的图块。

具体操作步骤如下：

a)　　　　　　　　　　　　　　　　　　　　　b)

图8-3　创建"五角星"图块

1）绘制如图8-3a所示图形。

2）执行"创建"命令，弹出"块定义"对话框。

3）在图8-3b所示的对话框中，在"名称"文本框中输入预创建的图块名称"五角星"。

4）单击"基点"选项组的"拾取点"按钮，返回绘图区，用光标在屏幕上拾取图块插入的基点（可拾取五角星的上角点）。

5）单击"选择对象"按钮，返回绘图区，在屏幕上选取组成块的实体对象（可框选组成块的对象）。

6）勾选"注释性"，指定其为注释性图块。单击"确定"按钮，完成图块的创建。

2. 插入块

根据需要可直接调用插入已创建的图块，也可将图形文件作为块插入到当前图形中。

命令调用主要有以下方式：单击"默认"选项卡→"块"选项组→"插入"按钮，或单击菜单栏的"插入"→"块选项板"，或在命令行输入 INSERT、CLASSICINSERT。

在"块"选项组的"插入"按钮下有三个选项。第一个选项显示当前图形中块的库，可选择其中的块将其插入到当前图形中。另两个选项（"最近使用的块"和"来自其他图形的块"）将打开"块"选项板的相应选项卡，"块"选项板如图8-4a所示。

另外，若使用"CLASSICINSERT"命令，将弹出"插入"对话框，如图8-4b所示。

"块"选项板中各选项功能如下：

1）"当前图形"选项卡：显示当前图形中可用块定义的预览或列表。

2）"最近使用"选项卡：显示当前和上一个任务中最近插入或创建的块定义的预览或

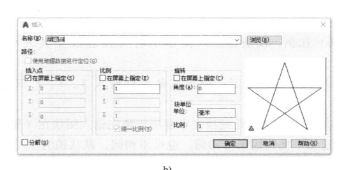

a) b)

图 8-4 "块"选项板及"插入"对话框

列表。

3）"其他图形"选项卡：显示从单个指定图形中插入的块定义的预览或列表。块定义可以存储在任何图形文件中。将图形文件作为块插入，会将其所有块定义输入到当前图形中。

4）过滤器列表：按名称过滤可用的块。其下拉列表显示之前使用的通配符字符串，有效通配符为用于单个字符的"？"和用于多个字符的"＊"。

5）"浏览"按钮：单击"浏览"按钮，显示"选择图形文件"对话框，选择要作为块插入到当前图形中的图形文件或其块定义。

6）图标或列表样式：显示列出或预览可用块的多个选项。

7）预览区域：显示基于当前选项卡可用块的预览或列表。

8）插入选项：插入块的位置和方向取决于 UCS 的位置和方向。仅当单击并放置块而不是拖放它们时，才可应用这些选项。

①插入点：指定块的插入点。若要使用此选项，应在先前指定的坐标处定位块，必须在选项板中双击该块。

②比例：指定插入块的缩放比例。可指定 X、Y、Z 方向的比例因子。如果输入负值，则块将作为围绕该轴的镜像图像插入。

③旋转：在当前 UCS 中指定插入块的旋转角度。

④重复放置：控制是否自动重复块插入。系统将自动提示其他插入点，直到按<Esc>键取消命令。

⑤分解：控制块在插入时是否自动分解为其组成对象。

"插入"对话框中各选项功能如下：

1）名称：该文本框中可输入或从下拉列表中选择预插入的块名。

2）浏览：该按钮用于浏览文件，单击该按钮，将打开"选择图形文件"对话框，可从中选择欲插入的外部块文件名。

3）路径：指定块的路径。

4）使用地理数据进行定位：插入将地理数据用作参照的图形。

5）插入点：该区域用于选择图块基点在图形中的插入位置。

① 在屏幕上指定：指定由光标在当前图形中拾取插入点。

② X、Y、Z：此三项文本框用于输入坐标值，以确定图形中的插入点。当选用"在屏幕上指定"后，此三项不可用。

6）比例：图块在插入图形中时可任意改变其大小，用"比例"区域可指定缩放比例。

① 在屏幕上指定：指定在命令行输入 X、Y、Z 轴比例因子或由光标在图形中选择决定。

② X、Y、Z：此三项文本框用于预先输入图块在 X 轴、Y 轴、Z 轴方向上缩放的比例因子。这三个比例因子可相同，也可不相同，默认值为1。当选用"在屏幕上指定"后，此三项呈灰色，即不可用。

③ 统一比例：选择该复选项，可统一三个轴向上的缩放比例。

7）旋转：确定图块在插入图形时的旋转角度。

① 在屏幕上指定：选择该复选项表示在命令行输入旋转角度或由光标在图形中选择决定。

② 角度：该文本框用于预先输入旋转角度值，默认值为0。

8）块单位：图块在插入图形中时可改变其单位。

9）分解：将块中的对象作为单独的对象而不是整体块插入。

【例 8-2】 在图形中插入比例为 2 的例 8-1 中存储的"五角星"图块。

具体操作步骤如下：

1）执行"插入"命令。

2）命令：_-INSERT 输入块名或[？]：五角星（可直接选择"插入"按钮的第一个选项块库中的"五角星"）

3）单位：毫米 指定插入点或[基点（B）/比例（S）/旋转（R）]：_Scale 指定 XYZ 轴的比例因子<1>：1 指定插入点或[基点（B）/比例（S）/旋转（R）]：_Rotate 指定旋转角度<0>:0（系统提示）

4）指定插入点或[基点（B）/比例（S）/旋转（R）]:S↙（选择"比例"选项）

5）指定 XYZ 轴的比例因子<1>：2↙（输入比例）

6）指定插入点或[基点（B）/比例（S）/旋转（R）]:（在绘图区拾取插入点，完成图块插入）

注意：

1）块还可以通过设计中心、"工具"选项板插入。

2）使用剪贴板的"复制"和"粘贴"等命令，可以在打开的不同图形文件之间调用块或图形对象。若要保持精度，可使用"带基点复制"和"粘贴到原坐标"命令。

3. 存储块（WBLOCK）

"WBLOCK"命令可将图形文件中的块、部分对象或整个图形存储为一个新的图形文件，供其他图形文件将它作为块调用。

"WBLOCK"命令存储的块是一个独立存在的图形文件，相对于"创建"命令定义的内部块，它被称作外部块。

命令调用主要有以下方式：在命令行输入WBLOCK（W）。

执行"WBLOCK"命令后，将显示"写块"对话框，如图8-5所示。

对话框中各主要选项功能如下：

（1）源　该区域用于定义写入外部块的源实体，它包括如下内容：

1）块：该项指定将内部块写入外部块文件，可从"名称"下拉列表中选择一个图块名称。

2）整个图形：选择当前图形作为一个图块写入外部块文件。

3）对象：指定要保存到文件中的对象写入外部块文件。

图8-5　"写块"对话框

（2）基点　该区域用于指定图块插入基点，该区域只对源实体为"对象"时有效。

（3）对象　该区域用于指定组成外部块的实体，以及生成块后源实体是保留、消除或是转换成内部块。该区域只对源实体为"对象"时有效。

（4）目标　该区域用于指定外部块文件的文件名、存储位置以及采用的单位制式。其包括如下内容：

1）文件名和路径：该文本框用于输入新建外部块的文件名，指定外部块文件在软盘上的存储位置和路径。单击文本框后的下拉按钮，弹出下拉列表供选择。还可单击右侧的"浏览"按钮．．．，弹出"浏览文件夹"对话框，选择更多的路径。

2）插入单位：该文本框用于指定插入块时系统采用的单位制式，该项与"块定义"对话框中的相应项相同。

【例8-3】　用"WBLOCK"命令将"五角星"存储到桌面，将其生成一个"五角星.DWG"外部块。

具体操作步骤如下：

1）执行"WBLOCK"命令，弹出"写块"对话框。

2）单击"源"区域的"块"单选按钮，指定为"块"形式。

3）在文件名下拉列表中选择"五角星"。

4）指定外部块文件的存储位置，即单击"文件名和路径"文本框右侧的"浏览"按钮．．．，弹出"浏览文件夹"对话框，选择路径为桌面，如图8-6所示。

5）单击"确定"按钮，生成"五角星.DWG"外部块。

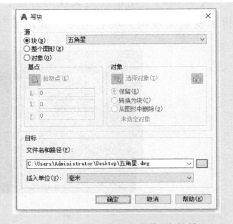

图8-6　生成"五角星"外部块

8.1.2 块的编辑

1. 块的分解

块可以直接使用"复制""旋转"和"比例缩放""移动"和"阵列"等命令进行整体编辑。但是，不能用如"修剪""偏移""拉伸""倒圆"和"倒角"等命令直接编辑块的组成对象。若要对块的组成对象进行编辑，可以先将块进行分解。

通过"分解"命令，选定块，按<Enter>键后即可对该块进行分解。块分解后将失去其整体性，组成块的实体对象不再具有块的特性。

注意：

1）分解后的块定义仍然存在当前图形中，可以再次插入。

2）块分解后，可用"UNDO"命令恢复。

2. 块的嵌套

AutoCAD 允许一个图块中包含别的图块，即块的嵌套。将插入的一个或多个块连同绘制的其他图形对象一起定义为一个块，该块就成为一个嵌套块，每个块仍会保持各自的特性。

当分解一个嵌套块时，嵌套在块中的那个块并未被分解，它还是一个单独的整体。若要完全分解块，使其成为独立的实体对象群，还需要用"分解"命令再次将它进行分解。

3. 块的重定义

运用块的重定义，将块分解后统一做一些编辑修改或换成另一个标准再重新存储，这是一种修改块定义的方法。

重新定义块的一般方法是：先插入块，然后分解块，再修改块的组成对象，最后将编辑后的组成对象创建为同名块。

注意：重新定义块后，原有的块将被新定义的块覆盖，图形中插入引用的相同块将全部自动更新。

【例 8-4】　用重新定义块的方法，将上例的"五角星"图块进行编辑，如图 8-7a 所示，再重新定义该块，块名仍为"五角星"，如图 8-7b 所示。

a)

b)

图 8-7　重定义"五角星"图块

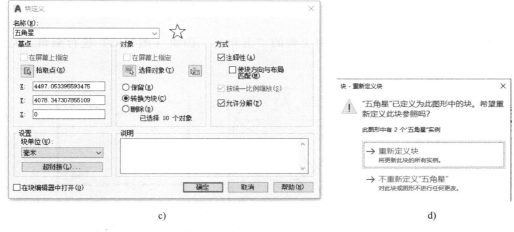

c) d)

图 8-7 重定义"五角星"图块（续）

具体操作步骤如下：

1）插入原"五角星"图块。

2）执行"分解"命令，将原"五角星"图块进行分解。

3）修剪编辑完成为新的"五角星"。

4）执行"创建"命令，块名仍选择"五角星"。

5）重新指定插入基点，重新选择组成块的实体对象，如图 8-7c 所示。

6）单击"确定"按钮后，弹出"块-重新定义块"对话框，如图 8-7d 所示。

7）选择"重新定义块"，新建的块将覆盖原有图块，完成重定义图块。

4. "块编辑器"

"块编辑器"提供了在当前图形中修改块的最简单方法。不需要分解原图块，在"块编辑器"中直接进行绘制和编辑修改，所做的更改保存后将替换现有的块定义。同时，图形中插入引用该块的所有参照随之更新。

命令调用主要有以下方式：单击"默认"选项卡→"块"选项组→"块编辑器"按钮，或单击"插入"选项卡→"块定义"选项组→"块编辑器"按钮，或在命令行输入 BEDIT。

执行该命令后，将打开"编辑块定义"对话框，如图 8-8 所示。择要编辑的块定义或输入要创建的新块的名称，单击"确定"按钮后将打开"块编辑器"（如果功能区处于激活状态，功能区将显示"块编辑器"上下文选项卡。否则，将显示"块编辑器"工具栏）。

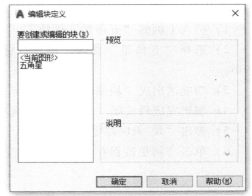

图 8-8 "编辑块定义"对话框

另外，选择块的右键快捷菜单中的"块编辑器"选项，也可打开"块编辑器"。

注意：

1）块编辑器是一个独立的环境，用于为当前图形创建和更改块定义。

2）块编辑器还提供了一个"块编辑器"工具栏和多个块编写选项板，可以添加参数和动作（详见后文动态块的编辑）。

【例 8-5】 通过"块编辑器"对上例的"五角星"图块（图 8-9a）进行编辑，完成后如图 8-9b 所示。

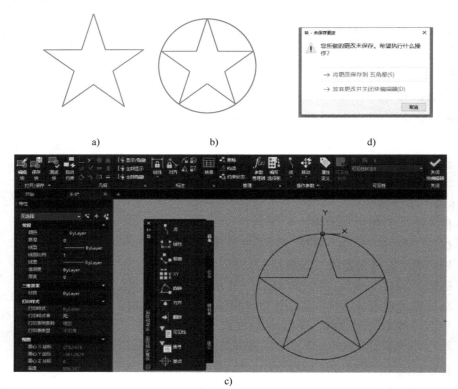

图 8-9　编辑"五角星"图块

具体操作步骤如下：

1）插入上例的"五角星"图块。

2）选择"五角星"图块，单击鼠标右键，在其右键快捷菜单中选择"块编辑器"选项。

3）功能区出现"块编辑器"选项卡，绘制添加五角星的外圆，如图 8-9c 所示。

4）编辑完成后关闭"块编辑器"选项卡。

5）弹出"块-未保存更改"对话框，如图 8-9d 所示。

6）单击"将更改保存到五角星"，完成该图块的编辑。

8.2　属　性　块

属性块是指带属性的图块。块的属性是块的一个组成部分，它是块中的文本信息，可以增加块的功能，说明块的类型、数目以及图形所不能表达的内容。

当插入一个属性块时，属性也随着块一起插入到图形中。对块进行操作时，其属性也将随之改变。属性必须依赖于块而存在，没有块就没有属性。

8.2.1 创建属性块

创建属性块首先需要定义块的属性，将定义好的属性连同相关图形一起用"创建"命令定义成块，即属性块。

块的属性由属性标记和属性值两部分组成，属性标记是指一个项目，属性值是指具体的项目情况。用户可以对块的属性进行定义、修改以及显示等操作。

"定义属性"命令调用主要有以下方式：单击"默认"选项卡→"块"选项组的下拉按钮 ▼→"定义属性"按钮 ，或单击"插入"选项卡→"块定义"选项组的下拉按钮 ▼→"定义属性"按钮 ，或单击菜单栏的"绘图"→"块"→"定义属性"，或在命令行输入 ATTDEF（ATT）。

图 8-10 "属性定义"对话框

执行"定义属性"命令后，将打开"属性定义"对话框，如图 8-10 所示。

对话框中主要选项功能如下：

（1）模式 设置属性六个方面的内容。

1）不可见：具有这种模式的属性，在图块被插入图形中时，其属性是不可见的。

2）固定：具有相同的属性值，这是在定义属性时就设置好的，该属性没有提示，无法进行编辑。

3）验证：系统将提示两次输入属性值，以便在插入图块之前可以改变属性值，这也有助于减少输入属性值时出现的错误。

4）预设：在插入属性时，具有相同的属性值，但不同于"固定"模式的是，"预设"模式可以被更改和编辑。

5）锁定位置：锁定块参照中属性的位置，解锁后，可以使用夹点编辑移动属性，还可以调整多行属性的大小。

6）多行：指定的属性值可以是多行文字，可以指定属性的边界宽度。

（2）属性 基本的属性由标记、提示以及属性值组成。

1）标记：用于输入属性的标记，用于对属性进行分类。

2）提示：用于输入在插入属性块时将提示的内容。

3）默认：该文本框用于设置属性的默认值。

4）插入字段：单击"默认"文本框右侧的按钮 ，将弹出"字段"对话框，可以插入一个字段作为属性。

（3）插入点 设定属性的插入点，或直接在"X、Y、Z"坐标栏中输入插入点的坐标。

（4）文字设置 控制属性文字的对齐方式、文字样式、文字高度和旋转角度。

1）对正：该文本框用于输入文本的对齐方式，单击该文本框右边的下拉按钮可弹出一个下拉列表，该下拉列表中列出了所有的文本对齐方式，用户可任意选一种。

2）文字样式：该文本框用于输入文本的字体，单击该文本框右边的下拉按钮可弹出一个下拉列表，用户可选择文字的字体格式。

3）文字高度：在屏幕上指定文本的高度，或在文本框中输入高度值。

4）旋转：在屏幕上指定文本的旋转角度，或在文本框中输入旋转角度值。

（5）在上一个属性定义下对齐　选择是否将该属性设置为与上一个属性的字体、字高和旋转角度相同，并且与上一个属性对齐。

注意：

1）属性块在图形中的调用方式与调用一般图块的方法相同。

2）当插入带有属性的块时，命令行中将出现自行设置的属性提示，可根据需要输入相应的属性值。

【例 8-6】　创建并插入属性块。绘制如图 8-11a 所示的图形（圆半径约为 20mm）；给其定义一个名为"标志"的属性，如图 8-11b 所示；将其创建为一个带属性的图块，如图 8-11c 所示；再用新属性名称"PEA"插入到当前图形中，如图 8-11d 所示。

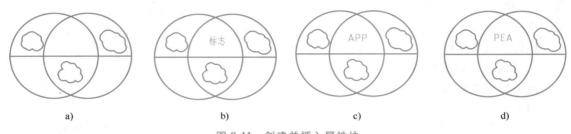

图 8-11　创建并插入属性块

具体操作步骤如下：

（1）定义属性

1）执行"定义属性"命令，打开"属性定义"对话框，如图 8-12 所示。

2）在"标记"文本框中输入"标志"作为属性标志。

3）在"提示"文本框中输入"输入名称"作为提示标志。

图 8-12　定义属性

4）在"默认"文本框中输入"APP"。

5）文字"对正"选择"正中"，"文字高度"设为"5"。

6）勾选"在屏幕上指定"，在屏幕上拾取属性的插入点，可拾取标志所处的正中点。

7）单击"确定"按钮，完成属性的定义，如图 8-11b 所示。

（2）创建属性块

1）执行"创建"命令，打开"块定义"对话框，如图 8-13 所示。

2）在"名称"文本框中输入预定义的块名"标志"。

3）单击"拾取点"按钮，在屏幕上指定属性块的插入基点，可选取直线中间位置。

4）单击"对象"区域的"选择对象"按钮，在屏幕上选择组成块的实体。

5）单击"确定"按钮，完成属性块的创建，如图 8-11c 所示。

（3）插入属性块

1）执行"插入"命令，选择属性块"标志"。

2）在屏幕上指定属性块的插入点（默认属性块插入的比例因子和旋转角度）。

3）在"编辑属性"对话框的"名称"文本框中输入新属性值"PEA"，如图8-14所示。

图8-13 创建属性块

图8-14 输入新属性值

4）完成带属性块的插入，如图8-11d所示。

8.2.2 属性的编辑

编辑属性就是改变属性的值以及位置、方向等信息。当属性被定义成为图块并在图中插入后，也可以对其进行编辑修改。

编辑属性的方式主要有"编辑单个属性"和"编辑总体属性"。

1. 编辑单个属性

使用"编辑单个属性"命令，一次只能编辑一个与某个图块相关的、单独的、非固定模式定义的属性值。该方式无法编辑其他属性特性，如文字的高度、位置等。

命令调用主要有以下方式：单击"默认"选项卡→"块"选项组→"编辑属性"→"单个"按钮，或单击"插入"选项卡→"块"选项组→"属性"→"单个"按钮，或单击菜单栏的"修改"→"对象"→"属性"→"单个"，或在命令行输入ATTEDIT（EATTEDIT）。

执行命令后，将打开"增强属性编辑器"对话框，如图8-15所示。

另外，单击属性块右键快捷菜单中的"编

图8-15 "增强属性编辑器"对话框

辑属性…"，或直接双击要编辑的属性块，都可以打开"增强属性编辑器"对话框，对选中的块属性进行编辑。

（1）"属性"选项卡　显示指定给每个属性的标记、提示和值，并可更改属性值。

（2）"文字选项"选项卡　显示用于定义图形中属性文字的显示方式的特性，包括文字样式、对正、高度、旋转、注释性、反向、颠倒、宽度因子、倾斜角度和边界宽度等。

（3）"特性"选项卡　显示定义属性所在的图层以及属性文字的线宽、线型和颜色。如果图形使用打印样式，则可以使用"特性"选项卡为属性指定打印样式。

2. 编辑总体属性

使用"编辑总体属性"命令，在命令提示下更改块中的属性信息。可以独立于图块之外，编辑当前图形文件中的所有属性值及属性的特性。

命令调用主要有以下方式：单击"默认"选项卡→"块"选项组→"编辑属性"→"多个"按钮，或单击"插入"选项卡→"块"选项组→"属性"→"多个"按钮，或单击菜单栏的"修改"→"对象"→"属性"→"全局"，或在命令行输入-ATTEDIT（-ATTE）。

执行命令后，系统将提示"是否一次编辑一个属性［是（Y）/否］<Y>:"，指定是单独输入还是全局输入更改，后续的操作提示将不同。

（1）是　只能逐个编辑选择的属性，且所能编辑的属性必须是可见的。除了可以修改文字字符串外，还可以更改如高度和颜色等特性。

（2）否　一次可以编辑所有属性的属性值，只限于用一个文字字符串（或属性值）替换另一个字符串。全局编辑适用于可见属性和不可见属性。

【例8-7】　用"增强属性编辑器"对话框编辑上例属性块"标志"的属性。

具体操作步骤如下：

1）双击属性块（或拾取属性块，选择其右键快捷菜单中的"编辑属性"选项），弹出"增强属性编辑器"对话框。

2）在"属性"选项卡的"值"一栏输入新的属性值。

3）在"文字选项"选项卡中可修改属性文字的文字样式、对正方式、字高和旋转角度等。

4）在"特性"选项卡中可修改文字图层、颜色等。

8.2.3　属性的管理

通过"块属性管理器"可以管理当前图形中块的属性定义，可以在块中编辑属性定义、在从块中删除属性以及更改插入块时系统提示的输入属性值的顺序。

命令调用主要有以下方式：单击"默认"选项卡→"块"选项组→"管理属性"按钮，或单击"插入"选项卡→"块定义"选项组→"管理属性"按钮，或在命令行输入 BATTMAN。

注意：

1）对于每一个选定块，属性列表下的说明都会标识在当前图形和在当前布局中相应块的实例数目。

2）双击某个属性可打开"编辑属性"对话框，从中可以修改属性特性。

8.2.4　属性的显示控制

属性的显示控制就是控制属性显示的可见性。AutoCAD 提供了"ATTDISP"命令以控制属性在图形中的显示状态。

命令调用主要有以下方式：单击"默认"选项卡→"块"选项组→"属性显示控制"按钮→"保留属性显示" ⬛／"显示所有属性" ⬛／"隐藏所有属性" ⬛，或单击"插入"选项卡→"块"选项组→"属性"→"属性显示控制"按钮，或单击菜单栏的"视图"→"显示"→"属性显示"→"普通/开/关"，或在命令行输入 ATTDISP。

（1）保留属性显示：恢复每个属性定义的原始可见性设置。只显示可见属性。

（2）显示所有属性：将所有属性均设置为可见，替代原始可见性设置。

（3）隐藏所有属性：将所有属性均设置为不可见，替代原始可见性设置。

注意：除非用于控制自动重新生成的变量 REGENAUTO 处于关闭状态，否则更改可见性设置后系统将自动重新生成图形。

8.2.5　属性的提取

AutoCAD 的块及其属性中含有大量的数据，如块的名字、块的插入点坐标、插入比例以及各个属性的值等。可以根据需要将这些数据提取出来，并将它们写入文件中作为数据文件保存起来，以供其他高级语言程序分析使用，也可以传送给数据库。

在机械装配图中，可通过属性提取建立设备表和明细栏，然后作为统计之用。

命令调用主要有以下方式：单击"插入"选项卡→"链接和提取"选项组→"属性"→"提取数据"按钮 ⬛，或单击菜单栏的"工具"→"数据提取"，或在命令输入 EATTEXT。

注意：

1）属性提取出来的 Excel 文件中的数据为文本类型，如果对其中的数值进行统计，则需要将数据前面的单引号去掉变成数值类型。

2）AutoCAD 的属性提取功能不仅可以从当前图形文件中提取，还可以从其他打开的文件中提取属性值。

8.3　动　态　块

所谓动态块是指将一般的块创建成可以自由调整其属性参数的图块。动态块具有智能性和灵活性。操作时，用户可以自定义夹点或自定义特性来操作动态块。

在 AutoCAD 中，可以使用"块编辑器"创建动态块，可以从头创建动态块，也可以向现有的块定义中添加动态行为，还可以像在绘图区域中一样创建几何图形。

8.3.1　创建动态块

动态块使用起来方便、灵活，创建也比较简单。为了创建高质量的动态块，以达到预期效果，首先需要了解创建动态块的准备及操作过程：

1）规划动态块的使用方式。在创建动态块之前，应当了解其外观以及在图形中的使用方式。确定当操作动态块参照时，块中的哪些对象会变动，还要确定这些对象将如何变动，如拉伸、阵列或移动等。这决定了添加到块定义中参数和动作的类型，以及如何使参数、动作和几何图形共同作用。

2）绘制几何图形。用户既可以在绘图区域或块编辑器中绘制动态块中的几何图形，也可以直接使用图形中的现有几何图形或现有的块定义。

3）了解块元素如何共同作用。在向块定义中添加参数和动作之前，应了解它们相互之间以及它们与块中的几何图形的相关性。在向块定义添加动作时，需要将动作与参数以及几何图形的选择集相关联。

例如，要创建一个包含若干对象的动态块，其中一些对象关联了拉伸动作，同时还希望所有对象围绕同一基点旋转。在这种情况下，应当在添加其他所有参数和动作之后添加旋转动作。如果旋转动作没有与块定义中的其他所有对象（几何图形、参数和动作）相关联，那么块参照的某些部分就可能不会旋转，或者操作块参照时可能会造成意外结果。

4）添加参数。按照命令行的提示向动态块定义中添加适当的参数，如线性、旋转或对齐、翻转等参数。

5）添加动作。向动态块定义中添加适当的动作，确保将动作与正确的参数和几何图形相关联。需要注意的是，使用"块编写选项板"的"参数集"选项卡可以同时添加参数和关联动作。

6）定义动态块参照的操作方式。指定在图形中操作动态块参照的方式。

7）保存块，然后在图形中进行测试。保存动态块定义并退出"块编辑器"，然后将动态块参照插入到一个图形中，并测试该块的功能。

8.3.2　动态块编辑器

用户可以使用"块编辑器"定义块的动态行为，即在"块编辑器"中添加参数和动作，以定义自定义特性和动态行为。块编辑器包含一个特殊的编写区域，在该区域中，可以像在绘图区域中一样绘制和编辑几何图形。

命令调用主要有以下方式：单击"默认"选项卡→"块"选项组→"编辑"按钮，或单击"插入"选项卡→"块定义"选项组→"块编辑器"按钮，或单击菜单栏的"工具"→"块编辑器"，或在命令行输入 BEDIT。

另外，也可利用块的右键快捷菜单来访问。执行"块编辑器"命令后，功能区将显示"块编辑器"选项卡，如图 8-16 所示。

图 8-16　"块编辑器"选项卡

绘图编辑区将显示"块编写选项板"，包含"参数""动作""参数集"和"约束"选项卡，如图 8-17 所示。

1. 添加到动态块定义的参数类型

（1）点 在图形中定义一个 X 和 Y 位置。

（2）线性 显示两个固定点之间的距离。约束夹点沿预置角度的移动。

（3）极轴 显示两个固定点之间的距离并显示角度值。

（4）XY 显示距参数基点的 X 距离和 Y 距离。

（5）旋转 可定义角度。

（6）对齐 定义 X 和 Y 位置以及一个角度。

（7）翻转 显示为一条投影线，可以围绕这条投影线翻转对象。

（8）可见性 可控制对象在块中的可见性。

（9）查寻 定义一个可以指定或设置为计算用户定义的列表或表中的值的自定义特性。

图 8-17 "块编写选项板"

（10）基点 相对于该块中的几何图形定义一个基点。

2. 在动态块中使用的动作类型及与每种动作类型相关联的参数

（1）移动 与点、线性、极轴、XY 参数相关联。

（2）缩放 与线性、极轴、XY 参数相关联。

（3）拉伸 与点、线性、极轴、XY 参数相关联。

（4）极轴拉伸 与极轴参数相关联。

（5）旋转 与旋转参数相关联。

（6）翻转 与翻转参数相关联。

（7）阵列 与线性、极轴、XY 参数相关联。

（8）查寻 与查寻参数相关联。

（9）块特性表 用于定义块定义的特性设置。

注意：

1）可以将多个动作指定给同一参数和几何图形。

2）黄色警告图标表明用户应该将动作与刚添加的参数相关联。

3）动作位置不会影响块参照的外观或功能。

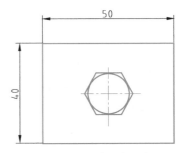

图 8-18 图块"螺钉"

【例 8-8】 绘制如图 8-18 所示的图形，并将其定义为"螺钉"图块。向块中添加参数和动作，使其成为拉伸矩形后每相距 50mm 便自动增加一个螺钉的动态块。

具体操作步骤如下：

1）选择"螺钉"图块，从其右键快捷菜单中选择"块编辑器"，绘图区出现"块编写选项板"。

2）向动态块定义中添加线性参数。在"块编写选项板"的"参数"选项卡中单击"线性"参数工具。

3）命令：_BParameter 线性

4）指定起点或［名称（N）/标签（L）/链（C）/说明（D）/基点（B）/选项板（P）/值集（V）］：（单击矩形左上角点）

5）指定端点：（单击矩形右上角点）

6）指定标签位置：（单击合适位置，完成线性参数的添加，如图8-19所示）

7）向动态块定义中添加拉伸动作。在"块编写选项板"的"动作"选项卡中，单击"拉伸"动作工具。

8）命令：_BActionTool 拉伸

9）选择参数：（选择刚添加的线性参数"距离1"）

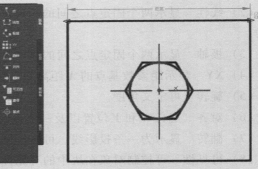

图 8-19　添加"距离"参数

10）指定要与动作关联的参数点或输入［起点（T）/第二点（S）］<第二点>：（单击矩形右上角点）

11）指定拉伸框架的第一个角点或［圈交（CP）］：（单击拉伸框区域的第一角点）

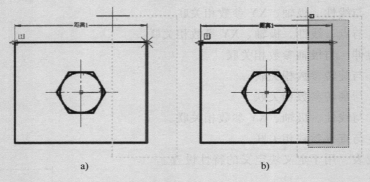

a)　　　　　　　　　　　　　　b)

图 8-20　框选拉伸框区域和拉伸对象

12）指定对角点：（单击拉伸框区域的对角点，如图8-20a所示）

13）指定要拉伸的对象：（框选拉伸对象，如图8-20b所示）

14）选择对象：↙（结束选择对象）

15）完成拉伸动作设置，矩形右上角出现拉伸图标 。

16）向动态块定义中添加阵列动作（与拉伸动作的添加类似）。在"块编写选项板"的"动作"选项卡中，单击"阵列"动作工具。

17）命令：_BActionTool 阵列

18）选择参数：（选择线性参数"距离1"）

19）指定动作的选择集　选择对象：（选择中间整个螺钉图形对象）

20）选择对象：↙（结束选择对象）

21）输入列间距（|||）：50↙

22）完成阵列动作设置，矩形右上角出现阵列图标 ，如图8-21所示。

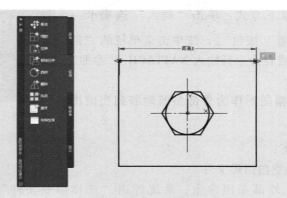

图 8-21 添加"拉伸"和"阵列"动作

23）单击"关闭块编辑器"，弹出"块-是否保存参数更改？"对话框，单击其中的"保存更改"按钮。

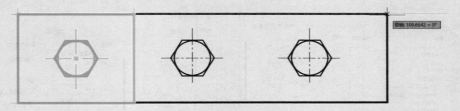

图 8-22 拉伸矩形后螺钉自动阵列

24）回到绘图区，单击动态块，拉伸右上角的夹点后，螺钉自动阵列，如图 8-22 所示。

8.4 外 部 参 照

在插入图块时，插入的块对象与原来的图形文件无关联性，作为一个独立的部分存在于当前图形中。而外部参照不同于图块插入，外部参照是把已有的图形文件像块一样插入到图形中。被插入的图形文件信息并不直接加到当前的图形文件中，当前图形只是记录了引用关系（被插入文件的路径记录），对当前图形的操作也不会改变外部引用的图形文件的内容。插入的参照图形与外部的原参照图形保持着一种"链接"关系，即外部的原参照图形如果发生了变化，被插入到当前图形中的参照图形也将发生相应的变化。

对于参照图形与当前图形的图层处理，假设 AutoCAD 的图形文件 1. DWG 有一个 A 层，而当 1. DWG 被作为外部引用文件加以引用时，在主图形文件中，A 层被命名为 1→A 层，即系统将把这个新名字自动加入到主图形中的依赖符列表中。这种自动更新外部引用依赖符名字的功能可看出目标来源，且主图形文件与外部引用文件中相同名字的依赖不会被混淆。

8.4.1 引用外部参照

附着外部参照的目的是帮助用户利用其他图形来补充当前图形。

命令调用主要有以下方式：单击"插入"选项卡→"参照"选项组→"附着"按钮，或单击菜单栏的"插入"→"DWG参照"，或在命令行输入XATTACH。"参照"选项组如图8-23所示。

图 8-23 "参照"选项组

【例 8-9】 将某一幅图形作为外部参照附着到当前图形中。

具体操作步骤如下：

1）打开一个新的空白图形文件。

2）执行"附着"外部参照命令，系统弹出"选择参照文件"对话框，如图 8-24 所示。

3）选择所要附着的图形文件，单击"打开"按钮。

4）系统弹出"附着外部参照"对话框，如图 8-25 所示。

图 8-24 "选择参照文件"对话框

图 8-25 "附着外部参照"对话框

5）选择"附着型"，其他选项设置可参考插入图块的设置方式。

6）单击"确定"按钮，在绘图区指定外部参照的插入点等设置，完成外部参照的附着。

8.4.2 管理外部参照

外部参照涉及图形信息的关联，一个图形中可能会存在多个外部参照图形，所以只有了解外部参照的各种信息，才能对含有外部参照的图形进行有效的管理。系统的"外部参照"选项板可以组织、显示并管理参照文件。

命令调用主要有以下方式：单击"插入"选项卡→"参照"选项组→"外部参照"按钮，或单击菜单栏的"插入"→"外部参照"，或在命令行输入EXTERNALREFERENCES。

执行"外部参照"命令，系统弹出"外部参照"选项板，如图8-26所示。选项板中列出了包括外部参照名称、当前状态、文件大小、参照类型、创建日期和保存路径等当前图形中存在的外部参照的相关信息。另外，用户还可以进行外部参照的打开、附着、卸载、重载、拆离和绑定等操作。

（1）打开　在新建窗口中打开选定的外部参照进行编辑。

（2）附着　将参照图形链接到当前图形。打开或重载外部参照时，对参照图形所做的任何修改都会显示在当前图形中。一个图形可以作为外部参照同时附着到多个图形中，也可以将多个图形作为参照图形附着到单个图形。

（3）卸载　卸载选定的 DWG 参照，在外部参照所在的位置将保留一个标记，以便将来可以重载这个外部参照。即暂时不显示外部参照，可随时重载。

（4）重载　重载一个或多个 DWG 参照。该选项可重载并显示最近保存的图形。

（5）拆离　从图形中拆离一个或多个 DWG 参照，删除指定外部参照的所有文件，并将这个外部参照定义删除。只能拆离直接附着或覆盖到当前图形中的外部参照，而不能拆离嵌套的外部参照。永久地删除外部参照。

图 8-26　"外部参照"
选项板

（6）绑定　将指定的 DWG 参照转换为图形的永久组成部分，不再是外部参照文件。

在依赖外部参照的命名对象（如图层名）中，其中的"→"替换为两个"＄"和一个数字（通常为0）。如果当前图形中存在同名对象，该数字会增加。

（7）覆盖　显示"输入要覆盖的文件名"对话框，选择要将其作为外部参照覆盖附着到图形的文件。不同于块和附着型外部参照，覆盖型外部参照不能被嵌套。如果当前另一个用户正在编辑此外部参照文件，程序将覆盖最近保存的版本。

8.4.3　编辑外部参照

编辑参照可直接在当前图形中编辑外部参照或块定义。

命令调用主要有以下方式：单击"插入"选项卡→"参照"选项组→"编辑参照"按钮 ，或单击菜单栏的"工具"→"外部参照和块在位编辑"→"在位编辑参照"，或在命令行输入 REFEDIT。

执行命令后将显示"参照编辑"对话框，如图 8-27 所示。

另外，利用块的右键快捷菜单中的"在位编辑块"选项也可打开"参照编辑"对话框。

在"参照编辑"对话框中，选择要进行编辑的块或外部参照后，单击"确定"按钮。此时，AutoCAD 进入编辑状态，除了所选择的块外，图形全部暗显，其他被插入的同名称的块也消失。同时，功能区增加一个"编辑参照"选项组。

编辑块或外部参照对象，单击"编辑参照"选项组中的"保存修改"后，所有被插入引用

图 8-27　"参照编辑"对话框

的块或外部参照将随之更新。

注意：

1）在位编辑块将锁定该参照文件，以防止多个用户同时打开该文件。

2）如果其他用户正在使用参照所在的图形文件，则不能在位编辑参照。

8.5 实例解析

【例 8-10】 表面粗糙度是机械工程图中经常反复标注的符号，将其制作成属性块，可提高绘图效率。创建表面粗糙度符号为属性块。

具体操作步骤如下：

1）新建一个图层作为表面粗糙度层，线宽为"0.35"。

2）绘制如图 8-28a 所示的图形，具体尺寸如图 8-28b 所示。

3）输入文字 Ra。执行"文字"命令，在符号合适的位置输入"Ra"。

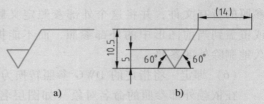

图 8-28 表面粗糙度符号及尺寸

4）定义属性标记 CCD。执行"定义属性"命令，打开"属性定义"对话框。在"属性"区域"标记"文本框中输入"CCD"，"提示"文本框中输入"CCD"，"默认"文本框中输入"3.2"；在"文字设置"区域"对正"选择"左对齐"，"文字样式"选择"工程字"（前面章节已定义的 GB 文字样式），"文字高度"文本框中输入"3.5"，单击"确定"按钮返回绘图区，选择属性标记的插入位置（文字"Ra"的后面），完成属性定义，如图 8-29a 所示。

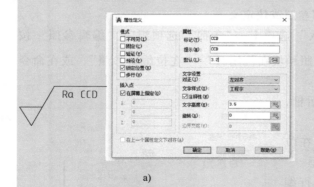

图 8-29 定义属性及创建属性块

5）创建属性块。执行"创建"命令，打开"块定义"对话框，在"名称"文本框中输入"CCD-Ra"。单击"拾取点"按钮，回到绘图区，捕捉三角形的下角点为基点。返回"块定义"对话框，单击"选择对象"按钮，回到绘图区，框选整个图形和属性。再次返回"块定义"对话框，勾选"注释性"，如图 8-29b 所示。单击"确定"按钮后出现"编辑属性"对话框，可默认属性值，单击"确定"按钮，完成块定义。

6）插入属性块。执行"插入"命令，选择对应的图块。回到绘图区，拾取插入点。默认弹出的"编辑属性"对话框中的属性值或输入其他属性值，完成属性块的插入。多次插入属性块，并采用不同的属性值，结果如图 8-30 所示。

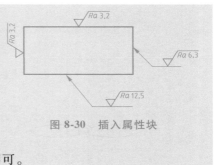

图 8-30　插入属性块

7）修改属性值。如果需要修改插入后的属性值，则可双击该属性块，打开"增强属性编辑器"对话框，在"属性"选项卡的"值"文本框中输入所需属性值即可。

思考与练习

1. 如果属性块插入后，其特性随当前层的特性显示，则需要在哪个层上创建属性块？

2. 能否对图块对象进行偏移操作？

3. 一个块中只能定义一个属性吗？为什么？

4. 使用"WBlock"命令存储块时，默认的文件名扩展是什么？

5. 图形文件是否可以作为块插入另一幅图中？

6. 如图 8-31 所示，将图中左侧的窗户图形创建成图块，插入到右侧的房屋图形文件中。

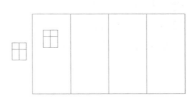

图 8-31　创建并插入"窗户"图块

7. 如图 8-32 所示，将图中的电器元件分别创建成属性图块。

图 8-32　创建"电器元件"属性块

8. 如图 8-33 所示，绘制表面粗糙度符号并定义属性"CCD"，将属性块插入到指定位置，并对属性进行编辑。

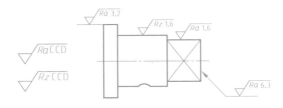

图 8-33　创建并插入"表面粗糙度"属性块

相关拓展

将螺旋桨叶片创建为图块，如图 8-34a 所示，绘制一款"多旋翼无人机"，如图 8-34b 所示。

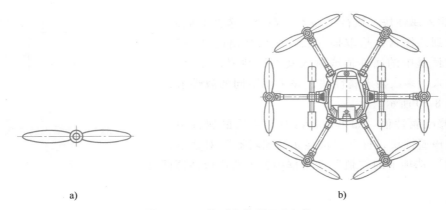

图 8-34　一款"多旋翼无人机"

　　我国的无人机种类是非常齐全的，完善程度要比其他国家更高一筹。综合无人机装备的性能、技术、种类以及先进程度等各个方面，我国与美国已经同为世界最强的无人机大国。2022 年 8 月 29 日，解放军空军新闻发言人申进科大校在长春航空展记者见面会上说，无人装备是未来军事装备发展的重要方向，我国无人机装备发展已经达到世界先进水平。

第9章

图 形 输 出

在 AutoCAD 中，系统提供了图形输入、输出接口。用户不仅可以将其他应用程序中处理好的数据传送给 AutoCAD，还可以将在 AutoCAD 中绘制好的图形打印出来，或把它们的信息传送给其他应用程序。

9.1 模型与布局

9.1.1 基本概念

1. 模型空间

模型空间是指图形绘制时所处的 AutoCAD 环境。默认情况下，绘图开始于称为模型空间的无限三维绘图区域。在这里可以按照物体的真实尺寸进行绘制、编辑二维图形、三维图形或者进行三维实体建模。

2. 图纸空间

图纸空间是指设置和管理视图的 AutoCAD 环境，类似于出图的图纸。在这里可以把模型对象按照不同方位显示的视图按合适的比例在图纸上表示出来，还可以定义图纸大小、插入图框和标题栏。

3. 布局

布局是指图纸空间中的不同幅面、不同出图比例等的图纸设置。一个布局就是一张图纸，并提供预置的打印页面设置。一个在模型空间绘制的图形在图纸空间中可以有多个不同设置的布局。

9.1.2 模型空间与图纸空间的切换

1. "模型"选项卡与"布局"选项卡的切换

模型空间可以从"模型"选项卡访问，图纸空间可以从"布局"选项卡访问。

"模型"/"布局"选项卡 模型 布局1 布局2 + 位于绘图区的左下边缘。默认情况下，新图形最开始有两个"布局"选项卡，即"布局 1"和"布局 2"。单击加号图标 + ，可添加更多的"布局"选项卡。

在命令行输入 MODEL，可从命名的"布局"选项卡切换到"模型"选项卡。

2. 布局中"模型空间"与"图纸空间"的切换

单击"布局"选项卡进入布局，此时的布局视口有两种工作状态：激活时（布局视口框变粗"亮显"）的"模型空间"状态和未激活时（布局视口框变细）的"图纸空间"状态。

（1）访问布局视口内的"模型空间"　在布局视口内双击或单击状态栏的"模型或图纸空间"切换按钮 图纸 变为 模型，则布局视口框变粗，可以编辑视口内图形、平移视图或修改图层的可见性等。

（2）从布局视口内的"模型空间"返回"图纸空间"　双击布局视口外的其他任意位置或单击状态栏的"模型或图纸空间"切换按钮 模型 变为 图纸，则布局视口框变细，返回布局的图纸空间，所做更改将显示在视口中。

注意：如果选项卡不可见，则可在命令提示下输入 OPTIONS，打开"选项"对话框，在"显示"选项卡的"布局元素"中选中"显示布局和模型选项卡"。

9.2　平铺视口与浮动视口

视口是显示模型对象的不同视图的区域。一般把模型空间的视口称为模型视口，也称为平铺视口；在图纸空间创建的视口称为布局视口，也称为浮动视口。

9.2.1　平铺视口

平铺视口是指在模型空间创建的标准视口，把绘图区域拆分成一个或多个相邻的矩形图框区域。用户可以在其中一个视口查看整个图形，同时在另一个视口查看该图形某部分的放大图。这些视口充满整个绘图区域并且相互之间不重叠。在一个视口中做出修改后，其他视口也会立即更新。

命令调用主要有以下方式：单击"视图"选项卡→"模型视口"选项组→"视口配置"子菜单（图 9-1a），或单击菜单栏的"视图"→"视口"→"新建视口"，或在命令行输入 VPORTS。

执行"新建视口"或"命名视口"命令，将弹出"视口"对话框，如图 9-1b 所示，包含"新建视口"和"命名视口"两个选项卡。"新建视口"选项卡显示标准视口配置列表并配置视口，"命名视口"选项卡列出图形中保存的所有视口配置。

模型视口的特点是：每个视口最多可分为 4 个子视口，每个子视口可继续被分为最多 4 个子视口。执行命令时，可从一个视口绘制到另一个视口。图层可视性同时影响所有视口。某个视口内图形的显示范围和大小不影响其他视口中的图形。若某个视口内图形编辑变化，则其他视口中图形也随之变化。

注意：

1）可以通过拆分与合并的方式修改模型视口。如果要将两个视口合并，则它们必须共享长度相同的公共边。

2）创建新视口后，如果想要最大化并居中视图，则可双击鼠标滚轮以执行范围缩放。

3）视口控件 [-][俯视][二维线框] 显示在每个视口的左上角，可单击"+"或"-"控件，通过"视口配置列表"来更改视口的数量和排列。

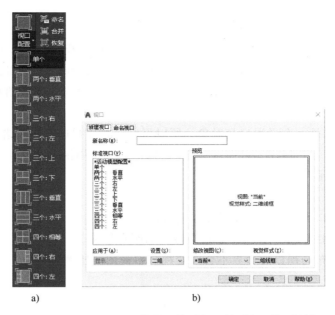

a)   b)

图 9-1 "视口配置"子菜单及模型视口的"视口"对话框

9.2.2 浮动视口

浮动视口是在布局的"图纸空间"状态下创建的一个或多个布局视口。根据需要可以在一个布局中创建标准的矩形视口，也可以创建多个形状、个数不受限制的新视口，以缩放并显示不同比例的模型空间对象。

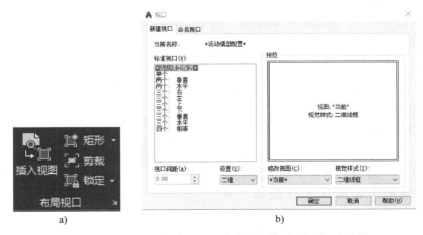

a)   b)

图 9-2 "布局视口"选项组及布局视口的"视口"对话框

命令调用主要有以下方式：单击"布局"选项卡→"布局视口"选项组（图9-2a）→

/"矩形"/"多边形"/"对象"，或单击菜单栏的"视图"→"视口"→"新建视口"，或在命令行输入 VPORTS 或 MVIEW。

执行"新建视口"命令，将弹出"视口"对话框，如图9-2b所示，包含"新建视口"

和"命名视口"两个选项卡。可配置布局的标准视口、预览视口配置的图形及指定视口间距等。

通过"插入视图"创建新的布局视口，是指暂时切换到模型空间，单击两个点为矩形布局视口。通过"多边形"创建布局视口，是指创建由一系列直线和圆弧段定义的非矩形布局视口。通过"对象"创建布局视口，是指创建闭合多段线、样条曲线、圆、椭圆或面域的非矩形布局视口。

布局视口的特点是：布局视口是对象，所以可以在布局视口上使用诸如复制、移动、删除或夹点等编辑命令。布局视口可以"剪裁"，以重定义布局视口对象。布局视口可以"锁定"，以防止意外的平移缩放图形。

注意：

1）创建布局视口的多段线对象必须是闭合的。
2）可使用"特性"选项板来控制布局视口的所有特性。
3）缩放或拉伸布局视口的边界不会改变视口中视图的比例。

9.3　在模型空间打印输出

图纸的输出是靠绘图仪或打印机等输出设备完成的。在将图纸输出到选定的输出设备之前，需要正确配置该输出设备，然后才能打印输出图形。输出设备包括显示器、绘图仪、打印机等。

如果是简单地绘制一个二维图形，或者无须用多比例的方法表现视图，就可以经过注释后直接在模型空间打印输出，而不需要使用"布局"选项卡，这也是 AutoCAD 创建及输出图形的传统方法。

在模型状态下打印，首先确定文件的"模型"选项卡被选中，再对"页面设置-模型"对话框进行设置。

命令调用主要有以下方式：单击"输出"选项卡→"打印"选项组→"页面设置管理器"按钮![icon]，或单击"应用程序菜单"按钮→"打印"→"页面设置"，或单击菜单栏的"文件"→"页面设置管理器"，或在命令行输入PAGESETUP。

另外，通过"模型"选项卡的右键快捷菜单也可以调用"页面设置管理器"对话框。

模型的"页面设置管理器"对话框如图9-3 所示，根据向导进行模型打印的页面设置。

在对话框中可新建页面设置或选中已有的设置，通过右键快捷菜单可以把该设置定为当前设置、重命名或者删除。

图 9-3　模型的"页面设置管理器"对话框

　　单击"新建"按钮进入"新建页面设置"对话框，输入新页面设置名称并确定后，将进入"页面设置-模型"对话框进行设置，如图9-4所示。

图 9-4　"页面设置-模型"对话框

对话框中各选项功能如下：

（1）打印机/绘图仪　从"名称"下拉列表中选择某一设备作为当前的打印设备。

（2）图纸尺寸　指定标准列表中的图纸尺寸及纸张单位。

（3）打印区域　选择图形打印区域。"打印范围"里有四个选项：窗口、范围、图形界限和显示。其中选择"窗口"选项，系统将关闭对话框回到绘图区，指定一个矩形打印区域之后再返回对话框；"范围"选项表示将打印整个图形上的所有对象；"图形界限"选项表示将打印位于由"LIMITS"命令设置的绘图界限内的全部图形；"显示"选项表示将打印当前显示的图形对象。

（4）图形方向　用于确定所绘图形在图纸上的输出方向。包括"纵向""横向"和"上下颠倒打印"。

（5）打印偏移　用户在"X"和"Y"文本框中输入偏移量，以指定相对于可打印区域左下角的偏移，如果选择"居中打印"复选项，则可以自动计算输入的偏移值，以便居中打印。

（6）打印比例　用户从下拉列表中选择标准缩放比例，或者输入自定义值，布局空间的默认比例为1∶1。如果要按打印比例缩放线宽，则可选择"缩放线宽"复选项。

（7）打印样式表（画笔指定）　用于设置或新建打印样式表。打印样式用来控制图形的具体打印效果，包括图形对象的打印颜色、线型、线宽和灰度等内容。打印样式表以文件的形式存在。如果要编辑打印样式表，则可先选择列表中的打印样式，再单击"编辑"按钮，最后在弹出的"打印样式表编辑器"对话框中编辑打印样式。

（8）着色视口选项　选择视口的打印方式并指定分辨率级别。使用"着色打印"选项，用户可以选择按显示、在线框中、按隐藏模式、按视觉样式或是按渲染来打印着色对象集。着色和渲染视口包括打印预览、打印、打印到文件以及包含全着色和渲染的发布。

（9）打印选项　确定线宽、打印样式和打印样式表等相关属性。

（10）预览　单击"预览"按钮显示打印预览画面，若希望退出打印预览、打印图形或缩放打印预览画面，可单击鼠标右键，从弹出的快捷菜单中选择适当选项。

【例9-1】　在模型空间绘制泵轴，将此图形在模型空间打印输出到A4纸上，要求居中显示、布满图纸，保存该设置为"泵轴1"。

具体操作步骤如下：

1）在模型空间绘制泵轴图形，标注尺寸。

2）执行"页面设置管理器"命令，显示"页面设置管理器"对话框，单击"新建"按钮，输入设置名为"泵轴1"。

a)

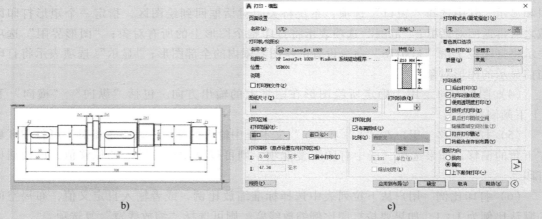

b)　　　　　　　　　　　　c)

图9-5　模型空间打印输出

3）单击"确定"按钮后进入"页面设置-泵轴1"对话框，进行模型打印的页面设置，如图9-5a所示。

4）"打印机/绘图仪"选择相应匹配的设备名称，"图纸尺寸"选择"A4（210mm×297mm）"。

5）"打印区域"的"打印范围"，选中"窗口"选项，系统关闭对话框回到绘图区，指定一个包含泵轴的矩形打印区域，如图9-5b所示。指定区域后返回"页面设置-泵轴1"对话框。

6）"打印比例"中勾选"布满图纸"，"打印偏移"中勾选"居中打印"，"图形方向"选择"横向"。

7）单击"确定"按钮后关闭"页面设置-泵轴1"对话框，返回"页面设置管理器"对话框，单击"关闭"按钮结束所有设置。

8）执行"打印"命令，打开"打印-模型"对话框，如图9-5c所示，"页面设置"中"名称"选择"泵轴1"，单击"确定"按钮后即可打印输出。

注意：

1）如果不想在每次打印时进行页面设置，则可以单击"页面设置"区域的"添加"按钮，将弹出"添加页面设置"对话框，输入一个名字就能将设置保存到一个命名页面设置文件中，以后打印时可以从"页面设置"区域的"名称"下拉列表中选择调用。

2）虽然在模型空间打印比较简单，但是仍有很多局限性，如不支持多比例视图，且在打印非1∶1比例图形时，尺寸标注、线型比例等均需要重新设置。鉴于以上问题，更推荐使用图纸空间出图。

9.4　在图纸空间打印输出

图纸空间在 AutoCAD 中的表现形式就是布局，"布局"选项卡中显示实际的打印内容，在布局中打印可以节约检查打印结果所耗的时间。用户可以按照下面介绍的方法在图纸空间打印输出。

9.4.1　创建布局

若要通过布局输出图形，则首先要创建布局。系统提供了两个"布局"选项卡（"布局1"和"布局2"），单击其中的"布局1"，进入图纸空间，如图9-6a所示，功能区将显示

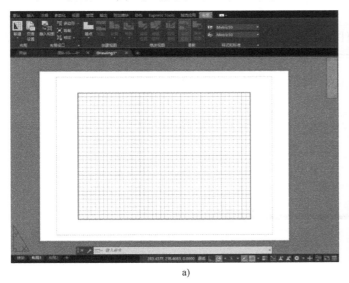

a)

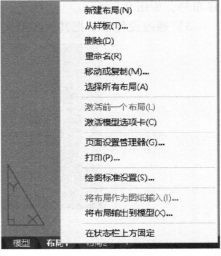

b)

图9-6　"布局1"的图纸空间及"布局"选项卡的右键快捷菜单

"布局"上下文选项卡及其选项组。

AutoCAD 提供了打印布局设置，用户可以创建多个布局，每个布局代表一张单独的打印输出图纸。"布局"选项卡的右键快捷菜单如图 9-6b 所示，可以进行布局的新建、重命名或删除等操作。

创建新布局主要有以下方式：单击绘图区左下角"布局"选项卡后面的加号图标 ，或单击功能区"布局"选项卡→"布局"选项组→"新建"按钮 ，或在命令行输入 LAYOUT。

除此之外，用户还可以通过以下几种方式创建和修改布局：

1）使用"布局向导（LAYOUTWIZARD）"命令，循序渐进地创建一个新布局。"创建布局-开始"对话框如图 9-7 所示。

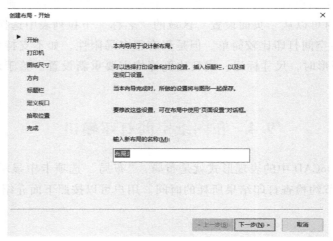

图 9-7 "创建布局-开始"对话框

2）使用"从样板（LAYOUT）"命令，插入基于现有布局样板的新布局。如选择符合我国国家标准格式的"Gb A3 标题栏"样板图（在早期版本的"Template"文件夹下）新建布局，如图 9-8 所示。

3）通过设计中心把其他图形文件中已建好的布局拖到当前图形文件中。

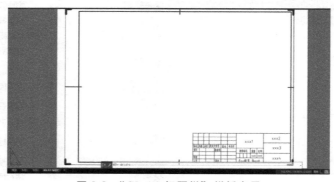

图 9-8 "Gb A3 标题栏"样板布局

9.4.2 使用浮动视口

创建新布局后，可以添加要打印的浮动视口。浮动视口的形状是任意的，个数也没有限定。在布局中创建浮动视口之后，视口中的各个视图可以使用不同的打印比例，并能够控制视口中图层的可见性。用户可在布局中创建多个视口。

注意：

1）如果布局采用的是 GB-A3 样板图样式，应首先把"图层管理器"中的"视口"层的状态更改为"解锁"。这样就可以删除原来布局中的多边形视口而建立多个独立的视口。

2）由于可以建立多个比例输出的视口，因此需要防止不慎操作将视口中的视图缩放而产生的比例改变。

3）状态栏中的"最大化视口"／"最小化视口"按钮，可控制视口的最大化或最小化状态，方便修改和调整视口内的图形对象。

4）如果不想在打印时看到视口的线框，可以将"视口层"设置为"不打印"。

【例 9-2】　在模型空间绘制泵轴图形，在布局中创建多个视口，如图 9-9 所示。

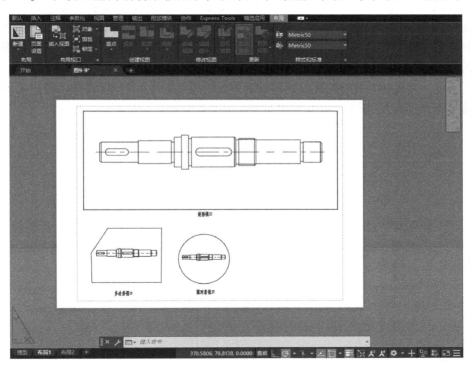

图 9-9　在布局中创建多个视口

具体操作步骤如下：

1）在模型空间绘制完成泵轴图形。

2）单击"布局 1"选项卡进行布局（也可调用已有的样板布局）。

3）调整或创建矩形视口。

① 调整矩形视口。在布局的"图纸态"下（状态栏的"模型或图纸空间"按钮显示为"图纸"），调整原来的矩形视口至合适位置。如果此时视口内未见到图形显示，可在视口内双击进入布局的"模型态"（状态栏的"模型或图纸空间"按钮显示为"模型"），再在矩形视口内双击鼠标滚轮，即可将图形全部缩放到视口区域中。

② 创建新矩形视口。在"图纸态"下，删除原有的矩形视口，执行"矩形"视口命令，创建一个新的矩形视口。

4）创建多边形视口。在布局的"图纸态"下，执行"多边形"视口命令，绘制一个任意多边形视口。

5）从"对象"创建视口。

① 在布局的"图纸态"下，执行"圆"命令，绘制一个圆。

② 执行"对象"视口命令，按照命令提示选择该圆将其转换为视口。

9.4.3 标注不同比例输出的图形

按照制图国家标准，在图纸上的视图无论采用什么比例，标注时都要求是形体的真实尺寸，并且在同一张图纸上，所有尺寸标注的组成元素（包括尺寸数字、箭头等）大小要一致，标注样式要一致。若要达到这样的标准，首先应设置好尺寸的标注样式，然后利用 AutoCAD 中的注释性特性，就可以在模型空间直接标注尺寸，并且可以根据不同的出图比例为所标注的尺寸添加多个注释比例。

【例 9-3】 为例 9-2 中的各视口分别设置 1：1、2：1 和 4：1 的出图比例，不同视口内的尺寸选择不同的注释比例，如图 9-10 所示。

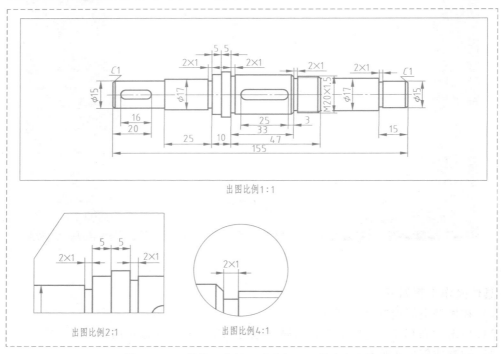

图 9-10 不同视口内的尺寸选择不同的注释比例

具体操作步骤如下：

1）在模型空间，设置带有注释性的标注样式，将状态栏的"当前视图的注释比例"调整为 1：1，标注完成所有尺寸。

2）通过"特性"选项板，为轴肩部分的尺寸添加"2：1"的注释比例，为螺纹退刀槽部分的尺寸添加"4：1"的注释比例。

3）切换回布局。激活矩形视口（双击视口内任意一点），单击状态栏的"选定视口的比例"，从列表中选择1：1，将视口内的图形平移至合适位置。

4）激活多边形视口，从状态栏的视口比例列表中选择2：1，将图形中的轴肩部分平移至视口区域中。

5）激活圆视口，从状态栏的视口比例列表中选择4：1，将图形中的螺纹退刀槽部分平移到视口区域中。

9.4.4　布局中打印出图的过程

首先确定文件的"布局"选项卡被选中，再单击鼠标右键，通过右键快捷菜单中的"页面设置管理器"，打开"页面设置管理器"对话框，如图9-11所示。也可通过功能区的"布局"选项卡→"布局"选项组→"页面设置"按钮打开该对话框。

在"页面设置管理器"对话框中，可新建页面设置或选中已有的设置，通过右键快捷菜单可以把该设置定为当前设置、重命名或者删除。

单击"新建"按钮进入"新建页面设置"对话框，输入新页面设置名称，单击"确定"按钮后进入"页面设置-布局1"对话框，进行布局打印的设置，如图9-12所示。

图 9-11　布局的"页面设置管理器"对话框

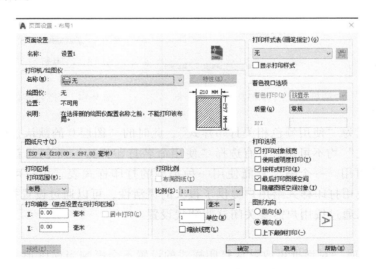

图 9-12　"页面设置-布局1"对话框

布局的"页面设置管理器"对话框与模型的"页面设置管理器"对话框相似。使用"打印范围"中的"布局"选项即可打印当前布局中显示的图形对象。

布局还存储命名的页面设置，包括打印设备、打印样式表、打印区域、旋转、打印偏移、图纸尺寸和打印比例。如果用户需要以不同的方式打印同一布局，或者希望多个布局指定同一输出选项，就可以使用命名页面设置。

9.5　使用打印样式表

AutoCAD的图形打印特性可以通过打印样式来控制，这些特性包括颜色、线型、线宽、线条端点样式、线条连接样式、图形填充样式、灰度比例、抖动、笔号和虚拟笔等。

打印样式包括两种类型：使用颜色相关打印样式和使用命名打印样式，它们的文件扩展名分别为.ctb和.stb。颜色相关打印样式是根据对象的颜色设定样式，命名打印样式可以指定给对象，与对象的颜色无关。

打印样式的设置方式为：单击"应用程序菜单"按钮![A]→"选项"按钮，打开"选项"对话框。在"选项"对话框的"打印和发布"选项卡（图9-13）中，单击"打印样式表设置"按钮，打开"打印样式表设置"对话框（图9-14）进行设置。

图 9-13　"选项"对话框的"打印和发布"选项卡　　　图 9-14　"打印样式表设置"对话框

默认打印样式为"使用颜色相关打印样式"，此时的"图层0的默认打印样式"及"对象的默认打印样式"均不可用，只有选择"使用命名打印样式"并创建新图形后，其"默认打印样式"才可用。一个图形只能使用一种类型的打印样式表。用户可以在两种打印样式表之间转换。使用打印样式给用户提供了很大的灵活性，可以通过设置打印样式来替代对象的特性，也可以通过按用户需要关闭这些替代设置。

注意：

1）使用"选项"对话框更改默认打印样式的设置不会影响当前图形，只能在新建的图形中应用。

2）绘图时用颜色区分不同对象，若出图时只要黑白打印，可从"打印"对话框的"打印样式表（画笔指定）"下拉列表中选择"monchrome.ctb"选项。

9.6 电子打印

在工程实践中，设计人员经常要将图形文件提交给其他协同工作人员进行交流，电子打印可以方便地将图形打印成 DWF（Drawing Web Format）文件、DWFx 文件或 PDF 文件。

命令调用主要有以下方式：单击"输出"选项卡→"输出为 DWF/PDF"选项组→"输出"按钮 DWFx / DWF / bDF，或在命令行输入 EXPORTDWFX/EXPORTDWF/EXPORTP-DF。

PDF 是可在多个平台上查看的压缩电子文档格式，广泛用于通过 Internet 传递图形数据。但 PDF 对 CAD 特定设计数据的支持是有限的（图形特性仅限于直线、三次贝塞尔曲线、填充、TrueType 文字、颜色和图层）。

DWF 和 DWFx 是由 Autodesk 开发的一种安全的文件格式，DWFx 是最新版本的 DWF 文件格式。DWF/DWFx 比 PDF 更适合于设计审阅流程。用户无须安装 AutoCAD 即可审阅 DWF 和 DWFx 文件，也可以免费下载 AutodeskDesignReview 来浏览或输出图形。

DWF 文件格式支持图层、链接、背景颜色、距离测量、线宽和比例等图形特性。用户在不损失原始图形的文件数据特性的前提下，通过 DWF 文件格式共享其数据和文件。

DWF 文件和 DWG 文件相比，其优点如下：

1）DWF 文件能被压缩，其大小为原来 DWG 设计文件的 1/8，传递起来更加快速。

2）DWF 是一种不可编辑、安全的文件格式，可以查看、标记和打印 DWF 图形，但不能修改原始图形。

3）DWF 文件更便于查看和打印。DWF 支持多页图形集，而且由于不需要具有原始设计应用程序的有关知识，因此不使用 CAD 的团队成员可以更容易地进行查看和打印。

【例 9-4】 将绘制完成的图形打印为 DWF 文件。

具体操作步骤如下：

1）单击功能区的"输出"选项卡→"打印"选项组→"打印"按钮 🖫。

2）在"打印"对话框的"打印机/绘图仪"下的"名称"文本框中，从"名称"下拉列表中选择"DWF6ePlot.pc3"配置。

3）根据需要为 DWF 文件选择打印设置。

4）单击"确定"按钮。

5）在"浏览打印文件"对话框中，指定位置并输入文件名。

6）单击"保存"按钮。

注意：

1）DWF 文件是一种二维矢量格式，不能显示着色或阴影图，因此不能保留 3D 数据。

2）AutoCAD 本身不能直接打开 DWF 文件，但是可以将其插入到 DWG 文件中作为参考底图，可以测量或标注尺寸，还可以像光栅图像一样对图形边界进行修改，类似于外部参照。

3）只有 DWFePlot.pc3 输出配置中包含"图层信息"选项，才可包含"图层"控制。

4）模型空间和布局均可以打印或输出图形为 PDF 文件，即先选中绘图区左下角的"模型"选项卡或"布局"选项卡，再进行"输出"或"打印"操作。

9.7　实例解析

【例 9-5】　为图 9-15 所示的平面图形建立一个布局，名为"A4 零件图"（创建新布局或调用早期版本的模板布局），并将"A4 零件图"采用电子打印输出。

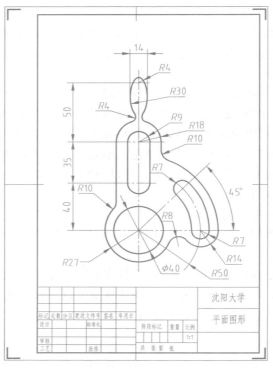

图 9-15　"预览"打印效果

具体操作步骤如下：

1）在模型空间绘制完成平面图形。

2）右击"布局"选项卡，选择"从样板（T）…"选项。

3）打开"从文件选择样板"对话框，浏览选择文件"Gb_a4-Named Plot Styles"（调用早期版本的模板布局），单击"打开"按钮。

4）在"插入布局"对话框中，单击"确定"按钮，则"布局"选项卡中已插入该国家标准样板布局，名称为"GbA4 标题栏"。

5）选中"GbA4 标题栏"选项卡，从其右键快捷菜单中选择"重命名"，将其改为"A4 零件图"。将"A4 零件图"按视口比例 1:1 进行布置。

6）完成图形在视口内的布局，填写标题栏中相应的属性。

7）右击"A4 零件图"选项卡，选择"页面设置管理器（G）…"选项，弹出"页面设置管理器"对话框。

8）可新建一名为"布局（平面图形）"的页面设置。进入"页面设置-布局（平面图形）"对话框进行设置，如图9-16所示。

图9-16 "页面设置-布局（平面图形）"对话框

9）从"打印机/绘图仪"下的"名称"下拉列表中选择"DWF6ePlot.pc3"打印设备。

10）从"打印样式表（画笔指定）"下拉列表中选择"monochrome.ctb"，将所有颜色打印为黑色。

11）"图纸尺寸"选择"A4（210×297毫米）"。

12）"打印区域"选择"布局"，"图形方向"选择"纵向"。

13）单击"预览"按钮预览打印效果，保存该布局设置。

14）右击"A4零件图"选项卡，选择"打印"选项进入"打印-布局"对话框，在"页面设置"下的"名称"中选择刚才的布局设置"布局（平面图形）"，单击"确定"按钮。

15）在"浏览打印文件"对话框中，输入文件名，选择文件位置，单击"保存"按钮，完成电子打印输出。

思考与练习

1. 模型视口中的每个视口最多可分为几个子视口？
2. 创建布局视口的多段线对象是否必须是闭合的？
3. 系统提供的打印样式有哪两种类型？
4. 使用黑白打印机对图纸进行打印，最好使用哪种打印样式表？
5. 若布局的浮动视口中未显示模型空间所绘制的图形，则应执行何种操作？
6. 将前面章节中所绘制的图形布局并打印输出。

相关拓展

绘制长征六号改运载火箭结构图，如图 9-17 所示，并进行电子打印输出。

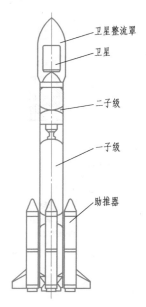

卫星整流罩

卫星

二子级

一子级

助推器

图 9-17　长征六号改运载火箭结构

2022 年 3 月 29 日 17 时 50 分，我国在太原卫星发射中心成功发射长征六号改运载火箭。该火箭为"混动版"火箭，是我国首型固液捆绑的运载火箭，也是我国新一代长征系列运载火箭家族的新成员。长征六号改运载火箭的成功首飞证明我国突破了固液捆绑等一系列技术，推动了新一代运载火箭创新发展。

第10章

AutoCAD 2022的其他功能

10.1 查询对象特性和图形信息

通过"默认"选项卡的"实用工具"选项组及"工具"菜单的"查询"子菜单（图 10-1），能够获取对象特性和图形相关信息。例如可获得对象的图层、颜色和线型等特性，获取对象的点坐标、距离和面积等数据库信息，也可获得图形文件和当前系统状态的相关信息。

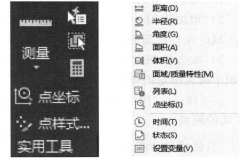

图 10-1 "实用工具"选项组及"工具"菜单的"查询"子菜单

10.1.1 查询点坐标

"点坐标"命令可在绘图过程中透明地查询点的坐标值，有利于精确定位图形，常和目标捕捉方式配合使用。

命令调用主要有以下方式：单击"默认"选项卡→"实用工具"选项组→"点坐标"按钮，或单击菜单栏的"工具"→"查询"→"点坐标"，或在命令行输入 ID。

【例 10-1】 用"点坐标"命令查询图 10-2 中 A 点坐标。

具体操作步骤如下：
1) 执行"点坐标"命令。
2) 指定点：（用对象捕捉方式捕捉需查询的点 A）
3) 指定点：X = 53.9489　Y = 60.2631　Z = 0.0000（即命令行显示 A 点的坐标）

10.1.2 测量

"测量"命令可测量选定对象或点序列的距离、半径、角度、面积和体积。

命令调用主要有以下方式：单击"默认"选项卡→"实用工具"选项组→"测量"按钮，或单击菜单栏的"工具"→"查询"子菜单中各测量选项，或在命令行输入 MEA-SUREGEOM。

使用"测量"命令，可以获取有关选定对象和点序列的几何信息，而无须使用多个命令。"测量"命令可执行多种与"AREA""DIST"或"MASSPROP"命令相同的计算。

命令提示中各主要选项含义如下：

（1）距离（D） 测量指定点之间的距离。

（2）半径（R） 测量指定圆弧或圆的半径和直径。指定圆弧或圆的半径和直径显示在命令提示下和工具提示中。指定对象的半径还将显示为动态标注。

（3）角度（A） 测量指定圆弧、圆、直线或顶点的角度。

（4）面积（AR） 测量对象或定义区域的面积和周长。无法计算自交对象的面积。

1）指定第一个角点：计算由一组点定义的面积。

2）对象（O）：选取多段线、多边形、椭圆或圆来定义要计算的区域边界。

3）增加面积（A）：将选取的多段线、多边形、椭圆、圆或点组定义区域的总面积加入到前一部分对象的面积中。

4）减少面积（S）：将选取的多段线、多边形、椭圆、圆或定义点围住的区域面积从总面积中减去。

（5）体积（V） 测量对象或定义区域的体积。

1）对象（O）：可以选择三维实体或二维对象。

2）增加体积（A）：打开"加"模式，并在定义区域时保存最新的总体积。

3）减去体积（S）：打开"减"模式，并从总体积中减去指定的体积。

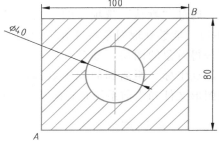

图 10-2　查询对象信息

【例 10-2】 用"测量距离"命令测量图 10-2 中 AB 间的距离。

具体操作步骤如下：

1）执行"测量距离"命令。

2）命令：_MEASUREGEOM

3）输入一个选项[距离（D）/半径（R）/角度（A）/面积（AR）/体积（V）/快速（Q）/模式（M）/退出（X）]<距离>：_distance

4）指定第一点：（用对象捕捉方式捕捉点 A）

5）指定第二个点或[多个点（M）]：（用对象捕捉方式捕捉点 B）

6）距离 = 128.0625，XY 平面中的倾角 = 219，与 XY 平面的夹角 = 0

X 增量 = -100.0000，Y 增量 = -80.0000，Z 增量 = 0.0000（命令行显示结果）

7）输入一个选项[距离（D）/半径（R）/角度（A）/面积（AR）/体积（V）/快速（Q）/模式（M）/退出（X）]<距离>：X✓（选择"退出"选项，结束命令）

【例 10-3】 用"测量面积"命令计算出如图 10-2 所示阴影的面积。

具体操作步骤如下：

1）执行"测量面积"命令。

2）命令：_MEASUREGEOM

3）输入一个选项[距离（D）/半径（R）/角度（A）/面积（AR）/体积（V）/快速（Q）/模式（M）/退出（X）]<距离>：_area

4）指定第一个角点或［对象（O）/增加面积（A）/减少面积（S）/退出（X）］＜对象（O）＞：A↙（选择"增加面积"选项）

5）指定第一个角点或［对象（O）/减少面积（S）/退出（X）］：O↙（选择"对象"选项）

6）（"加"模式）选择对象：（选中矩形对象）

7）区域＝8000.0000，周长＝360.0000　总面积＝8000.0000（命令行显示）

8）（"加"模式）选择对象：↙（结束对象选择）

9）区域＝8000.0000，周长＝360.0000　总面积＝8000.0000（命令行显示）

10）指定第一个角点或［对象（O）/减少面积（S）/退出（X）］：S↙（选择"减少面积"选项）

11）指定第一个角点或［对象（O）/增加面积（A）/退出（X）］：O↙（选择"对象"选项）

12）（"减"模式）选择对象：（选中圆对象）

13）区域＝1256.6371，圆周长＝125.6637　总面积＝6743.3629（命令行显示）

14）（"减"模式）选择对象：↙（结束对象选择）

15）区域＝1256.6371，圆周长＝125.6637　总面积＝6743.3629（命令行显示）

16）指定第一个角点或［对象（O）/增加面积（A）/退出（X）］：X↙（退出"减"模式）

17）总面积＝6743.3629（命令行显示）

18）输入一个选项［距离（D）/半径（R）/角度（A）/面积（AR）/体积（V）/快速（Q）/模式（M）/退出（X）］＜面积＞：X↙（选择"退出"选项，结束命令）

10.1.3　查询绘图状态、系统变量及绘图时间

1. 查询绘图状态"STATUS"命令

"STATUS"命令为透明命令，可显示图形的统计信息、模式和范围，如图10-3所示。显示当前图形中对象的数目，包括图形对象、非图形对象和块定义。在 DIM 提示下使用时，将显示所有标注系统变量的值和说明。

命令调用主要有以下方式：单击"应用程序菜单"按钮→"图形实用工具"→"状态"，或单击菜单栏的"工具"→"查询"→"状态"，或在命令行输入STATUS。

另外，"STATUS"命令还显示了图形界限、显示范围、栅格间距、捕捉模式、当前空间、当前布局、当前图层、当前颜色、当前线型，还有图形软盘空间和内存等信息。

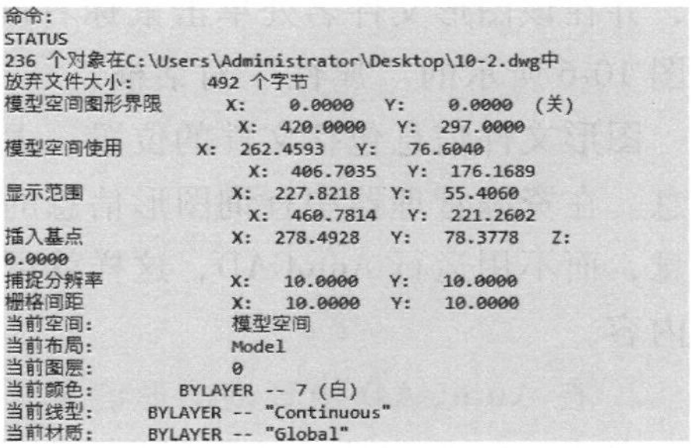

```
命令:
STATUS
236 个对象在C:\Users\Administrator\Desktop\10-2.dwg中
放弃文件大小:         492 个字节
模型空间图形界限    X:    0.0000   Y:    0.0000   (关)
                    X:  420.0000   Y:  297.0000
模型空间使用        X:  262.4593   Y:   76.6040
                    X:  406.7035   Y:  176.1689
显示范围            X:  227.8218   Y:   55.4060
                    X:  460.7814   Y:  221.2602
插入基点            X:  278.4928   Y:   78.3778   Z: 0.0000
捕捉分辨率          X:   10.0000   Y:   10.0000
栅格间距            X:   10.0000   Y:   10.0000
当前空间:            模型空间
当前布局:            Model
当前图层:            0
当前颜色:            BYLAYER -- 7 (白)
当前线型:            BYLAYER -- "Continuous"
当前材质:            BYLAYER -- "Global"
```

图 10-3　执行"STATUS"命令后的部分状态列表

2. 查询系统变量"SETVAR"命令

"SETVAR"命令为透明命令，列出或修改系统变量值，如图10-4所示。

命令调用主要有以下方式：单击菜单栏的"工具"→"查询"→"设置变量"，或在命令

行输入 SETVAR。

用户可以在命令提示下输入变量的名称及其新值来更改系统变量的值。输入 "?" 将按字母顺序列出变量，按<Enter>键可继续浏览列表。只读系统变量只能提供信息，不能被修改。

3. 查询绘图时间 "TIME" 命令

"TIME" 命令用于查询绘图各项时间的统计列表，如图 10-5 所示。

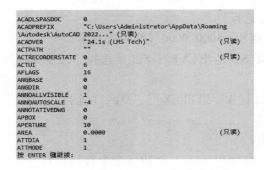

图 10-4　执行 "SETVAR" 命令后的　　　　图 10-5　执行 "TIME" 命令后的时间列表
　　　　部分系统变量列表

命令调用主要有以下方式：单击菜单栏的 "工具"→"查询"→"时间"，或在命令行输入 TIME。

"TIME" 命令可显示包括当前时间、创建时间、上次更新时间、累计编辑时间、消耗时间计时器以及下次自动保存时间等信息。

10.1.4　查询图形识别信息

1. 在资源管理器中查询图形信息

某些图形特性由操作系统存储，如图形类型、位置和大小等这些值在图形文件中是只读的，只能通过 "文件资源管理器" 进行更改。

在 Windows 资源管理器中查询图形信息可通过以下方式：在资源管理器中找到该图形文件，并在该图形文件名处单击鼠标右键，从弹出的快捷菜单中选择 "属性" 选项，将出现如图 10-6 所示的 "属性" 对话框。

图形文件信息包括文件的位置、大小、类型以及文件的创建时间、最后修改时间等概要信息。在资源管理器中查询图形信息的优点是，可以直接在 Windows 资源管理器中查询图形信息，而不用运行 AutoCAD，这样就可以在不打开图形文件的条件下，了解该图形中所包含的内容。

2. 在 AutoCAD 中查询图形信息

在 AutoCAD 中通过 "图形特性" 命令可查询图形信息，有助于识别图形。可以将任意图形特性以字段形式包含在多行文字对象中。

命令调用主要有以下方式：单击 "应用程序菜单" 按钮→"图形实用工具"→"图形特性"，或单击菜单栏的 "文件"→"图形特性"，或在命令行输入 DWGPROPS。

执行 "图形特性" 命令后，将显示如图 10-7 所示的 "属性" 对话框。在 "概要" 选项卡中可输入图形标题、主题、作者、关键字、注释和图形中超链接数据的默认地址。在"自定义"选项卡中，单击"添加"按钮进入"添加自定义特性"对话框，可输入自定义特性的名称和值，单击"确定"按钮后，新的自定义特性及其值将显示在"自定义"选项卡中。此信息可用于在设计中心进行高级搜索。

图 10-6　资源管理器中的"属性"对话框

图 10-7　AutoCAD 中的"属性"对话框

10.2　设计中心

10.2.1　设计中心概述

通过设计中心，用户可以组织对图形、块、图案填充和其他图形内容的访问。如果打开了多个图形，可以通过设计中心在图形之间复制和粘贴其他内容，如图层、布局和文字样式等。可以将源图形中的内容拖动到当前图形中，源图形可以位于用户的计算机上、网络位置或网站上，还可以将图形、块和填充等内容拖动到工具选项板上。

命令调用主要有以下方式：单击"视图"选项卡→"选项板"选项组→"设计中心"按钮，或单击菜单栏的"工具"→"选项板"→"设计中心"，或在命令行输入 ADCENTER。

执行"设计中心"命令，将打开"设计中心"窗口，如图 10-8 所示。

"设计中心"窗口左边的树状视图窗口用层次结构方式列出了本地和网络驱动器上的图形、自定义内容、文件及文件夹等内容。右边控制板则可查看选定的树状层次结构中的项目内容。

（1）"文件夹"选项卡　显示设计中心资源，包括计算机或网络驱动器中文件和文件夹的层次结构。

（2）"打开的图形"选项卡　显示当前环境下打开的所有图形列表，包括最小化的图形。

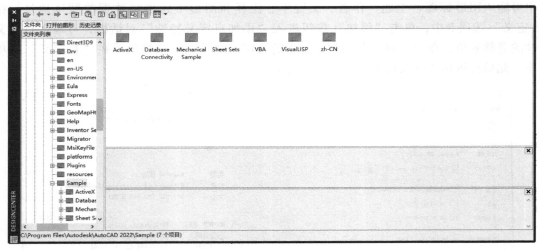

图 10-8　"设计中心"窗口

（3）"历史记录"选项卡　显示在设计中心最近打开的文件的列表。显示历史记录后，在一个文件上单击鼠标右键将显示此文件信息，还可从"历史记录"列表中删除此文件。

10.2.2　设计中心的功能与控制

1.设计中心的功能

1）浏览不同的图形文件，包括当前打开的图形和 Web 站点上的图形库。

2）创建指向频繁访问的图形、文件夹和 Web 站点上的快捷方式。

3）在本地和网络驱动器上搜索和加载图形文件。可将图形文件从设计中心拖动到绘图区并打开图形。

4）查看图形的块和图层定义，并将这些图形定义插入、复制或粘贴到当前图形文件中。

2.设计中心的控制

用户可通过控制显示方式来控制设计中心控制板的显示效果，还可在控制板中显示与图形文件相关的描述信息和预览图像。

可以控制设计中心的大小、位置和外观，其可通过单击鼠标右键并从快捷菜单中选择选项来设置。

1）调整设计中心的大小：拖动内容区与树状图之间的滚动条，或拖动窗口的一边。

2）固定设计中心：可将其拖至应用程序窗口右侧或左侧的固定区域，直至捕捉到固定位置；也可以通过双击"设计中心"窗口标题栏将其固定。

3）浮动设计中心：拖动工具栏上方的区域，使设计中心远离固定区域。拖动时按住<Ctrl>键可防止窗口固定。

4）锚定设计中心：可从右键快捷菜单中选择"锚点居右"或"锚点居左"。当光标移至被锚定的"设计中心"窗口时，窗口将展开，移开时则会隐藏。

5）隐藏设计中心：从右键快捷菜单中选择"自动隐藏"，则设计中心将随着光标的移至和移开而自动进行展开和隐藏。

10.2.3 使用设计中心

1. 向图形中添加内容

使用设计中心可在图形中插入块、引用光栅图像及外部参照等内容。

1）将某个项目拖动到某个图形的图形区，按照默认设置将其插入。

2）在内容区中的某个项目上单击鼠标右键，将显示包含多个选项的右键快捷菜单。

3）双击块将显示"插入"对话框，双击图案填充将显示"边界图案填充"对话框。

4）可以预览图形内容，还可以显示文字说明等。

2. 通过设计中心打开图形

在设计中心中，可以通过以下两种方式在内容区中打开图形：

1）使用右键快捷菜单、拖动图形同时按住<Ctrl>键。

2）按住鼠标左键将图形图标拖至绘图区域的图形区外的任意位置（如工具栏或命令区）。图形名将被添加到设计中心历史记录表中，以便在将来的任务中快速访问。

3. 通过设计中心更新块定义

在内容区中的块或图形文件上单击鼠标右键，选择快捷菜单中的"仅重定义"或"插入并重定义"选项，可以更新选定的块。

与外部参照不同，当更改块定义的源文件时，包含此块的图形的块定义并不会自动更新。通过设计中心，可以决定是否更新当前图形中的块定义。

4. 使用工具选项板

可以从设计中心的内容区中选择图形、块或图案填充，并将它们添加到工具选项板中。向工具选项板中添加图形时，如果将它们拖动到当前图形中，那么被拖动的图形将作为块被插入。

1）在设计中心的内容区中，可以将一个或多个项目拖动到当前的工具选项板中。

2）在设计中心的树状图中，可以单击鼠标右键，并从快捷菜单中创建当前文件夹、图形文件或块图标的新的工具选项板。

10.3 数 据 共 享

AutoCAD 拥有开放式的数据结构，它采用多种方式和其他应用程序实现数据共享。例如，AutoCAD 可以与 Word 交换图形和文本，与 Photoshop 交换图形，可以处理光栅图像等。

10.3.1 运用 Windows 剪贴板

Windows 剪贴板是 Windows 应用程序实现数据交换的内存结构。用户可以把来自其他AutoCAD 图形文件的对象或者其他应用程序所创建的对象剪切或复制到剪贴板，然后将剪贴板中的内容粘贴到图形或者文档中。

1. 剪切到剪贴板

该功能指将选择的对象存储到剪贴板中，而在原文件中删除所选择的对象。

命令调用主要有以下方式：单击"默认"选项卡→"剪贴板"选项组→"剪切"按钮，或单击菜单栏的"编辑"→"剪切"，或在命令行输入 CUTCLIP。

另外，也可通过右键快捷菜单调用：终止所有活动命令，在绘图区域中单击鼠标右键，然后选择"剪切"选项。

2. 复制到剪贴板

该功能指将选择的对象存储到剪贴板中，而在原文件中不删除所选择的对象。

命令调用主要有以下方式：单击"默认"选项卡→"剪贴板"选项组→"复制剪裁"按钮，或单击菜单栏的"编辑"→"复制"，或在命令行输入 COPYCLIP。

另外，也可通过右键快捷菜单调用：终止所有活动命令，在绘图区域中单击鼠标右键，然后选择"复制"。也可以使用<Ctrl+C>组合键代替"COPYCLIP"命令。

3. 从剪贴板粘贴对象

剪贴板中可以含有不同类型的对象，如 AutoCAD 图形对象、Windows 源文件、位图以及多媒体文件等。如果是 AutoCAD 图形对象，则如同插入块的操作，插入到当前文件中。如果是 ASCII 文件，则使用"MTEXT"命令的默认值将文本插入到图形的左上角。

命令调用主要有以下方式：单击"默认"选项卡→"剪贴板"选项组→"粘贴"按钮，或单击菜单栏的"编辑"→"粘贴"，或在命令行输入 PASTECLIP。

另外，也可以使用绘图区右键快捷菜单中的"粘贴"选项，或用<Ctrl+V>组合键代替"PASTECLIP"命令。

10.3.2 以多种格式输入、输出数据

AutoCAD 提供了多种格式与其他应用程序共享数据。调用"输入"命令，用户可以打开来自其他应用程序的文件，供 AutoCAD 使用。调用"输出"命令，可以把 AutoCAD 的数据转换为其他应用程序能够使用的格式。

1. 输入数据

"输入"命令调用主要有以下方式：单击"插入"选项卡→"输入"选项组→"输入"按钮，或单击菜单栏的"插入"→"3Dstudio（3）"/"ACIS 文件（A）"/二进制图形交换（E）/"Windows 图元文件（W）"，或在命令行输入 IMPORT。

执行"输入"命令，系统将打开"输入文件"对话框，"文件类型"下拉列表中提供了系统允许输入的图形文件格式，在"文件名"文本框中可以直接输入文件名称。

2. 输出数据

"输出"命令调用主要有以下方式：单击菜单栏的"文件"→"输出"，或在命令行输入 EXPORT。

执行"输出"命令，系统将打开"输出数据"对话框，可以输入和指定需输出的文件名称和类型。

10.3.3 对象的链接与嵌入

对象的链接与嵌入（OLE）技术，是指把图形、文字和声音等对象在 Windows 不同的应用程序间复制或移动。用户可以使用 OLE 技术创建包含几个不同应用程序数据的复合文件。

使用 OLE 进行数据交换时，通常将源应用程序称为服务器（Server），提供被链接或嵌入的 OLE 对象。而将目标应用程序称为容器（Container），创建包含 OLE 对象的复合文件。AutoCAD 既可以作为服务器，也可以作为容器。

1. 链接与嵌入

链接与嵌入都是将文件中的数据插入到其他目标文件中。其不同在于：如果是链接对象，当源文件中的数据改变时，复制文件中的数据自动更新；如果是嵌入对象，当源文件中的数据改变时，对复合文件不发生影响。

2. AutoCAD 作为服务器

将当前视图复制到剪贴板中，以便链接到其他 OLE 应用程序。

命令调用主要有以下方式：单击菜单栏的"编辑"→"复制链接"，或在命令行输入 COPYLINK。

嵌入对象到其他 Windows 应用程序的命令是"COPYCLIP"或"CUTCLIP"命令，然后，可以将剪贴板中的内容作为 OLE 对象粘贴到目标程序中，创建复合文件。

3. AutoCAD 作为容器

在 AutoCAD 中，可从其他应用程序链接或嵌入对象。

命令调用主要有以下方式：单击"插入"选项卡→"数据"选项组→"OLE 对象"按钮，或单击菜单栏的"插入"→"OLE 对象"，或在命令行输入 INSERTOBJ。

10.4　参数化绘图

参数化功能能够使 AutoCAD 对象变得比以往更加智能。参数化绘图的两个重要组成部分——几何约束和标注约束，都已经集成在 AutoCAD 中。

10.4.1　几何约束

几何约束支持对象或关键点之间建立关联，约束被永久保存在对象中，以便更加精确地实现设计意图。

命令调用主要有以下方式：单击"参数化"选项卡→"几何"选项组（图 10-9），或单击菜单栏的"参数"→"几何约束"子菜单（图 10-10），或在命令行输入 GEOMCONSTRAINT。

图 10-9　"参数化"选项卡中"几何"选项组

图 10-10　"几何约束"子菜单

1. 几何约束的类型

"几何约束"子菜单中各选项功能如下：

（1）水平 ⚏ 使直线或点对位于与当前坐标系的 *X* 轴平行的位置。

（2）竖直 ⫴ 使直线或点对位于与当前坐标系的 *Y* 轴平行的位置。

（3）垂直 ⟨ 使选定的直线位于彼此垂直的位置。可以选择直线对象，也可以选择多段线子对象。第二个对象将置为与第一个对象垂直。

（4）平行 ⫽ 使选定的直线位于彼此平行的位置。平行约束在两个对象之间应用。

（5）相切 ⟳ 将两条曲线约束为保持彼此相切或其延长线保持彼此相切。相切约束在两个对象之间应用。圆可以与直线相切，即使该圆与该直线不相交。

（6）平滑 ⟋ 将样条曲线约束为连续，并与其他样条曲线、直线、圆弧或多段线保持连续性。注意：应用了平滑约束的曲线的端点将设为重合。

（7）重合 ⫶ 约束两个点使其重合，或约束一个点使其位于曲线（或曲线的延长线）上。可以使对象上的约束点与某个对象重合，也可以使其与另一对象上的约束点重合。

（8）同心 ◎ 将两个圆弧、圆或椭圆约束到同一个中心点。其与将重合约束应用于曲线的中心点所产生的结果相同。

（9）共线 ⟋ 使两条或多条直线段沿同一直线方向。

（10）对称 ⫿⫾ 使选定对象受对称约束，相对于选定直线对称。

（11）相等 ＝ 将选定圆弧和圆的尺寸重新调整为半径相同，或将选定直线的尺寸重新调整为长度相同。

（12）固定 🔒 将图形锁定到固定位置。将固定约束应用于对象上的点时，会将节点锁定在位，但可以移动该对象。将固定约束应用于对象时，该对象将被锁定且无法移动。

2. 几何约束的显示或隐藏

对象上的几何约束图标表示所附加的约束。可以将约束栏拖动到屏幕的任意位置，也可以通过选择功能区界面上的"全部显示"或"全部隐藏"显示或隐藏几何约束。

命令调用主要有以下方式：单击"参数化"选项卡→"几何"选项组→"显示/隐藏"按钮 ⊡ /"全部显示"按钮 ⊡ /"全部隐藏"按钮 ⊡ ，或单击菜单栏的"参数"→"约束栏"→"选择对象"/"全部显示"/"全部隐藏"，或在命令行输入 CONSTRAINTBAR。

（1）"显示/隐藏" 显示或隐藏对象上的几何约束。

（2）"全部显示" 为所有对象显示约束栏，以及应用于它们的几何约束。

（3）"全部隐藏" 为所有对象隐藏约束栏，以及应用于它们的几何约束。

在约束标记上单击鼠标右键，会出现右键快捷菜单，可根据提供的选项进行操作，包括删除约束，如图 10-11 所示。

另外，还可以利用"约束设置"对话框的"几何"选项卡对多个约束栏选项进行管理，如图 10-12 所示。

命令调用主要有以下方式：单击"参数化"选项卡→"几何"选项组右下角图标 ⬿ ，或单击菜单栏的"参数"→"约束设置"，或在命令行输入 CONSTRAINTSETTINGS。

"约束设置"对话框的"几何"选项卡中各选项功能如下：

图 10-11　"约束"右键快捷菜单

图 10-12　"约束设置"对话框的"几何"选项卡

（1）约束栏显示设置　控制图形编辑器中是否为对象显示约束栏或约束点标记。

（2）全部选择　选择所有的几何约束类型。

（3）全部清除　清除已选定的所有几何约束类型。

（4）仅为处于当前平面中的对象显示约束栏　仅为当前平面上受几何约束的对象显示约束栏。

（5）约束栏透明度　设置图形中约束栏的透明度。

（6）将约束应用于选定对象后显示约束栏　手动应用约束后或使用"AUTOCON-STRAIN"命令时显示相关约束栏。

（7）选定对象时显示约束栏　临时显示选定对象的约束栏。

3. 自动约束

"自动约束"控制应用于选择集的约束，以及使用"AUTOCONSTRAIN"命令时约束的应用顺序。

命令调用主要有以下方式：单击"参数化"选项卡→"几何"选项组→"自动约束"按钮，或单击菜单栏的"参数"→"约束栏"→"选择对象"，或在命令行输入 AUTO-CONSTRAIN。

命令行提示"选择对象或［设置］＜设置＞:"，选择要自动约束的对象，或使用"约束设置"对话框的"自动约束"选项卡，如图 10-13 所示，能够设置优先级和容限等参数。其中各选项功能如下：

（1）自动约束标题　包括优先级、约束类型和应用。

（2）上移　通过在列表中上移选定项目来更改其顺序。

（3）下移　通过在列表中下移选定项目来更改其顺序。

图 10-13　"约束设置"对话框的
"自动约束"选项卡

（4）全部选择　选择所有几何约束类型以进行自动约束。

（5）全部清除　清除所有几何约束类型以进行自动约束。

（6）重置　将自动约束设置重置为默认值。

（7）相切对象必须共用同一交点　指定两条曲线必须共用一个点（在距离公差内指定），以便应用相切约束。

（8）垂直对象必须共用同一交点　指定直线必须相交或者一条直线的端点必须与另一条直线或直线的端点重合（在距离公差内指定）。

（9）公差　设置可接受的公差值以确定是否可以应用约束。

（10）距离　确定是否可应用约束的距离公差。

（11）角度　确定是否可应用约束的角度公差。

4. 修改几何约束对象

可以通过使用夹点、编辑命令，或释放（应用）几何约束的方法编辑受约束的几何对象。

（1）使用夹点　可以使用夹点编辑模式修改受约束的几何图形，几何图形会保留应用的所有约束。

如将直线对象约束为与某个圆保持相切，用户可以旋转该直线，并通过"夹点编辑"更改其长度和端点，结果该直线或其延长线会保持与该圆相切，如图 10-14 所示。

但是，如修改欠约束对象最终产生的结果取决于已应用的约束以及涉及的对象类型。如果图中的圆尚未应用半径约束，则会修改圆的半径，而不修改直线的切点，如图 10-15 所示。

图 10-14　直线与"完全约束"的圆相切　　　　图 10-15　直线与"欠约束"的圆相切

（2）使用编辑命令　可以使用"MOVE""COPY""ROTATE"和"SCALE"等编辑命令修改几何约束的图形。但在某些情况下，"TRIM""EXTEND""BREAK"和"JOIN"命令可以删除约束。

默认情况下，如果编辑命令导致复制受约束对象，则也会复制应用于原始对象的约束，由系统变量 PARAMETERCOPYMODE 控制。

10.4.2　标注约束

标注约束是使 AutoCAD 中的几何体和尺寸参数之间始终保持一种驱动的关系。标注约束控制对象的距离、长度、角度和半径值。根据尺寸对几何体进行驱动，意味着当改变尺寸参数值时，几何体将自动进行相应更新。

命令调用主要有以下方式：单击"参数化"选项卡→"标注"，或单击菜单栏的"参数"→"标注约束"，或在命令行输入 DIMCONSTRAINT。

"参数化"选项卡中"标注"选项组如图 10-16 所示，"标注约束"子菜单如图 10-17 所示。

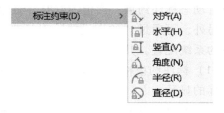

图 10-16　"参数化"选项卡中"标注"选项组　　　　　图 10-17　"标注约束"子菜单

1. 标注约束的类型

"标注"选项组及"标注约束"子菜单中各选项功能如下：

（1）线性　根据延伸线原点和尺寸线的位置创建水平、垂直或旋转约束。

（2）水平　约束对象上的点或不同对象上两个点之间的 X 距离。

（3）垂直　约束对象上的点或不同对象上两个点之间的 Y 距离。

（4）对齐　约束对象上的两个点或不同对象上两个点之间的距离。在两条直线之间应用对齐约束时，这两条直线将设为平行，约束可控制平行线之间的距离。

（5）角度　约束直线段或多段线段之间的角度、由圆弧或多段线圆弧段扫掠得到的角度，或对象上三个点之间的角度。

（6）半径　约束圆或圆弧的半径。

（7）直径　约束圆或圆弧的直径。

（8）转换　将标注转换为标注约束。

"锁定"图标能有效区分约束尺寸和传统尺寸。几何对象的尺寸是恒定缩放的（始终保持同一尺寸），标注约束的尺寸不可变更。每个图标都指定一个名称，如"直径 1"或"角度 1"，如图 10-18 所示。

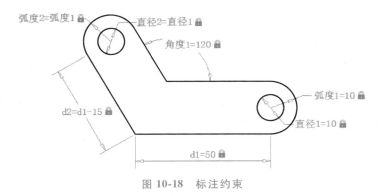

图 10-18　标注约束

2. 标注约束的显示或隐藏

标注约束可以显示或隐藏，命令调用主要有以下方式：单击"参数化"选项卡→"标注"选项组→"显示/隐藏"按钮 /"全部显示"按钮 /"全部隐藏"按钮 ，或单击菜单栏的"参数"→"动态标注"→"选择对象"/"全部显示"/"全部隐藏"。

标注约束的显示或隐藏由系统变量 DYNCONSTRAINTDISPLAY 控制，当值为 1 时，将显示所有动态标注约束；当值为 0 时，将隐藏所有动态标注约束。

另外，可通过"约束设置"对话框的"标注"选项卡，如图 10-19 所示，显示标注约束时的系统配置。其中各选项功能如下：

（1）标注约束格式　设置标注名称格式和锁定图标的显示。

（2）标注名称格式　为应用标注约束时显示的文字指定格式。可将名称格式设置为显示名称、值或名称和表达式。可以利用其只显示参数值而不显示表达式。

（3）为注释性约束显示锁定图标　针对已应用注释性约束的对象显示锁定图标。是否选中该复选项取决于 DIMCONSTRAINTICON 系统变量的值。

（4）为选定对象显示隐藏的动态约束　显示选定时已设置为隐藏的动态约束。

图 10-19　"约束设置"对话框的"标注"选项卡

10.4.3　约束的管理

1. 删除约束

标注约束无法修改，但可以删除或应用其他约束。

命令调用主要有以下方式：单击"参数化"选项卡→"管理"选项组→"删除约束"按钮 ，或单击菜单栏的"参数"→"删除约束"，或在命令行输入 DELCONSTRAINT。

执行该命令后，将删除选定对象的所有几何约束和标注约束，删除的约束数量将显示在命令行中。

2. 参数管理器

通过"参数管理器"选项板可以对标注约束的名称（如"直径 1"或"角度 1"）进行全面定制。此外，还能创建用户参数，根据其他参数值对表达式进行设置。"参数管理器"选项板可以控制图形中使用的关联参数，即显示图形中可以使用的所有关联变量，包括标注约束变量和用户定义变量，可以创建、编辑、重命名和删除关联变量。

命令调用主要有以下方式：单击"参数化"选项卡→"管理"选项组→"参数管理器"按钮 $f_{(x)}$，或单击菜单栏的"参数"→"参数管理器"，或在命令行输入 PARAMETERS。

"参数管理器"选项板如图 10-20 所示。默认情况

图 10-20　"参数管理器"选项板

下，"参数管理器"选项板包括一个三列控件，也可以使用右键快捷菜单添加"说明"和"类型"两列。

注意：

1）通过双击标注约束的文本或在参数管理器中可改变参数值。还可以将约束更名为更恰当的名称。

2）使用"特性管理器"将尺寸约束变更为标注尺寸即可打印，还可以控制样式和大小。

10.5　实例解析

【例10-4】　利用"设计中心"插入标准件块"六角头螺钉"。

具体操作步骤如下：

1）执行"设计中心"命令，弹出"设计中心"窗口，如图10-21所示。

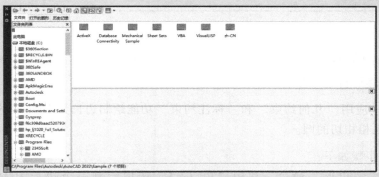

图10-21　"设计中心"窗口

2）在"设计中心"窗口中，单击"文件夹"选项卡。

3）在"文件夹列表"中，依次单击文件夹"AutoCAD 2022"→"Sample"→"zh-CN"→"DesignCenter"，打开"Fasteners-Metric.dwg"文件。

4）单击"块"节点，右侧出现预览窗口，如图10-22所示。

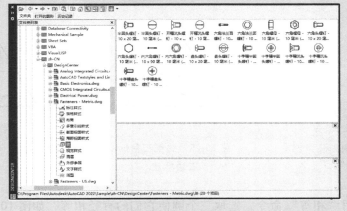

图10-22　"Fasteners-Metric.dwg"文件

5）选择所需要的标准件——"六角头螺钉-10×20毫米（侧视）"，按住鼠标左键，将该图拖至绘图区的合适位置，如图10-23所示。

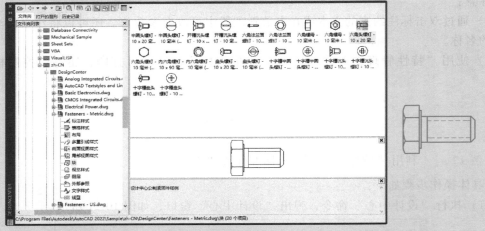

图 10-23　插入标准件块

6）完成插入标准件块"六角头螺钉"，如果需要修改该图，则可利用"分解"命令，先分解该块，然后再进行修改。

【例10-5】　应用"几何约束"和"标注约束"功能绘制边长为100mm的正三角形，其中间放置三个互相相切的圆。

具体操作步骤如下：

1）执行"多边形"命令，利用"边（E）"选项绘制一个边长为100mm的正三角形。

2）执行"圆"命令，在正三角形内部绘制任意大小三个圆，如图10-24所示。

3）执行"动态标注"命令，将三角形底边标注为动态标注约束，如图10-25所示。

4）使用"几何约束"的"固定"命令，将三角形底边固定；利用"水平"命令，使三角形底边水平；利用"相等"命令，选取三角形三边，使它们的长度保持相等，如图10-26所示。

图 10-24　正三角形及内部
任意三圆

图 10-25　约束三角形
底边标注

图 10-26　固定三角形底边
且三边相等

5）再次使用"相等"命令，选取三个圆使它们的直径相等，如图10-27所示。

6）使用"几何约束"的"相切"命令，将左侧圆与三角形的底边和左侧边相切。用同样的方式，将右侧圆与三角形的底边和右侧边相切，将上面的圆与三角形的左侧边和右侧边相切，如图10-28所示。

7）继续使用"几何约束"的"相切"命令，将左侧圆与右侧圆相切，完成全图，如图10-29所示。

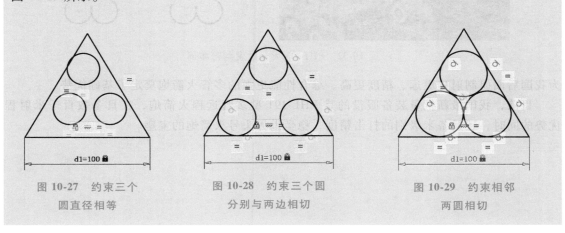

图10-27 约束三个
圆直径相等

图10-28 约束三个圆
分别与两边相切

图10-29 约束相邻
两圆相切

思考与练习

1. 绘制如图10-30所示的图形，查询该图中各部分图形的面积、周长等统计信息。
2. 如何使用设计中心在内容区中打开图形？
3. 将固定约束应用于对象上或对象上的点时，有何不同？
4. 如何改变标注约束的文本参数值？
5. 使用参数化绘图功能绘制如图10-31所示的图形。

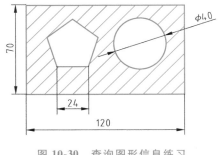

图10-30 查询图形信息练习

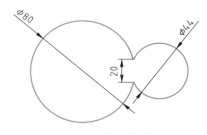

图10-31 参数化绘图练习

相关拓展

利用参数化绘图功能绘制PHL-03火箭炮发射管布局，如图10-32所示。

PHL-03式300mm火箭炮是我国陆军装备的第一种远程多管火箭炮。该炮发射系统共有12根发射管，分上、中、下三层配置，上层4枚一字排开，下面8枚左右平均分开组成"品"字形排列。12枚火箭弹可以分别单独发射，也可以一次性发射，最大射程为150km。

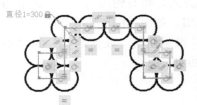

图 10-32　PHL-03 火箭炮发射管布局

为我国后面研制射程更远、精度更高、综合性能更强的多管火箭炮奠定了基础优势。

目前，我国最新批量装备服役的是 PHL-191 型多管远程火箭炮，在具备数百千米射程优势的同时，还具备米级别的打击精度，稳坐世界头号火箭炮的宝座。

第11章

三维绘图基础

11.1　三维绘图环境

在工程设计中，三维设计技术应用越来越广泛，随着 AutoCAD 软件的不断升级，其三维绘图功能越来越强大。三维模型支持 UG、SolidWorks、CATIA 和 Creo 等文件的导入。

建议用户在创建三维对象时，选择样板文件"acadiso3D.dwt"，在 AutoCAD 的工作空间下拉列表中选择"三维建模"，三维建模空间如图 11-1 所示，这是专门为建立三维模型而设计的，它的绘图区域为一个三维视图环境。

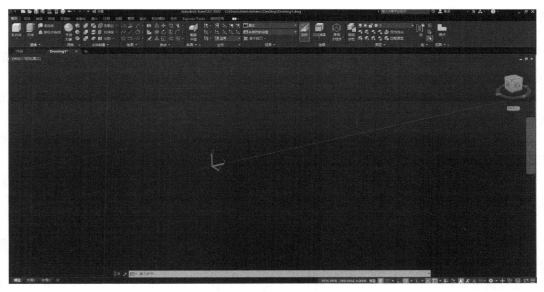

图 11-1　三维建模空间

11.1.1　用户坐标系（UCS）

在 AutoCAD 中，如果要快速创建三维图形，就要正确使用三维坐标系。前面已经介绍了坐标系的概念和坐标的输入方法。在默认情况下，用户坐标系（UCS）和世界坐标系（WCS）重合。WCS 是所有用户坐标系的基准，不能被重新定义。UCS 是用户在绘图过程中根据具体需要来定义的，可改变笛卡儿坐标系的位置和方向。

在三维建模空间下，通过"常用"选项卡（或"可视化"选项卡）的"坐标"选项组（图 11-2），可控制 UCS 图标的可见性，设置 UCS 的原点和方向等。

图 11-2 "常用"选项卡的"坐标"选项组

1. 新建 UCS

当在三维环境中创建或修改对象时，可在三维空间中的任意位置重新定义 UCS。

命令调用主要有以下方式：单击"常用"（或"可视化"）选项卡→"坐标"选项组→"UCS"按钮 ，或单击菜单栏的"工具"→"新建 UCS"，或在命令行输入 UCS。

执行命令后，系统提示中各主要选项功能如下：

1）指定 UCS 的原点：使用一点、两点或三点定义一个新的 UCS。可以直接选择并拖动 UCS 图标原点的夹点到一个新位置，或从原点夹点的菜单中选择"仅移动原点"。

2）面：将 UCS 与实体对象的选定面对齐。若要选择一个面，则可在该面的边界内或面的边上单击，被选中的面将高亮显示，UCS 的 X 轴与选中的第一个面的最近的边对齐。

3）命名：保存或恢复命名 UCS 定义。在 UCS 图标上单击鼠标右键，选择"命名 UCS"来保存或恢复命名 UCS 定义。

4）对象：根据选取的对象建立 UCS，使对象位于当前的 XY 平面上，其中 X 轴和 Y 轴的方向取决于用户选择的对象类型。

5）上一个：恢复上一个 UCS。在当前任务中可逐步返回最后 10 个 UCS 设置。

6）视图：以垂直于观察方向（平行于屏幕）的平面为 XY 平面，建立新的坐标系，UCS 原点保持不变。

7）世界：将当前的用户坐标系恢复到世界坐标系。可单击 UCS 图标并从原点夹点菜单选择"世界"。

8）X/Y/Z：旋转当前的 UCS 轴来建立新的 UCS。AutoCAD 用右手定则来确定绕该轴旋转的正方向，逆时针角度方向为正，顺时针角度方向为负。

9）Z 轴：定义 UCS 时需要选择两点，第一点作为新的坐标系原点，第二点确定 Z 轴的正向，UCS 的坐标平面（XY 平面）垂直于新的 Z 轴。

2. 命名 UCS

管理已定义的用户坐标系可通过"命名 UCS"命令来实现。命名 UCS 命令可列出、重命名和恢复 UCS 定义，并控制视口的 UCS 和 UCS 图标设置。

命令调用主要有以下方式：单击"常用"（或"可视化"）选项卡→"坐标"选项组→"命名 UCS"按钮 ，或单击菜单栏的"工具"→"命名 UCS"，或在命令行输入 UCSMAN。

执行命令后，将打开"UCS"对话框，包括下面三个选项卡。

（1）"命名 UCS"选项卡（图 11-3a） 列出当前图形中定义的 UCS 并设置当前 UCS。

1）当前 UCS：列出 UCS 名称列表。UCS 名称的右键快捷菜单中包括"重命名""删除""置为当前"和"详细信息"等选项。"当前 UCS"列表中始终包含"世界"，它既不能被重命名，也不能被删除。

a)

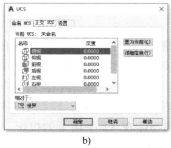
b)

c)

图 11-3　"UCS"对话框

2）置为当前：恢复选定的坐标系。

3）详细信息：单击该按钮打开"UCS 详细信息"对话框，显示 UCS 坐标数据。

（2）"正交 UCS"选项卡（图 11-3b）　设置相对于 WCS 的正交 UCS，即将 UCS 改为正交 UCS 之一。

1）当前 UCS：显示当前 UCS 名称，列出当前图形中定义的六个正交坐标系。

2）名称：指定正交 UCS 的名称。名称的右键快捷菜单中包括"置为当前""重置""深度"和"详细信息"等选项。

3）深度：指定正交 UCS 的 XY 平面与通过 UCS 原点的平行平面（由 UCSBASE 系统变量指定）之间的距离。

4）置为当前：恢复选定的坐标系。

5）详细信息：单击该按钮打开"UCS 详细信息"对话框，显示 UCS 坐标数据。

6）相对于：指定用于定义正交 UCS 的基准坐标系。默认情况下，WCS 是基准坐标系。如果更改"相对于"设置，选定正交 UCS 的原点将恢复到默认位置。

（3）"设置"选项卡（图 11-3c）　设置 UCS 图标的显示方式。

1）开：打开或关闭 UCS 图标。

2）显示于 UCS 原点：选取该复选项，AutoCAD 在 UCS 原点处显示 UCS 图标，否则仅在 WCS 原点处显示图标。

3）应用到所有活动视口：用户可以指定是否将当前的 UCS 设置应用到所有视口中。

4）UCS 与视口一起保存：设定是否将当前视口与 UCS 坐标设置一起保存。

5）修改 UCS 时更新平面视图：选取该复选项，在用户改变坐标系时，AutoCAD 将更新视点，以显示当前坐标系的 XY 平面视图。

3. 动态 UCS

AutoCAD 提供了动态 UCS 工具，单击状态栏的"允许/禁止 UCS"按钮 ⬆，将打开或关闭动态 UCS。

当该按钮处于打开状态时，先激活创建实体对象命令，然后把光标放置到想要创建对象的平面，该平面就会高亮显示，此时用户即可在该平面上创建实体。

值得注意的是，此时的 UCS 图标仍旧是在原来的状态和原来的位置，XY 平面仅仅是临时与光标所放置的平面对齐。

注意：在 AutoCAD 中，UCS 是可被选取的。选择坐标系时只能采用单击的方式，不能用框选的方式进行选择。

11.1.2　设置三维视点

在前面的章节中，示例图形都是二维图形，是在 WCS 的坐标平面（即 XY 平面）中绘制的，观察图形的视点不需要改变。但在绘制三维图形时，用户需要经常变化视点，从不同的角度来观察三维模型。

所谓视点，是指用户观察图形的方向。例如，绘制圆柱体时，如果视点的方向垂直于屏幕（即 Z 轴方向），此时仅能看到物体在 XY 平面上的投影（圆），如图 11-4a 所示。如果调整视点至当前坐标系的左上方，将看到一个三维物体，如图 11-4b 所示。

1. 设置特殊预定的三维视点

命令调用主要有以下方式：单击"常用"选项卡→"视图"选项组→"未保存的视图"下拉按钮，或单击"视图"（或"可视化"）选项卡→"命名视图"选项组→"未保存的视图"下拉按钮，预定义的三维视图选项如图 11-5 所示。

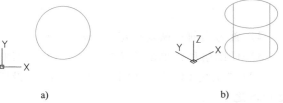

图 11-4　圆柱体在不同视点下的显示效果

通过选择"俯视""仰视""左视""右视""前视""后视""西南等轴测""东南等轴测""东北等轴测"和"西北等轴测"等选项，可从多个特殊预定的方向来观察图形。

注意：

1）通过 ViewCube 可更改和控制 UCS。

2）在选择六个标准视图时，当前的 UCS 会随之变换位置，即当前视图平面与 UCS 的 XY 平面平行。而当选择其余四个轴测视图时，UCS 不会变化。

图 11-5　预定义的
三维视图选项

2. 动态观察

命令调用主要有以下方式：单击"导航栏"的"动态观察"按钮，或单击菜单栏的"视图"→"动态观察"，或在命令行输入 3DORBIT。

动态观察有三种方式，即"受约束的动态观察""自由动态观察"和"连续动态观察"，用户可通过单击和拖动的方式在三维空间动态观察三维对象，如图 11-6 所示。

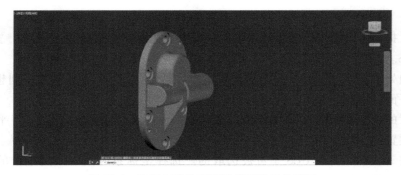

图 11-6　使用三维动态观察器观察三维模型

11.2　简单三维图形的绘制

AutoCAD 可以利用三种方式来创建三维图形，即线框模型方式、表面模型方式和实体模型方式。

线框模型方式是一种用二维线条来描述三维模型轮廓的方法，它由直线和曲线组成，没有面和体的特征，不能进行消隐和着色处理。表面模型是用面描述三维对象，它不仅定义了三维对象的边界，而且具有表面的特征，可进行消隐和着色处理，但不能进行渲染处理。实体模型不仅具有线和面的特征，而且具有体的特征，可进行消隐、着色和渲染处理，各实体对象间还能进行布尔运算操作，从而可创建复杂的三维实体模型。

11.2.1　绘制三维多段线

三维空间下，"绘图"选项组和"修改"选项组中的个别命令有所不同。三维多段线是二维多段线的推广，因此，绘制三维多段线的方法和绘制二维多段线的方法基本相同，不同的是：三维多段线中没有圆弧段、没有线宽、不能使用"圆角"和"倒角"命令进行编辑。

三维多段线是作为单个对象创建的相互连接的直线段序列。

命令调用主要有以下方式：单击"常用"选项卡→"绘图"选项组→"三维多段线"按钮，或单击菜单栏的"绘图"→"三维多段线"，或在命令行输入 3DPOLY。

三维多段线可以不共面。三维多段线的绘制如图 11-7 所示，图中的立方体用来帮助用户确定三维多段线的顶点。

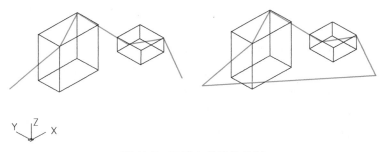

图 11-7　三维多段线的绘制

如果要编辑三维多段线，则可通过"编辑多段线"命令，并选择需要编辑的三维多段线。

11.2.2　根据标高和厚度绘制三维图形

在 AutoCAD 中，可以为对象设置标高和厚度，如同用二维绘图方法得到三维图形一样方便。当绘制二维图形时，绘图平面应是当前 UCS 的 *XY* 面或与其平行的平面。标高用来确定基准面的位置，用绘图平面与当前 UCS 的 *XY* 面的距离表示。默认情况下，当前 UCS 的 *XY* 面的标高为 0，沿 *Z* 轴正方向的标高为正，反之为负。一般情况下，建议将标高设

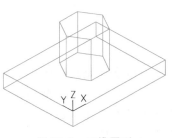

图 11-8　三维图形

置保留为 0，并使用"UCS"命令控制当前 UCS 的 *XY* 平面。厚度则是所绘二维图形沿着当前 UCS 的 *Z* 轴方向延伸的距离。沿 *Z* 轴正向延伸的厚度为正，反之则为负。

【例 11-1】 绘制如图 11-8 所示的三维图形。

具体操作步骤如下：

1）命令：_rectang（执行"矩形"命令）

2）指定第一个角点或[倒角（C）/标高（E）/圆角（F）/厚度（T）/宽度（W）]：T✓（选择"厚度"选项）

3）指定矩形的厚度<0.0000>：30✓（指定矩形厚度为 30mm）

4）指定第一个角点或[倒角（C）/标高（E）/圆角（F）/厚度（T）/宽度（W）]：E✓（选择"标高"选项）

5）指定矩形的标高<0.0000>：✓（默认矩形标高为 0）

6）指定第一个角点或[倒角（C）/标高（E）/圆角（F）/厚度（T）/宽度（W）]：（拾取指定矩形第一个角点）

7）指定另一个角点或[面积（A）/尺寸（D）/旋转（R）]：@200，150✓（输入矩形另一个角点）

8）命令：_ucs（执行 UCS"原点"命令）

当前 UCS 名称：＊没有名称＊

指定 UCS 的原点或[面（F）/命名（NA）/对象（OB）/上一个（P）/视图（V）/世界（W）/X/Y/Z/Z 轴（ZA）]<世界>：_o

9）指定新原点<0，0，0>：（将 UCS 坐标原点移至矩形上表面角点）

10）命令：ELEV（执行"ELEV"命令，在当前 UCS 的 *XY* 平面为新对象设置默认 *Z* 值）

11）指定新的默认标高<0.0000>：✓（默认新的标高为 0）

12）指定新的默认厚度<0.0000>：80✓（输入新的厚度为 80mm）

13）命令：_polygon（执行"多边形"命令）

14）输入侧面数<4>：6✓（输入侧面数为 6）

15）指定正多边形的中心点或[边（E）]：（捕捉指定矩形中心点为正多边形的中心点）

16）输入选项[内接于圆（I）/外切于圆（C）]<I>：✓（默认"内接于圆"选项）

17）指定圆的半径：40✓（指定圆的半径为 40mm）

18）通过"常用"选项卡→"视图"选项组→"隐藏"，可查看三维图形效果。

11.3 三维实体造型

三维实体是具有体积、质量、回转半径和惯性矩等特征的三维对象，更能表达物体的结构特征，是比线框模型和表面模型更进一步的建模技术。在 AutoCAD 中，用户既可直接创建各种基本实体，也可通过拉伸和旋转二维对象生成三维实体，还可对实体进行布尔运算以创建复杂实体。

11.3.1 创建基本三维实体

基本三维实体包括长方体、圆柱体、圆锥体、球体、棱锥体、楔体和圆环体等。

命令调用主要有以下方式：单击"常用"选项卡→"建模"选项组，或单击"实体"选项卡→"图元"选项组，或单击菜单栏的"绘图"→"建模"，或在命令行输入相应命令。

1. 长方体（BOX）

创建三维实心长方体，如图 11-9a 所示。

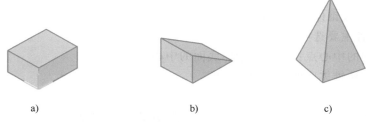

图 11-9 绘制长方体、楔体及棱锥体

命令提示中各主要选项功能如下：

1）指定第一个角点：设置长方体的第一个角点。

2）指定其他角点：设置长方体底面的对角点和高度。如果该点与第一角点的 Z 坐标不一样，则系统将以这两个点作为长方体的对角点创建出长方体。如果第二角点与第一角点位于同一高度，则命令行将提示指定高度。

3）立方体：指定立方体的边长，创建一个长、宽、高相同的长方体。

4）长度：根据长、宽、高来创建长方体。长度与 X 轴对应，宽度与 Y 轴对应，高度与 Z 轴对应。用户需要在命令行提示下依次输入长方体的长度、宽度和高度值。

【例 11-2】 绘制一个 100mm×80mm×50mm 的长方体。

> 具体操作步骤如下：
>
> 1）命令：_box（执行"长方体"命令）
>
> 2）指定第一个角点或[中心(C)]：（指定第一个角点）
>
> 3）指定其他角点或[立方体(C)/长度(L)]：L↙（选择"长度"选项）
>
> 4）指定长度：100 ↙（输入长度100mm）
>
> 5）指定宽度：80 ↙（输入宽度80mm）
>
> 6）指定高度或[两点(2P)]：50 ↙（输入高度50mm）

2. 楔体（WEDGE）

创建三维实心楔体，如图 11-9b 所示。倾斜方向始终沿 UCS 的 X 轴正方向。

由于楔体是长方体沿对角线切成两半后的结果，所以创建"楔体"的方法与创建"长方体"的方法基本相同。

命令提示中各主要选项功能如下：

1）指定第一个角点：指定楔体底面的第一个角点。

2）指定其他角点：指定楔体底面的对角点，位于 XY 平面上。

3）中心点：使用指定的中心点创建楔体。

4）立方体：创建长度、宽度和高度均相等的等边楔体。

5）长度：指定长、宽、高创建楔体。长度与 X 轴对应，宽度与 Y 轴对应，高度与 Z 轴对应。如果拾取点以指定长度，则还需指定在 XY 平面上的旋转角度。

6）高度：指定楔体的高度。输入正值将沿当前 UCS 的 Z 轴正方向绘制高度，输入负值将沿 Z 轴负方向绘制高度。

7）两点（高度）：通过指定两点之间的距离确定楔体的高度。

3. 棱锥体（PYRAMID）

创建三维实心棱锥体，如图 11-9c 所示。

命令提示中各主要选项功能如下：

1）指定底面的中心点：设定棱锥体底面的中心点。

2）边：指定棱锥体底面一条边的长度。

3）侧面：指定棱锥体的侧面数（3~32 之间的正值）。

4）内接：指定棱锥体的底面是内接于圆的方式，在内部绘制棱锥体底面半径的棱锥体。

5）外切：指定棱锥体的底面是外切于圆的方式，在外部绘制棱锥体底面半径的棱锥体。

6）两点（高度）：指定棱锥体的高度为两个指定点之间的距离。

7）轴端点：指定棱锥体的顶点以确定棱锥体轴的位置。轴端点确定了棱锥体的高度和方向。

8）顶面半径：指定创建棱锥体平截面时（棱台体）的顶面半径。

4. 圆柱体（CYLINDER）

创建三维实心圆柱体（椭圆柱体），如图 11-10a 所示。

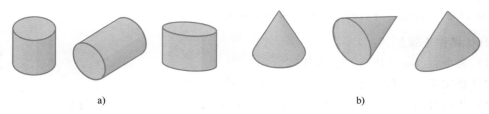

a)   b)

图 11-10 绘制圆柱体（椭圆柱体）及圆锥体（椭圆锥体）

命令提示中各主要选项功能如下：

1）指定底面的中心点：指定圆柱体底面中心点位置。

2）两点：指定圆柱体的高度为两个指定点之间的距离。

3）轴端点：指定圆柱体轴的端点位置。轴端点是圆柱体的顶面圆心。轴端点定义了圆柱体的长度和方向。

4）三点：通过指定三个点来定义圆柱体的底面周长和底面。

5）两点：通过指定两个点来定义圆柱体的底面直径。

6）切点、切点、半径：定义具有指定半径，且与两个对象相切的圆柱体底面。

7）椭圆：绘制圆柱体的椭圆底面。

8）圆心：使用指定的圆心创建圆柱体的底面。

9）直径：指定圆柱体的底面直径。

5. 圆锥体（CONE）

创建三维实心圆锥体（椭圆锥体），如图 11-10b 所示。

命令提示中各主要选项功能如下：

1）指定底面的中心点：指定圆锥体底面的中心点。

2）两点：指定圆锥体的高度为两个指定点之间的距离。

3）轴端点：指定圆锥体轴的端点位置。轴端点是圆锥体的顶点或圆锥体平截面顶面的中心点。

4）顶面半径：指定创建圆锥体平截面时（圆台体）的顶面半径。

5）直径：指定圆锥体的底面直径。

6）三点：指定三个点来确定圆锥体的底面周长和底面。

7）两点：指定两个点来确定圆锥体的底面直径。

8）切点、切点、半径：定义具有指定半径，且与两个对象相切的圆锥体底面。

9）椭圆：指定圆锥体的椭圆底面。

6. 球体（SPHERE）

创建三维实心球体，如图 11-11a 所示。

命令提示中各主要选项功能如下：

1）圆心：指定球体球心位置。

2）半径：指定球体的半径。

3）直径：指定球体的直径。

4）三点：通过任意位置的三个点来定义球体的
圆周。

a)　　　　　　　　b)

图 11-11　绘制球体及圆环体

5）两点：通过任意位置的两个点来定义球体的圆周。

6）切点、切点、半径：通过确定半径及与两个对象相切来确定球体。

7. 圆环体（TORUS）

创建三维实心圆环体，如图 11-11b 所示。

命令提示中各主要选项含义如下：

1）指定圆环体中心：确定圆环体的中心位置。

2）指定圆环体半径或直径：确定圆环体的半径或直径。

3）三点：用指定的三个点定义圆环体的圆周。

4）两点：用指定的两个点定义圆环体的圆周。

5）切点、切点、半径：通过确定半径及与两个对象相切来确定圆环体。

6）指定圆管半径或直径：确定围成圆环的圆管的半径或直径。

【例 11-3】　绘制一个圆环半径为 50mm、圆管半径为 10mm 的圆环体。

具体操作步骤如下：

1）执行"圆环体"命令。

2）在命令行提示信息下，按<Enter>键，使用默认圆环的中心位置。

3）指定圆环体半径为 50mm。

4）指定圆管半径为 10mm。

5）通过"常用"选项卡→"视图"选项组→"西南等轴测"命令来观察圆环。

11.3.2 由二维或三维曲线生成三维实体或曲面

在 AutoCAD 中，二维或三维曲线可以通过拉伸、放样、扫掠和旋转等方式来创建三维实体或曲面。

1. 拉伸创建实体（EXTRUDE）

可通过拉伸二维或三维曲线来创建三维实体或曲面，如图 11-12 所示。拉伸封闭区域对象（封闭平面多段线、圆、椭圆、封闭样条曲线或面域）可以创建三维实体，拉伸具有开口的对象可创建为三维曲面。

命令调用主要有以下方式：单击"常用"选项卡→"建模"选项组→"拉伸"按钮，或单击"实体"选项卡→"实体"选项组→"拉伸"按钮，或单击菜单栏的"绘图"→"拉伸"，或在命令行输入 EXTRUDE。

图 11-12　拉伸创建实体或曲面

命令提示中各主要选项功能如下：

1）要拉伸的对象：指定要拉伸的对象。可在按住<Ctrl>键的同时选择面和子对象。

2）模式：控制拉伸对象是实体还是曲面。

3）拉伸高度：沿正或负的 Z 轴拉伸选定对象。

4）方向：用两个指定点确定拉伸的长度和方向。

5）路径：指定基于选定对象的拉伸路径。路径与被拉伸对象不能共面。

6）倾斜角：指定拉伸的倾斜角。正值表示逐渐变细地拉伸，而负值则表示逐渐变粗地拉伸。默认角度为 0，表示与二维对象所在平面垂直方向上进行拉伸。

7）表达式：输入公式或方程式以指定拉伸高度。

【例 11-4】　沿路径拉伸创建实体，绘制管路图形，如图 11-13 所示。

图 11-13　沿路径拉伸创建实体

具体操作步骤如下：

1）执行"样条曲线"命令，绘制路径曲线。

2）执行"常用"选项卡→"坐标"选项组→"原点"命令，将坐标原点移至路径曲线原点。

3）执行"常用"选项卡→"坐标"选项组→"Y"命令，将坐标系绕 Y 轴旋转 90°。

4）执行"圆环"命令，绘制一个圆环。

5）执行"拉伸"命令，先选择圆环面域作为拉伸对象，再选择"路径（P）"选项，进行沿路径的拉伸，完成管路图形。

2. 放样创建实体（LOFT）

通过指定若干横截面（至少两个），在横截面之间的空间中通过放样来创建三维实体或曲面，如图 11-14 所示。

放样的横截面可以是封闭或开口的平面或非平面，也可以是边子对象。封闭的横截面创建实体或曲面，开口的横截面创建曲面。

图 11-14　放样创建实体

命令调用主要有以下方式：单击"常用"选项卡→"建模"选项组→"放样"按钮，或单击"实体"选项卡→"实体"选项组→"放样"按钮，或单击菜单栏的"绘图"→"放样"，或在命令行输入 LOFT。

命令提示中各主要选项功能如下：

1）按放样次序选择横截面：按曲面或实体将通过曲线的次序指定开放或闭合曲线。

2）点：指定放样操作的第一个点或最后一个点。若以此选项开始，必须选择闭合曲线。

3）合并多条边：将多个端点相交的边处理为一个横截面。

4）模式：控制放样对象是实体还是曲面。

5）导向：指定放样实体或曲面的导向曲线。

6）路径：指定放样实体或曲面的单一路径。路径曲线必须与横截面的所有平面相交。

7）仅横截面：在不使用导向或路径的情况下，创建放样对象。

8）设置：显示"放样设置"对话框。

3. 扫掠创建实体（SWEEP）

通过扫掠对象创建三维实体或曲面，如图 11-15 所示。

命令调用主要有以下方式：单击"常用"选项卡→"建模"选项组→"扫掠"按钮，或单击"实体"选项卡→"实体"选项组→"扫掠"按钮，或单击菜单栏的"绘图"→"扫掠"，或在命令行输入 SWEEP。

图 11-15　扫掠创建实体

命令提示中各主要选项功能如下：

1）要扫掠的对象：指定要扫掠的横截面对象。

2）扫掠路径：指定扫掠路径。

3）模式：控制扫掠动作是创建实体还是曲面。

4）对齐：指定是否对齐轮廓以使其作为扫掠路径切向的法向。

5）基点：指定要扫掠对象的基点。

6）比例：指定比例因子。从扫掠路径的开始到结束，比例因子将统一应用到扫掠的对象。

7）扭曲：设置正被扫掠的对象的扭曲角度。扭曲角度指定沿扫掠路径全部长度的旋转量。

4. 旋转创建实体（REVOLVE）

用于旋转的二维对象可以是封闭多段线、多边形、圆、椭圆、封闭样条曲线、圆环及封闭区域，且每次只能旋转一个对象。图 11-16 所示为二维图形绕直线段旋转 360° 的实体效果。

命令调用主要有以下方式：单击"常用"选项卡→"建模"选项组→"旋转"按钮，或单击"实体"选项卡→"实体"选项组→"旋转"按钮，或单击菜单栏的"绘图"→"旋转"，或在命令行输入 REVOLVE。

图 11-16　旋转创建实体

命令提示中各主要选项功能如下：

1）选择要旋转的对象：指定旋转对象。

2）模式：控制旋转动作是创建实体还是曲面。

3）指定轴起点：指定旋转轴的第一个点。轴的正方向从第一点指向第二点。

4）指定轴端点：设定旋转轴的端点。

5）对象：绕指定的对象旋转。此时只能选择直线或多段线。

6）X/Y/Z：分别绕 X、Y 或 Z 轴进行旋转。轴正向设定为旋转轴的正方向。

7）起点角度：指定旋转起点角度。通过移动光标可以指定和预览对象的起点角度。

8）旋转角度：指定绕轴旋转的角度。正角度将按逆时针方向旋转对象，负角度将按顺时针方向旋转对象。还可以移动光标来指定和预览旋转角度。

9）反转：更改旋转方向，类似于输入负角度值。

10）表达式：输入公式或方程式以指定旋转角度。

11.4　三维实体编辑

在三维实体编辑中，二维图形的许多编辑命令（如移动、复制、倒角和圆角等）同样适用于三维图形。另外，还有一些专用于三维编辑的命令（如三维阵列、三维镜像、剖切和抽壳等）。

11.4.1　布尔运算

在 AutoCAD 中，通过对实体进行并集、差集和交集的布尔运算，可生成复杂的三维实体、曲面或二维面域。布尔运算是一种实心体的逻辑运算，就像实际加工零件一样，通过增添或去除材料，得到复杂的三维实体零件。

1. 并集（UNION）

并集运算是将两个或多个三维实体、曲面或二维面域合并为一个复合三维实体、曲面或面域。至少要选择两个实体、曲面或共面的面域。

命令调用主要有以下方式：单击"常用"选项卡→"实体编辑"选项组→"并集"按钮，或单击菜单栏的"修改"→"实体编辑"→"并集"，或在命令行输入 UNION。

当组合多个不相交的实体时，其显示效果看起来是多个实体，但实际上却是一个实体对象。

不能对网格对象使用"并集"命令，如果选择了网格对象，则系统会提示将该对象转换为三维实体或曲面。

2. 差集（SUBTRACT）

差集运算是从一个对象中减去一些重叠的面域或三维实体，从而创建成一个新的对象。

命令调用主要有以下方式：单击"常用"选项卡→"实体编辑"选项组→"差集"按钮

，或单击菜单栏的"修改"→"实体编辑"→"差集"，或在命令行输入 SUBTRACT。

按提示首先选择要进行差集的母体，再选择要减去的子体。

不能对网格对象使用"差集"命令，如果选择了网格对象，则系统会提示将该对象转换为三维实体或曲面。

3. 交集（INTERSECT）

交集运算是求各对象的公共部分。通过依次选择要进行交集的两个或两个以上重叠的实体、曲面或面域来创建新的三维实体、曲面或二维面域。

命令调用主要有以下方式：单击"常用"选项卡→"实体编辑"选项组→"交集"按钮

，或单击菜单栏的"修改"→"实体编辑"→"交集"，或在命令行输入 INTERSECT。

如果选择网格对象，则可以先将其转换为实体或曲面，然后再完成此操作。

绘制两个三维实体，如图 11-17a 所示。移动两个实体位置，如图 11-17b 所示。

分别执行"并集""差集"和"交集"编辑命令，结果如图 11-18a、b、c 所示。

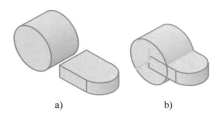

图 11-17　绘制并移动三维实体

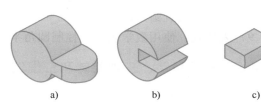

图 11-18　三维实体的布尔运算

11.4.2　倒角和圆角

1. 倒角

"倒角"命令除了为二维对象创建倒角，还可以为三维实体或曲面的边创建倒角。图 11-19a 所示为底板倒角。

命令调用主要有以下方式：单击"常用"选项卡→"修改"选项组→"倒角"按钮，或单击菜单栏的"修改"→"倒角"，或在命令行输入 CHAMFER。

命令提示中各主要选项功能如下：

1）输入曲面选择选项：选定三维实体或曲面的边后，可指定哪一个相邻曲面为基面。

2）下一个：选择相邻曲面，并将其设置为基面。

3）确定（当前）：确定选定的曲面作为基面。

4）倒角距离：设置倒角距离。

5）表达式：使用数学表达式控制倒角距离。

6）边：选择要形成倒角的基面的边。

7）环：连续相切边选择模式，可选择所有属于基面的边。

2. 圆角

"圆角"命令除了为二维对象创建圆角，还可以沿三维实体或曲面的边创建圆角。图 11-19b 所示为底板倒圆。

命令调用主要有以下方式：单击"常用"
选项卡→"修改"选项组→"圆角"按钮 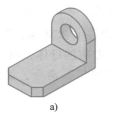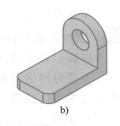，
或单击菜单栏的"修改"→"圆角"，或在命令
行输入 FILLET。

图 11-19　底板倒角与倒圆

命令提示中各主要选项功能如下：

1）边：选择三维实体的边后，还可以选
择多条边来创建圆角。

2）链：在单边和连续相切边之间更改选
择模式。

3）边链：启用连续相切边选择模式。

4）边：启用单边选择模式。

5）循环：在三维实体或曲面的面上指定边循环。

6）接受：选择当前循环的边。

7）下一个：选择相邻循环的边。

8）半径：设置圆角的半径。

9）表达式：使用数学表达式控制圆角半径。

11.4.3　三维移动、三维旋转和三维缩放

"三维移动""三维旋转"和"三维缩放"命令可以将对象沿三维轴或平面进行移动、
旋转和缩放。

默认情况下，选择要进行此类编辑的具有三维视觉样式的对象时，会自动显示小控件。
由于可借助小控件沿特定平面或轴约束进行修改，所以通过三维小控件更便于相应三维
操作。

通过功能区"常用"选项卡的"选择"选项组中的小控件按钮可设置其显示与否及默
认类型。小控件的右键快捷菜单中包括切换类型及重新定位等选项。

1. 三维移动小控件

选定要移动的对象后，对象上将显示三维移动小控件，以便在指定方向上按指定距离移
动三维对象。

命令调用主要有以下方式：单击"常用"选项卡→"修改"选项组→"三维移动"按钮
，或单击菜单栏的"修改"→"三维操作"→"三维移动"，或在命令行输入 3DMOVE。

如图 11-20a 所示，默认情况下，三维移动小控件显示在选定三维对象的中心。通过单
击小控件上相应位置来约束移动。

命令提示中各主要选项功能如下：

1）选择对象：选择要移动的三维对象。

2）沿轴移动：单击轴以将移动约束到该轴上。

3）沿平面移动：单击轴之间的区域以将移动约束到该平面上。

4）拉伸点：将设定选定对象的新位置。拖动并单击以动态移动对象。

5）复制：将创建选定对象的副本，而非移动选定对象。可继续指定位置来创建多个

a) 三维移动小控件

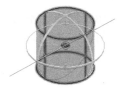

b) 三维旋转小控件

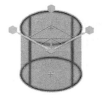

c) 三维缩放小控件

图 11-20 三维小控件

副本。

6）基点：指定要移动的三维对象的基点。

7）第二点：指定三维对象拖动到的位置。也可移动光标指示方向后输入距离。

8）位移：在命令提示下输入坐标值，指定选定三维对象的位置的相对距离和方向。

2. 三维旋转小控件

选定要旋转的对象后，对象上将显示三维旋转小控件，以辅助绕基点旋转三维对象。

命令调用主要有以下方式：单击"常用"选项卡→"修改"选项组→"三维旋转"按钮

，或单击菜单栏的"修改"→"三维操作"→"三维旋转"，或在命令行输入 3DROTATE。

如图 11-20b 所示，默认情况下，三维旋转小控件显示在选定三维对象的中心。通过使用其右键快捷菜单更改小控件的位置来调整旋转轴。

命令提示中各主要选项功能如下：

1）选择对象：指定要旋转的三维对象。

2）基点：设定旋转的中心点。

3）拾取旋转轴：在三维旋转小控件上，指定旋转轴。将光标移动至要选择的轴时变为黄色，单击以选择此轴。

4）指定角度起点或输入角度：设定旋转的相对起点，或输入角度值。

5）指定角度端点：绕指定轴旋转对象，单击结束旋转。

3. 三维缩放小控件

选定要缩放的对象后，对象上将显示三维缩放小控件，沿指定轴、平面或沿三个轴统一缩放选定的对象。可以调整选定对象和子对象的大小，也可以统一调整对象的大小。

命令调用主要有以下方式：单击"常用"选项卡→"修改"选项组→"三维缩放"按钮，或单击菜单栏的"修改"→"三维操作"→"三维缩放"，或在命令行输入 3DSCALE。

如图 11-20c 所示，默认情况下，三维缩放小控件显示在选定三维对象的中心。通过使用其右键快捷菜单更改小控件的位置。

命令提示中各主要选项功能如下：

1）选择对象：指定要缩放的三维对象。

2）指定基点：指定缩放的基点。

3）拾取缩放轴或平面：指定是按统一比例缩放，还是按特定轴或平面缩放。

4）按统一比例缩放：单击靠近小控件顶点处，将亮显所有轴内部区域。

5）将缩放约束至平面：单击轴之间的平行线以定义平面。此选项仅适用于网格，不适用于实体或曲面。

6）将缩放约束至轴：此选项仅适用于网格，不适用于实体或曲面。

7）指定比例因子：输入缩放比例值，或拖动以动态修改大小。

8）复制：复制创建对象的副本。

9）参照：根据比例进行缩放。

10）指定参照长度：指定相对量，以缩放比例表示当前尺寸。

11）指定新长度：指定新尺寸的相对值。

12）指定点：根据指定的两点来计算新尺寸的相对值。

11.4.4　三维阵列

三维阵列是将对象以矩形阵列或环形阵列的方式在三维空间中复制对象。

命令调用主要有以下方式：单击"常用"选项卡→"修改"选项组→"阵列"按钮 / ，或单击菜单栏的"修改"→"三维阵列"，或在命令行输入 3DARRAY。

执行"修改"选项组的"阵列"命令，在选择阵列对象后，功能区出现"阵列创建"上下文选项卡。

执行"修改"菜单的"三维阵列"命令，或在命令行输入 3DARRAY，选择对象后，需在命令行选择阵列类型（矩形阵列或环形阵列）。

1. 矩形阵列

选择矩形阵列，命令提示中主要选项功能如下：

1）输入行数：输入沿 X 轴重复的行数。

2）输入列数：输入沿 Y 轴重复的列数。

3）输入层数：输入沿 Z 轴重复的层数。

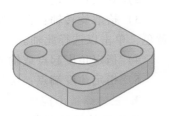

4）指定行间距：输入行间距值。

5）指定列间距：输入列间距值。

6）指定层间距：输入层间距值。

注意：输入的间距值为正时，将沿 X、Y、Z 轴的正向生成阵列；输入的间距值为负时，将沿 X、Y、Z 轴的负向生成阵列。

图 11-21　底板"概念"
视觉样式的效果

【例 11-5】　绘制如图 11-21 所示的底板图形。

具体操作步骤如下：

1）绘制如图 11-22 所示的平面图形。

2）将平面图形生成两个面域，并进行差运算。

3）将差运算后的面域拉伸创建实体，如图 11-23 所示。

4）绘制半径为 10mm 的小圆，并将其拉伸成圆柱体，如图 11-24 所示。

5）将小圆柱进行矩形阵列，如图 11-25 所示。

6）将平板与小圆柱进行差运算，如图 11-26 所示。

7）将生成的实体采用"概念"视觉样式，选择"常用"选项卡→"视图"选项组→"视觉样式"下拉列表中的"概念"，效果如图 11-21 所示。

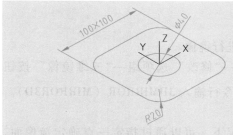

图 11-22 绘制平面图形

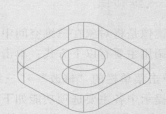

图 11-23 拉伸面域创建实体

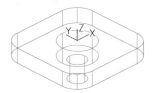

图 11-24 绘制小圆柱

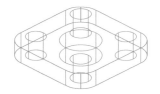

图 11-25 矩形阵列小圆柱

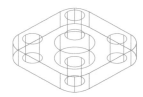

图 11-26 布尔差运算

2. 环形阵列

选择环形阵列，命令提示中主要选项功能如下：

1）输入阵列中的项目数目：输入环形阵列的项目总数。

2）指定要填充的角度：输入环形阵列的填充角度。

3）旋转阵列对象：是否将对象绕阵列中心轴旋转相应的角度。

4）指定阵列的中心点：指定旋转轴上的第一点或中心点。

5）指定旋转轴上的第二点：指定旋转轴上的第二点。

图 11-27 法兰"概念"
视觉样式的效果

【例 11-6】 绘制如图 11-27 所示的法兰图形。

具体操作步骤如下：

1）绘制如图 11-28 所示的平面图形。执行"圆"命令，分别绘制半径为 50mm 和 20mm 的同心圆。再绘制圆心在大圆圆周上的半径为 15mm 和 7.5mm 的两小圆。

2）分别将这四个圆拉伸成厚度为 10mm 的四个圆柱实体，如图 11-29 所示。

3）将其中两个小圆柱体进行环形阵列，如图 11-30 所示。

4）进行布尔运算，先"并集"，后"差集"，如图 11-31 所示。

5）将生成的实体采用"概念"视觉样式，选择"常用"→选项卡→"视图"选项组→"视觉样式"下拉列表中的"概念"，效果如图 11-27 所示。

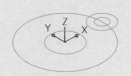

图 11-28 绘制
四个圆

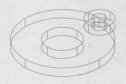

图 11-29 拉伸四
个圆柱实体

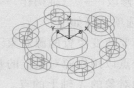

图 11-30 环形
阵列

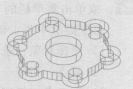

图 11-31 并运算
差运算

11.4.5　三维镜像

三维镜像是将对象在三维空间中相对于某一平面进行镜像。

命令调用主要有以下方式：单击"常用"选项卡→"修改"选项组→"三维镜像"按钮 ，或单击菜单栏的"修改"→"三维镜像"，或在命令行输入 3DMIRROR（MIRROR3D）。

命令提示中各主要选项功能如下：

1）指定镜像平面（三点）的第一个点：默认情况下，可以通过指定三点确定镜像面，如图 11-32a 所示。

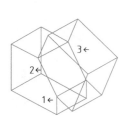 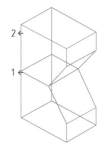 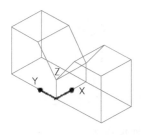

a) 以三点作为镜像面　　　　　b) 以Z轴为法线定义镜像面　　　　　c) 以ZX面作为镜像面

图 11-32　三维镜像

2）对象（O）：用指定对象所在的平面为镜像面，其对象可以是圆、圆弧或二维多段线。

3）最近的（L）：用上次定义的镜像面作为当前镜像面。

4）Z轴（Z）：通过确定平面上一点和该平面法线上的一点来定义镜像面，如图 11-32b 所示。

5）视图（V）：用与当前视图平面平行的面作为镜像面。

6）XY 平面（XY）、YZ 平面（YZ）、ZX 平面（ZX）：分别表示用与当前 UCS 的 XY、YZ、ZX 面平行的平面作为镜像面。以 ZX 面作为镜像面如图 11-32c 所示。

11.4.6　三维对齐

对齐是将对象以某个对象作为基准进行对齐。

命令调用主要有以下方式：单击"常用"选项卡→"修改"选项组→"三维对齐"按钮 ，或单击菜单栏的"修改"→"三维操作"→"三维对齐"，或在命令行输入 3DALIGN。

命令提示中各主要选项功能如下：

1）选择对象：选择要改变位置的源对象。

2）基点：指定一个点以用作源对象上的基点。

3）第二点：指定源对象的 X 轴上的点。

4）第三点：指定源对象的正 XY 平面上的点。

5）继续：向前跳至指定目标点的提示。

6）副本：创建并对齐源对象的副本。

7）第一个目标点：定义源对象基点的目标。

8）第二个目标点：在平行于当前 UCS 的 *XY* 平面的平面内为目标指定新的 *X* 轴方向。

9）第三个目标点：设置目标平面的 *X* 和 *Y* 轴方向。

10）退出：指定目标的 *X* 和 *Y* 轴平行于当前 UCS 的 *X* 和 *Y* 轴。

如图 11-33a 所示，在要对齐的对象上与目标对象上分别指定三个对应点，对齐后如图 11-33b 所示。

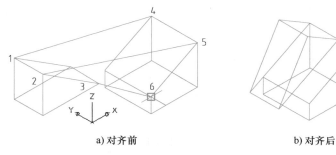

a) 对齐前　　　　　　　　　　　　　　　　b) 对齐后

图 11-33　三维对齐

11. 4. 7　实体抽壳和剖切

1. 实体抽壳

"抽壳"命令可以将三维实体转换为中空薄壁或壳体。将实体对象转换为壳体时，可以通过将现有面朝其原始位置的内部或外部偏移来创建新面。

命令调用主要有以下方式：单击"常用"选项卡→"实体编辑"选项组→"抽壳"按钮，或单击菜单栏的"修改"→"实体编辑"→"抽壳"，或在命令行输入 SOLIDEDIT。

命令提示中各主要选项功能如下：

1）选择三维实体（抽壳）：指定进行抽壳的三维实体。

2）删除面：选择不进行抽壳的一个或多个面。

3）放弃：撤销上一个动作。

4）添加：按\<Ctrl\>键并单击边以指明要保留的面。

5）全部：临时选择要删除的所有面。

6）输入抽壳偏移距离：设置偏移值。正值可创建实体周长内部的抽壳，负值可创建实体周长外部的抽壳。

如图 11-34 所示，抽壳偏移距离为正，就在实体内部创建新面，否则会在实体外创建新面。"抽壳"命令还可以把实体的某些表面去除，形成开口的薄壳体。

2. 实体剖切

通过剖切或分割现有对象，创建新的三维实体或曲面。

剖切三维实体或曲面时，可以通过多种方法定义剪切平面。例如，可以指定三个点、一条轴或一个平面对象等用作剪切平面。

命令调用主要有以下方式：单击"常用"选项卡→"实体编辑"选项组→"剖切"按钮，或单击菜单栏的"修改"→"实体编辑"→"剖切"，或在命令行输入 SLICE。

a) 抽壳前的实体

b) 偏移值为正时

c) 偏移值为负时

图 11-34　实体抽壳

命令提示中各主要选项功能如下：

1）选择要剖切的对象：指定要剖切的实体对象。

2）指定切面的起点：默认指定两个用于定义与当前 UCS 垂直的剪切平面的点，也可以指定三个点。

3）平面对象：选择要用作剪切平面的圆、椭圆、圆弧或椭圆弧、样条曲线线段或多段线线段。

4）曲面（S）：选择要用作剪切平面的曲面。

5）Z 轴（Z）：指定沿 Z 轴延伸的剖切起点。

6）视图：将剪切平面与当前视口的视图平面平行对齐。通过指定一点来定义剪切平面的位置。

7）XY/YZ/XZ：将剪切平面与当前 UCS 的 XY、YZ、XZ 平面对齐。通过指定一点来定义剪切平面的位置。

8）三点：指定三个点来定义剪切平面。

9）在需要保留的侧面上指定一个点：指定一个侧面上的点来保留该侧面。该点不能位于剪切平面上。

10）保留两个侧面：剖切对象的两侧均保留。

剖切后的对象两半均可保留，也可以只保留一半，如图 11-35 所示。

a) 剖切前的实体

b) 剖切后保留一半的实体

图 11-35　实体剖切

11.5　标注三维实体模型

AutoCAD 中没有专门为三维图形进行尺寸标注的命令，因此，要使用平面图形的尺寸标注命令来对三维图形的尺寸进行标注。

需要注意的是，由于二维图形的尺寸是在 XY 平面上进行标注的，所以如果在三维图形中标注某个尺寸，都需要通过移动 UCS 来满足该尺寸在 XY 平面上，然后采用平面图形尺寸标注方法在此坐标系中标注这个尺寸。

【例11-7】　标注如图11-36所示三维图形的尺寸。

具体操作步骤如下：

1）通过"常用"选项卡→"坐标"选项组→"三点UCS"命令，将UCS移动到圆孔的上表面，如图11-37所示。当提示"在正X轴范围上指定点"时，按图中X轴方向指定一点（可捕捉小圆象限点）；当提示"在UCSXY平面的正Y轴范围上指定点"时，按图中Y轴方向指定一点（可捕捉小圆象限点）。

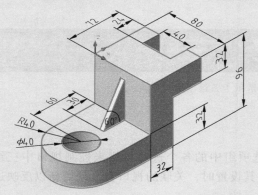

图11-36　标注三维图形的尺寸

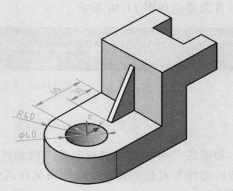

图11-37　标注步骤2）中的尺寸

2）在此用户坐标系的XY平面中标注"R40""ϕ40"、线性尺寸"30"和"60"。

3）重复"三点UCS"命令，将UCS移动到肋板的侧面，如图11-38所示。在此用户坐标系的XY平面中标注60°。

4）重复"三点UCS"命令，将UCS移动到图形右下角，如图11-39所示。在此用户坐标系的XY平面中标注线性尺寸"32""32""32"和"96"。

5）重复"三点UCS"命令，将UCS移动到图形上表面，如图11-36所示。在此用户坐标系的XY平面中标注线性尺寸"24""72""40"和"80"。

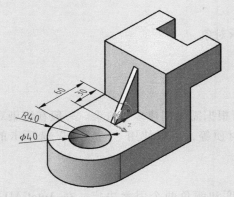

图11-38　标注步骤3）中的尺寸

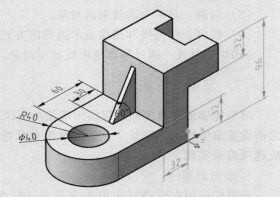

图11-39　标注步骤4）中的尺寸

11.6 三维实体模型的可视化

在 AutoCAD 中，可以对三维实体进行消隐、视觉样式和渲染处理，使实体对象看起来更加清晰、逼真。视觉样式是对三维实体进行着色，以增加色泽感，它实际上是对当前图形画面进行阴影处理的结果。渲染可使三维对象的表面显示出明暗色彩和光照效果，以形成逼真的图像。此外，还可以进行各种设置，如设置光源、场景、材料和背景等。"可视化"选项卡各选项组如图 11-40 所示。

图 11-40 "可视化"选项卡各选项组

11.6.1 三维实体的视觉样式处理

功能区"可视化"选项卡的"视觉样式"选项组中的各个选项可用来控制视口中三维对象的边缘和着色的显示。应用视觉样式或更改其设置时，关联的视口会自动更新以反映这些更改。

各主要选项含义如下：

（1）二维线框 将三维图形用图形边界的直线和曲线来显示，线型和线宽都是可见的。

（2）概念 着色多边形平面间的对象，并使对象的边平滑化。虽然效果缺乏真实感，但可以更方便地查看模型的细节。

（3）隐藏 显示用三维线框表示的对象，并隐藏表示背面的线。

（4）真实 着色多边形平面间的对象，并使对象的边平滑化。将显示已附着到对象的材质。

（5）着色 使用平滑着色显示对象。

（6）带边缘着色 使用平滑着色和可见边显示对象。

（7）灰度 使用平滑着色和单色灰度显示对象。

（8）勾画 显示手绘效果的对象。

（9）线框 用直线和曲线表示边界的方式显示对象。

（10）X 射线 通过局部透明度显示对象。

11.6.2 渲染三维实体

渲染能够创建真实照片级演示质量的图像，可根据需要创建多个渲染。一般在渲染对象之前设置渲染光源、场景、背景以及给对象指定材质等，可以使用"可视化"选项卡的对应选项组来实现。

1. 设置光源

光源的应用在渲染过程中非常重要，它由强度和颜色两个因素决定。在 AutoCAD 中，可以使用自然光，也可以使用点光源、平行光源及聚光灯光源，来照亮物体的特殊区域。

（1）创建和管理光源 通过功能区"可视化"选项卡的"光源"选项组中的各选项，

可以创建和管理光源。

（2）查看光源列表　当创建了光源后，单击功能区"可视化"选项卡的"光源"选项组右下角的按钮 ，打开"模型中的光源"选项板，可以查看创建的光源，如图11-41所示。

2. 设置阳光和位置

由于太阳光受地理位置的影响，所以在使用太阳光时，还需要通过"阳光和位置"选项组中的"设置位置"来设置光源的地理位置，如维度、经度、北方向以及地区等。

单击功能区"可视化"选项卡的"阳光和位置"选项组右下角的按钮 ，打开"阳光特性"选项板，设置阳光的常规状态、太阳角度和渲染着色等，如图11-42所示。

图11-41　"模型中的光源"选项板

图11-42　"阳光特性"选项板

3. 设置渲染材质

在渲染对象时，使用材质可以增强模型的真实感。

单击功能区"可视化"选项卡→"材质"选项组→"材质浏览器"，打开"材质浏览器"选项板，如图11-43所示，为对象选择并附加材质。

单击功能区"可视化"选项卡的"材质"选项组右下角的按钮 ，打开"材质编辑器"选项板，如图11-44所示，可编辑在"材质浏览器"中选定的材质。

"材质编辑器"的配置将随选定材质类型的不同而有所变化。该选项板下面有"材质浏览器"按钮，也可打开"材质浏览器"选项板。

4. 渲染对象

单击功能区"可视化"选项卡→"渲染"选项组→"渲染到尺寸"按钮 ，或在命令行输入RENDER，可以在打开的渲染窗口中快速渲染前面绘制的当前视口中的三维对象，如图11-45所示。

渲染窗口中显示了当前视图中图形渲染效果，在其下面的文件列表中显示了当前渲染图形的文件名称、大小和渲染时间等信息。

单击"渲染"选项组右下角的按钮 ，打开"渲染预设管理器"选项板，如图11-46所示，可以指定渲染时要使用的主设置。

图 11-43　"材质浏览器"选项板

图 11-44　"材质编辑器"选项板

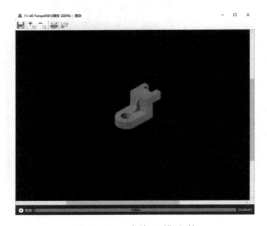

图 11-45　渲染三维实体

图 11-46　"渲染预设管理器"选项板

11.7　实 例 解 析

【例 11-8】　按尺寸精确绘制如图 11-47 所示的三维实体模型。

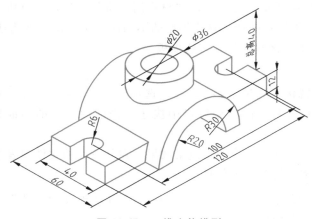

图 11-47　三维实体模型

具体操作步骤如下：

1）在当前 UCS 下，绘制如图 11-48 所示的平面图形，并将其生成面域。

2）将该二维面域拉伸为底板，如图 11-49 所示。

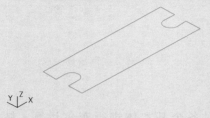

图 11-48　绘制平面图形

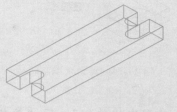

图 11-49　拉伸为底板

3）由底面起绘制两竖直圆柱（可先绘制一条底板中点连线作为辅助线），高度为 40mm，如图 11-50 所示。

4）为了创建水平的圆柱，需要新建 UCS。通过"新建 UCS"→"X"命令，将 UCS 绕 X 坐标旋转 90°。在底板下底面的中心点处绘制并生成一个半圆面域，如图 11-51 所示。

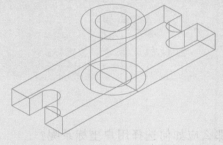

图 11-50　绘制两竖直圆柱

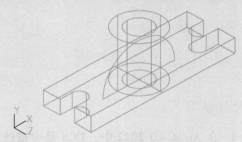

图 11-51　绘制并生成半圆面域

5）将半圆面域拉伸生成水平半圆柱，长度为 60mm，如图 11-52 所示。

6）在半圆柱内，从半圆中心处绘制水平小圆柱，长度为 60mm，如图 11-53 所示。

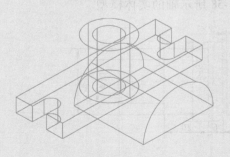

图 11-52　拉伸生成水平半圆柱

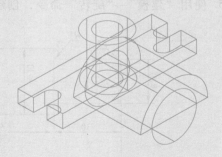

图 11-53　绘制水平小圆柱

7）通过"三维移动"命令，将水平两圆柱沿着 Y 方向移动 30mm，如图 11-54 所示。

8）所有组成实体绘制完成，如图 11-55 所示。

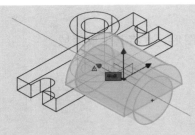

图 11-54　移动水平两圆柱

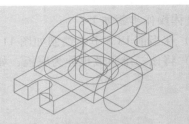

图 11-55　实体绘制完成

9）本着先"并集"、后"差集"的原则，对各个基本体进行布尔运算，结果如图 11-56 所示。

10）对三维模型采用"概念"视觉样式，结果如图 11-57 所示。

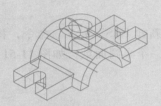

图 11-56　布尔运算

图 11-57　"概念"视觉样式

思考与练习

1. 在 AutoCAD 2022 中，UCS 是可被选取的。那么应如何选择用户坐标系呢？
2. 对三维模型进行布尔运算的方法有哪几种？
3. 能否将多个不相交的实体进行组合？
4. 在三维实体尺寸标注时应该注意什么？
5. 使用"建模"→"旋转"命令，创建如图 11-58 所示轴的实体模型。

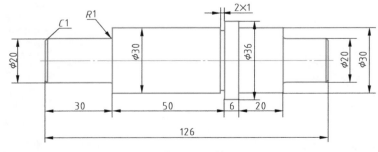

图 11-58　轴

6. 使用"建模"→"拉伸"命令，创建如图 11-59 所示端盖的实体模型，其厚度为 10mm。

7. 绘制如图 11-60 和图 11-61 所示的三维实体模型。

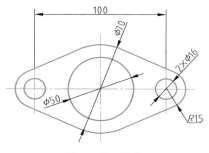

图 11-59 端盖

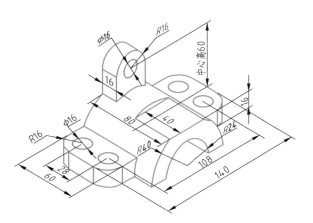

图 11-60 三维实体模型 1

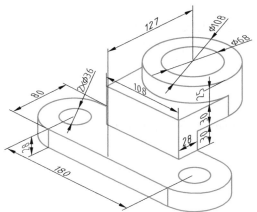

图 11-61 三维实体模型 2

相关拓展

绘制挖掘机动臂，如图 11-62 所示。

我国正向基建强国迈进、向中国品牌转型。从近几年工程机械的发展来看，挖掘机已经成为工程基础建设中最主要的工程机械之一。无论是交通等传统基础设施建设，还是新型基础设施建设，我国打造的一系列国之重器和超级工程，都从不同维度镌刻下国家发展的新坐标。中国基建已走出国门、走向海外，成为"一带一路"建设的重要成果，不断刷新"中国速度"。

图 11-62 挖掘机动臂

第12章

综合实例解析

绘制时要注意合理的方法和步骤，这样可以节省大量的时间。另外，标注要正确、合理，对于不同的尺寸标注要遵守相应的国家标准。

12.1　平面图形绘制实例

【例 12-1】　绘制如图 12-1 所示的平面图形。

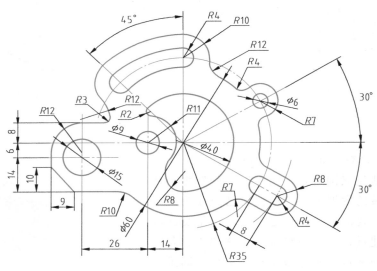

图 12-1　平面图形实例

具体绘图步骤如下：

1）调用前面建立的样板图。

2）设置"状态栏"的"极轴追踪""对象捕捉"和"对象捕捉追踪"等处于启用状态（极轴追踪增量角可设置为 15°）。

3）绘制中心定位线及四个圆，如图 12-2a 所示。

4）用"修剪"及"圆角"命令完成中间图形，如图 12-2b 所示。

5）绘制右侧和上面凸起部分的定位线及右上角的两圆，如图 12-2c 所示。

6）用"修剪"及"圆角"命令完成右上部分的图形，如图 12-2d 所示。

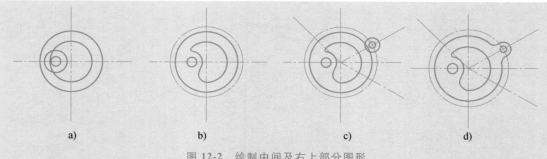

图 12-2 绘制中间及右上部分图形

7）绘制右下部分的三个圆及一条切线，用"偏移"命令完成其他切线，如图 12-3a 所示。

8）用"修剪"及"圆角"命令完成右下部分的图形，如图 12-3b 所示。

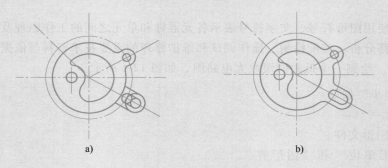

图 12-3 绘制右下部分图形

9）绘制左上部分的四个圆及对应圆的公切弧线，如图 12-4a 所示。

10）用"修剪"及"圆角"命令完成左上部分的图形，如图 12-4b 所示。

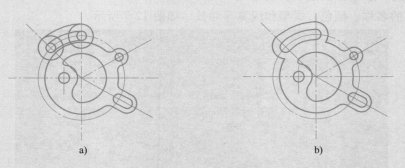

图 12-4 绘制左上部分图形

11）绘制左侧圆及其定位线，用"偏移"命令完成其他定位线，如图 12-5a 所示。

12）用"修剪""倒角"及"圆角"命令完成左侧部分的图形，如图 12-5b 所示。

13）整理图线，完成全图，如图 12-5c 所示。

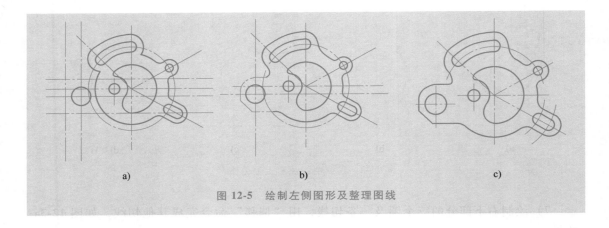

图 12-5　绘制左侧图形及整理图线

12.2　电路图绘制实例

电路图是使用图形符号、文字符号表示各元器件和单元之间的工作原理及相互连接关系的简图，是电路分析、装配检测、操作调试和维护修理的重要技术资料与依据。

【例 12-2】　绘制一个低频两级放大电路图，如图 12-6 所示。

具体绘制步骤如下。

1. 设置绘图环境

1）新建图形文件。

2）"图形单位"和"图形界限"均采用默认值（即 A3 图幅，420mm×297mm）。

3）执行"图层"命令，打开"图层特性管理器"对话框，单击"新建"按钮，添加新图层，并分别设置图层的名称、颜色、线型和线宽等参数，如图 12-7 所示。

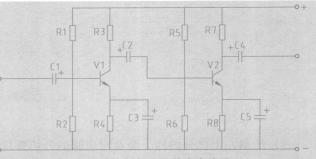

图 12-6　低频两级放大电路图

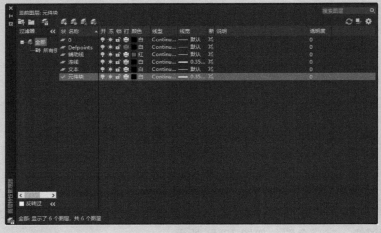

图 12-7　"图层特性管理器"对话框

4）将状态栏的"极轴""对象捕捉"和"对象追踪"选项均设置为启用状态。

5）根据电子工程图的制图需要，设置"对象捕捉"为端点、中点、圆心、节点和交点等捕捉模式。

6）新建一种符合国际标准的"工程字"样式。

2. 绘图

在电子工程图中，图形符号是构成电路图的基本单元，是电子技术文件的形象文字。在绘制电路图形符号时，要严格遵守国家标准的规定。

利用 AutoCAD 提供的属性块功能，把使用频繁的、相同的或类似的图形符号，制作成公共图形元件，并赋予其属性代号，创建自己的元件库，需要绘制电子工程图时直接调用，可节省重复绘图时间，提高工作效率。

（1）创建电阻属性块（图 12-8a）

a) 电阻属性块　　　b) 电容属性块　　　c) 三极管属性块

图 12-8　电子元件属性块

1）将"元件块"图层设置为当前层。

2）绘制电阻的图形。执行"矩形"和"直线"命令，在绘图区域内绘制一个长度为 10mm、高度为 30mm 的矩形，分别以矩形短边中点为起点，向矩形外侧作垂线，长为 10mm。

3）定义电阻属性。执行"定义属性"命令，打开"属性定义"对话框。在"标记"文本框中输入"R?"作为属性标志，在"提示"文本框中输入"电阻"作为提示标志，在"默认"文本框中输入"R1"。文字"对正"选择"左对齐"，"文字高度"设为"7"，"文字样式"选择"工程字"。单击"确定"按钮，在电阻图形左侧适当位置处单击，即添加了块的属性。执行"移动"命令，调整图形与属性的相对位置。

4）创建电阻属性块。执行"创建"命令，打开"块定义"对话框，在"名称"文本框中输入"电阻"。单击"拾取点"按钮，回到绘图区，捕捉上面端点为基点。返回"块定义"对话框，单击"选择对象"按钮，回到绘图区，框选整个图形和属性。再次返回"块定义"对话框，勾选"注释性"。单击"确定"按钮后出现"编辑属性"对话框，可采用默认属性值，单击"确定"按钮，完成块定义。

（2）创建电容属性块（图 12-8b）

1）绘制电容的图形。执行"直线"命令，在绘图区域内绘制一条长度为 20mm 的垂直线段；执行"偏移"命令，选中该垂直线段，将其向一侧偏移 7mm；执行"直线"命令，分别以两条平行垂直线段的中点为起点，向两条平行线外侧各绘制一条长度为 10mm 的水平引线。

2）定义电容属性。执行"定义属性"命令，打开"属性定义"对话框。在"标记"文本框中输入"C?"作为属性标志，在"提示"文本框中输入"电容"作为提示标志，在"默认"文本框中输入"C1"。文字"对正"选择"左对齐"，"文字高度"设为"7"，"文字样式"选择"工程字"。单击"确定"按钮，在电容图形上面适当位置处单击，即添加了块的属性。执行"移动"命令，调整图形与属性的相对位置。

3）创建电容属性块。执行"创建"命令，打开"块定义"对话框，在"名称"文本框中输入"电容"。单击"拾取点"按钮，回到绘图区，捕捉左侧端点为基点。返回"块定义"对话框，单击"选择对象"按钮，回到绘图区，框选整个图形和属性。再次返回"块定义"对话框，勾选"注释性"。单击"确定"按钮后出现"编辑属性"对话框，可默认属性值，单击"确定"按钮，完成块定义。

（3）创建三极管属性块（图12-8c）

1）执行"直线"命令，绘制水平长度为20mm、竖直长度为30mm相互垂直的两条线段。

2）以竖直线段的1/3处为起点，上下各绘制一条长度为20mm、与水平方向成30°角的斜线段。再向外侧各绘制一条长度为10mm的垂直线段。

3）执行"多段线"命令，以下面斜线段的下端点为起点，绘制一条起始宽度为0、终点宽度为2mm、长度为7mm、与水平方向成-30°角的斜线段。

4）定义三极管属性。执行"定义属性"命令，打开"属性定义"对话框。在"标记"文本框中输入"V?"作为属性标志，在"提示"文本框中输入"三极管"作为提示标志，在"默认"文本框中输入"V1"，文字"对正"选择"左对齐"，"文字高度"设为"7"，"文字样式"选择"工程字"。单击"确定"按钮，在三极管图形上面适当位置处单击，即添加了块的属性。执行"移动"命令，调整图形与属性的相对位置。

5）创建三极管属性块。执行"创建"命令，打开"块定义"对话框，在"名称"文本框中输入"三极管"。单击"拾取点"按钮，回到绘图区，捕捉左侧端点为基点。返回"块定义"对话框，单击"选择对象"按钮，回到绘图区，框选整个图形和属性。再次返回"块定义"对话框，勾选"注释性"。单击"确定"按钮后出现"编辑属性"对话框，可采用默认属性值，单击"确定"按钮，完成块定义。

（4）将属性块存储为外部块

1）存为外部块。执行"WBLOCK"命令，系统弹出"写块"对话框。在"源"区域中选择"块"单选按钮，在"块"后面的下拉列表中选择"电阻"。在"目标"区域的"文件名和路径"文本框中输入路径或单击后面的"浏览"按钮选择路径，指定块文件的存储位置。单击"确定"按钮，关闭"写块"对话框，则将电阻属性块存储为外部块。

2）同样执行"WBLOCK"命令，在"写块"对话框中将电容属性块和三极管属性块也存储为外部块。

（5）绘制辅助线

1）选择"辅助线"层为当前层。

2）执行"直线"命令，绘制最下面长度为400mm的水平辅助线。

3）执行"偏移"命令，选择已绘制的水平辅助线，将其分别向上偏移70mm、100mm、130mm和200mm。

4）执行"直线"命令，在距离左端点 100mm 处，绘制最左面长度为 200mm 的竖直辅助线。

5）执行"偏移"命令，选择刚绘制的竖直辅助线，依次向右侧偏移 50mm，绘制五条竖直辅助线，电路图辅助线如图 12-9 所示。

（6）插入及修改电阻属性块

1）选择"元件块"层为当前层。

2）执行"插入块"命令，按 1∶1 的比例将已定义的"电阻"图块插入到第一条竖直辅助线上交叉点处向下 10mm 的位置，默认属性值为 R1。

3）重复执行"插入块"命令，或执行"复制"和"镜像"等命令，将其他电阻放在合适位置处。

4）修改属性值。依次双击各个电阻，在弹出的"增强编辑属性器"对话框中，将"属性"选项卡的"值"分别修改为 R2~R8，结果如图 12-10 所示。

图 12-9 电路图辅助线

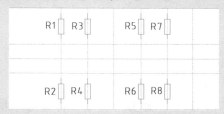
图 12-10 插入及修改电阻属性块

（7）插入及修改电容属性块

1）执行"插入块"命令，按 1∶1 的比例将已定义的"电容"图块插入到中间水平辅助线的左侧，默认属性值为 C1。

2）执行"复制"命令，选中刚插入的电容 C1，以右侧辅助线交点为基点，将其复制到其他几处，如图 12-11a 所示。

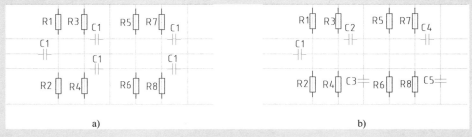

a)   b)

图 12-11 插入及修改电容属性块

3）修改电容 C2、C4 的属性值。依次双击上面两个电容，在弹出的"增强属性编辑器"对话框中，将"属性"选项卡的"值"分别改为 C2、C4。

4）修改电容 C3、C5 的位置及属性值。执行"旋转"命令，以右侧辅助线交点为基点，将下面两电容图块旋转 90°。再双击左侧电容，在弹出的"增强属性编辑器"对话框中，将"属性"选项卡的"值"改为 C3，在"文字选项"选项卡的"对正"下拉列表中选择"右对齐"选项，并且设置"旋转"值为 0，单击"确定"按钮完成修改。电容

C5 的修改与之相同，结果如图 12-11b 所示。

（8）插入及修改三极管属性块

1）执行"插入块"命令，按 1∶1 的比例将已定义的"三极管"图块插入到中间水平辅助线上，默认属性值为 V1，如图 12-12a 所示。

2）执行"移动"命令，以三极管 V1 的上端点为基点，水平移动到竖直辅助线上。

3）执行"复制"命令，复制一个三极管 V1 到 V2 的位置，修改其属性值为 V2，如图 12-12b 所示。

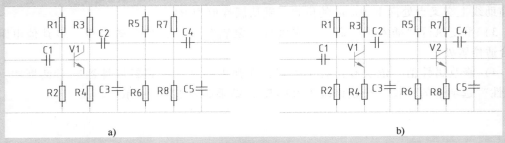

a)   b)

图 12-12　插入及修改三极管属性块

（9）整理完成电路图

1）执行"修剪"命令，将辅助线进行修剪。

2）将修剪后的辅助线调整到"连线"层，如图 12-13 所示。

3）选择"连线"层为当前层。

4）执行"圆""复制"和"修剪"等命令，分别在 5 条连线的外端点绘制半径为 2mm 的小圆，作为接线端符号。

5）执行"直线""复制"和"修剪"等命令，完成极性代号（正、负极），结果如图 12-14 所示。

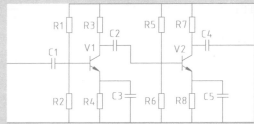

图 12-13　完成电路图中的连线

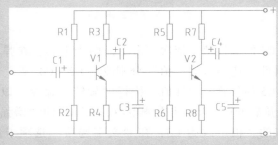

图 12-14　完成电路图中的接线端符号和极性代号

12.3　建立工程图样板文件

AutoCAD 软件包自带很多样板（安装目录 \ Template \ ＊.dwt），新建图形文件时可选择列表中相应的样板，打开后即可进入绘图状态。

如果 AutoCAD 提供的样板图不符合我国制图国家标准的要求，则可根据需要修改原有样板文件或自定义样板文件。

早期版本的 AutoCAD 样板文件中包括较符合国家标准的"Gb"样板，只修改部分设置即可。调用此样板文件后，"布局"选项卡将出现相应的布局名称，且该布局带有图框和标题栏图块，如图 12-15 所示为其中的"Gb_a3-Named Plot Styles"样板图。如果所安装的 AutoCAD 中未带"Gb"样板文件，则可从其他早期版本中选取"Gb_a3"样板文件，再复制到当前 AutoCAD 的"Template"文件夹下。

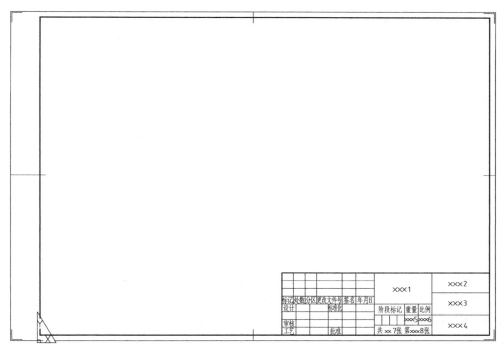

图 12-15　"Gb_a3-Named Plot Styles"样板图

【例 12-3】　建立 A3 图幅的符合我国制图国家标准的样板文件。

具体操作步骤如下：

1）执行"新建"命令，在"选择样板"对话框中选择"acadiso"（早期版本可选择"Gb_a3-Named Plot Styles"），单击"打开"按钮，开始以此为模板绘制图形。

2）绘图单位及绘图幅面可不用设置，即采用样板文件默认定义的环境设置（绘图界限：A3 图幅的大小 420mm×297mm；绘图单位：长度单位为小数，角度单位为度/分/秒）。精度可根据需要进行设置，详细设置步骤见第 2 章。

3）建立图层。加载点画线及虚线等线型，设置多个所需图层，包括粗实线层、细实线层、中心线层、剖面线层、尺寸和公差层、文字层等，并给各图层设置颜色、线型及线宽等。详细设置步骤见第5章。

4）新建或修改现有文字样式，设置符合制图国家标准的文字样式。执行"文字样式"命令，新建文字样式名为"工程字"。勾选"使用大字体"，"SHX字体"选择"gbenor. shx"，"大字体"选择"gbcbig. shx"。详细设置步骤见第6章。

5）新建或修改现有的基础标注样式，设置符合制图国家标准的标注样式。执行"标注样式"命令，打开"标注样式管理器"对话框，新建标注样式名为"GB-35"。在弹出的"新建标注样式"对话框中，对当前的尺寸样式进行设置。主要内容如下：

①"线"选项卡："基线间距"为"8"，"超出尺寸线"为"2"，"起点偏移量"为"0"。

②"文字"选项卡："文字样式"为"工程字"，"从尺寸线偏移"为"1"。

③"调整"选项卡：勾选"注释性"。

④"主单位"选项卡："小数分隔符"为"句点"。其他选项的修改可根据绘图实际需要进行设置。单击"确定"按钮后返回"标注样式管理器"对话框。

6）创建符合制图国家标准的角度标注子样式。继续在"标注样式管理器"对话框中，选中标注样式"GB-35"，再单击"新建"按钮，弹出"创建新标注样式"对话框。在"新样式名"栏内默认新建的标注样式名为"副本GB-35"，在"基础样式"下拉列表中默认上面修改后的尺寸样式"GB-35"。在"用于"下拉列表中选取"角度标注"，单击"继续"按钮进行子样式的设置："文字"选项卡→文字对齐：水平，文字位置：外部。完成尺寸标注样式设置。

除此之外，还可新建其他标注样式，以便在标注的过程中根据需要分别调用。详细设置步骤见第7章。

7）创建表面粗糙度、几何公差基准符号等属性块。在制作块时，可制作 $h=1mm$ 的单位块，在插入时分别采用不同的插入比例3.5、5或7等，即可生成符合标准的表面粗糙度符号及对应的文字高度。详细设置步骤见第8章。

8）保存样板图。执行"另存为"命令，在"图形另存为"对话框中，输入新的文件名，在"文件类型"下拉列表中选择"AutoCAD 图形样板（ * . dwt）"。文件会保存到"安装目录 \ Template"的目录下。以上所有设置（包括图层、线型、文字样式和尺寸样式等）将保存在该样板图中，随时可调用。

12.4　零件图绘制实例

12.4.1　轴套类零件绘制实例

在视图安排上，轴类零件的特点决定了只需要一个主要视图就可以将其外形特点表达清楚，但如果将轴类零件表达完整，还需要增加几个辅助视图，如断面图和局部放大图等。

【例12-4】　绘制泵轴的零件图，如图12-16所示。

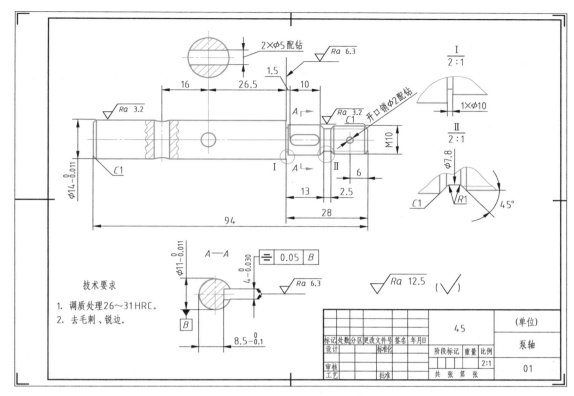

图 12-16　泵轴零件图

具体绘制步骤如下。

1. 设置绘图环境

前面已经创建了一个自制的模板文件，所以只需在此调用该文件即可，不需重新设定。

2. 绘制主视图

轴零件具有对称性，可只绘制出轴的上半部分，再用"镜像"命令镜像得到下半部分。

（1）绘制轴上部主要轮廓线

1）先设置"中心线"层为当前层，绘制长度大于 94mm 的水平中心线。如中心线间距不符合要求，可调整线型比例，即打开"线型管理器"对话框，单击"显示细节"按钮，调整全局比例因子。

2）设"粗实线"层为当前层，根据图中所注尺寸，用"直线"命令绘制各轴段的轮廓线，如图 12-17 所示。注意：为了示例清晰，图中给出尺寸，读者先不用在此标注。

3）用"直线"命令补绘各轴段的端面线。

（2）绘制轴前后贯通的两通孔　如图 12-18 所示。

（3）绘制轴段右侧的键槽

1）用"直线"命令绘制两圆孔中心线，再用"圆"命令分别绘制直径为 4mm 的两圆（因 A—A 断面图中键槽宽为 4mm，所以圆弧半径为 2mm）。作两小圆的公切线，如图 12-19 所示。

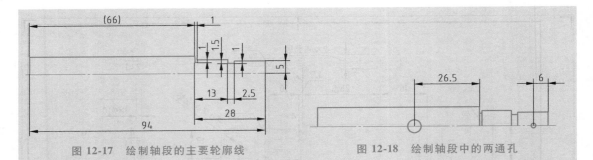

图 12-17 绘制轴段的主要轮廓线　　　　　　图 12-18　绘制轴段中的两通孔

2）用"修剪"命令剪掉多余的图线，如图 12-20 所示。

图 12-19　绘制键槽外形　　　　　　　　　图 12-20　修剪后的键槽

（4）绘制轴段左侧上下贯通的通孔

1）由上部的断面图中"2×φ5"可知，通孔直径为 5mm。用"直线"命令绘制圆孔中心线，再用"偏移"命令，偏移距离设置为 2.5mm，将中心线分别向左、右偏移。将图线改至相应图层，如图 12-21 所示。

2）相贯线的绘制。可在轴的左侧先绘出辅助图形，即通孔断面图，以便找到相贯线投影的最低点（也可以用简化画法，即利用大圆柱的半径绘制相贯线投影）。

3）用三点方式绘制圆弧，剪掉弧线上部多余图线，结果如图 12-22 所示。

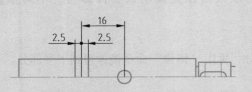

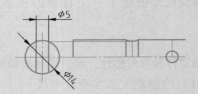

图 12-21　绘制轴段左侧通孔轮廓　　　　　图 12-22　三点绘弧方式完成相贯线

（5）绘制通孔两侧断裂线　先用"样条曲线"命令绘制一侧断裂线，再用"镜像"命令，以孔的中心线为镜像线，得到另一侧断裂线。

（6）绘制轴端面倒角　用"倒角"命令，设置"修剪"模式，当前倒角距离为 1mm，分别绘制三处轴端面倒角，如图 12-23 所示。

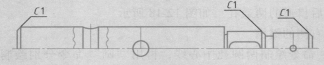

图 12-23　绘制轴端面倒角

（7）绘制轴段右侧细部结构

1）用"窗口缩放"命令放大所绘之处。设极轴增量角为45°，用"直线"命令绘制45°斜线；用"修剪"命令剪掉多余图线，再补绘线 A，如图 12-24a 所示。

2）用"圆角"命令，设模式为"修剪"，圆角半径为 1mm，以 B、C 为圆角对象绘制左侧圆角，以 B、D 为圆角对象绘制右侧圆角，整理图线后如图 12-24b 所示。

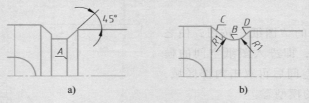

图 12-24　绘制轴段右侧细部结构

（8）绘制轴段右侧螺纹结构　根据国家标准查表可知，螺纹 M10 的小径约为 8.4mm，用"偏移"命令或"直线"命令绘制螺纹小径，并将图线修改至"细实线"层，如图 12-25 所示。

（9）镜像出轴的全部结构　用"镜像"命令，以水平中心线为镜像线，将所绘制的轴上部所有结构向下镜像，得到轴的全部结构。

（10）填充剖面线　用"图案填充"命令填充视图中的剖面线，图案比例可适当调整。

整理图线，至此，轴的主视图全部绘制完成，如图 12-26 所示。

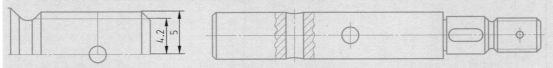

图 12-25　绘制轴段右侧螺纹结构　　　　　图 12-26　镜像出轴的全部结构并填充剖面线

3. 绘制辅助视图

（1）断面图的绘制　先用"直线"和"圆"命令绘制中心线及 φ11 的外圆，再用"直线"或"偏移"命令绘制辅助线，然后修剪键槽部分多余轮廓线，最后添加剖面线，同样方法绘制通孔的断面图，如图 12-27 所示。

（2）局部放大图的绘制　复制主视图中所要放大部分图线到合适位置（图 12-28a），用"样条曲线"命令绘制波浪线（图 12-28b），再修剪掉多余图线（图 12-28c），用"缩放"命令放大两倍，结果如图 12-28d 所示。

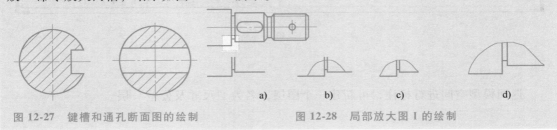

图 12-27　键槽和通孔断面图的绘制　　　　　图 12-28　局部放大图 I 的绘制

用同样的方法绘制局部放大图Ⅱ。最后在主视图中添加两处局部放大的细实线圆，整理图线。

至此，泵轴视图表达全部完成，如图 12-29 所示。

4. 布局

1）单击"Gb-A3 标题栏"选项卡，进入图纸空间。

2）单击状态栏的"图纸"按钮，使之变为"模型"按钮，即进入图纸空间的模型态。或进入图纸空间后再双击内部区域，也可进入图纸空间的模型态。

3）单击状态栏的视口比例下拉按钮选取 2：1（如未看到图形，可利用"缩放"命令的"全部"选项），利用"平移"和

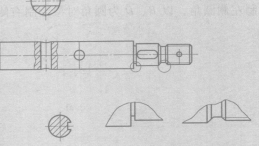

图 12-29　泵轴的视图表达

"移动"和等命令将主视图及四个辅助视图合理布局到图纸中，如图 12-30 所示。

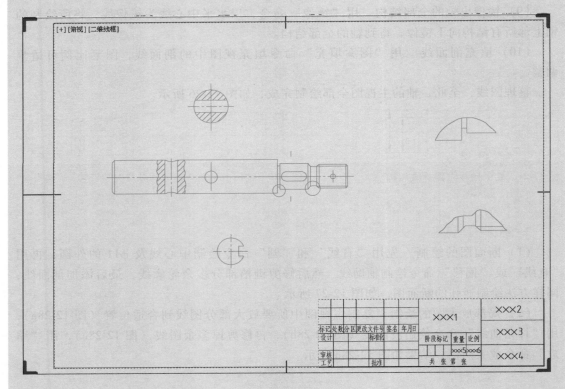

图 12-30　布局

5. 标注

返回模型空间进行标注，可新建一个图层，名为"尺寸及公差"层。

（1）标注线性尺寸 选用已修改好的样式"GB-35"，用"线性"标注命令直接进行轴向长度尺寸的标注，注释比例均为 2：1，如图 12-31 所示。

（2）标注带有前后缀的尺寸（2×φ5 配钻、开口销 φ2 配钻、M10） 如图 12-32 所示，带有前后缀的尺寸标注可采用以下三种方法：方法 1，标注过程中加前后缀；方法 2，标注后通过"文字编辑器"修改；方法 3，标注后修改该对象的"特性"。

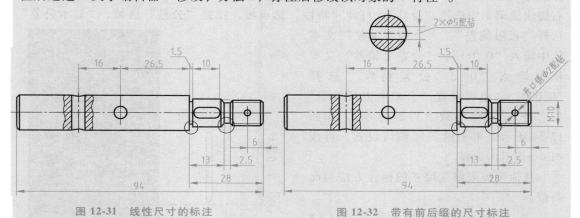

图 12-31 线性尺寸的标注   图 12-32 带有前后缀的尺寸标注

下面以标注"2×φ5 配钻"为例介绍标注带有前后缀尺寸的方法。

方法 1：执行"线性"标注命令，在标注过程中，当提示"指定尺寸线位置或［多行文字（M）/文字（T）/角度（A）/水平（H）/垂直（V）/旋转（R）］："时，选择"多行文字"选项，系统弹出"文字编辑器"选项卡，在文字输入栏内的"5"前输入"2×%%C"，"5"后输入"配钻"，单击"关闭文字编辑器"按钮返回绘图区，选取尺寸线标注位置，完成尺寸标注。

方法 2：先标注好尺寸"5"，双击该尺寸，功能区弹出"文字编辑器"选项卡，在默认文本前后分别输入"2×%%C"和"配钻"。

方法 3：先标注好尺寸"5"，再修改其特性。打开"特性"选项板，选取要加前后缀的尺寸"5"，找到"主单位"区域，在"标注前缀"文本框中输入"2×%%C"，"标注后缀"文本框中输入"配钻"。

"开口销 φ2 配钻"和"M10"的标注方法与此类似。

（3）标注带有尺寸公差的轴段尺寸（$8.5_{-0.1}^{0}$、$4_{-0.030}^{0}$、$\phi 11_{-0.011}^{0}$、$\phi 14_{-0.011}^{0}$）以 $\phi 14_{-0.011}^{0}$ 为例介绍标注方法。

方法 1：标注过程中加公差。执行"线性"标注命令，在标注过程中，当提示"指定尺寸线位置或［多行文字（M）/文字（T）/角度（A）/水平（H）/垂直（V）/旋转（R）］："时，选择"多行文字"选项，功能区弹出"文字编辑器"选项卡，在文字输入栏内的"14"前输入"%%C"，"14"后输入"0^-0.011"（注意：在"0"与"-0.011"之间需输入符号^，即按<Shift+6>键），选中"0^-0.011"后单击"堆叠"按钮 $\frac{a}{b}$，如图 12-33 所示。单击"关闭文字编辑器"按钮返回绘图区，选取尺寸线标注位置，所需形式的带公差尺寸标注完成。

方法2：先标注好尺寸"14"，双击该尺寸，功能区弹出"文字编辑器"选项卡，在"文字编辑器"中加公差，同方法1。

图12-33　文本堆叠形式标注尺寸偏差

方法3：通过修改其特性加公差。先用"线性"标注命令标注好尺寸"14"，再修改其特性。即选取尺寸"14"后，从右键快捷菜单中选择"特性"，打开"特性"选项板，找到"公差"区域，"显示公差"选择"极限偏差"，"公差下偏差"文本框中输入"0.011"，"公差上偏差"文本框中输入"0"，"公差精度"选择"0.000"（也可设置"公差消去后续零"为"是"，消除小数点后面的零），如图12-34所示。单击绘图区确认设置，再按<Esc>键退出选择。

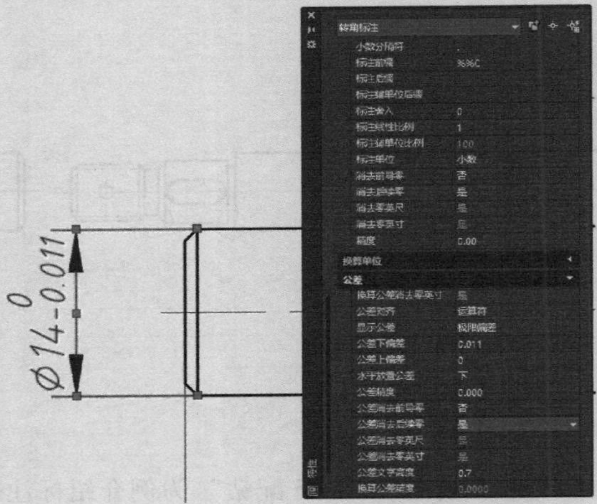

其他带极限偏差尺寸的标注方法与此类似。

（4）标注局部放大图中的尺寸（1×ϕ10、R1、ϕ7.8）　局部放大图虽然图形已放大2倍，但图中尺寸仍需按照原来的标注，如图12-35所示。

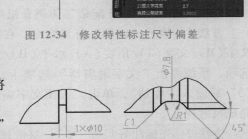

图12-34　修改特性标注尺寸偏差

方法1：执行标注过程中，在确定尺寸位置之前先选择"多行文本（M）"选项，将默认文本改为所需标注的内容。

方法2：先按默认标注，再改变其"特性"的"文字"选项卡，在"文字替代"文本框中输入标注的内容。

方法3：按注释比例2:1标注，在布局中添加2:1视口。

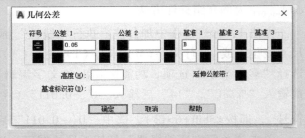

图12-35　局部放大图中尺寸的标注

（5）标注倒角（C1）　先设置一个倒角的引线新样式，再通过"多重引线"命令，分别指定标注位置点、转折点后，输入文本"C1"。

（6）标注几何公差　执行"快速引线"命令，选择"设置"选项，在"引线设置"对话框中，"注释类型"选择"公差"，指定标注位置点后绘制引线，弹出"几何公差"对话框，单击"符号"下的黑色方框，在"特征符号"对话框中选择⏚，在"公差1"文本框中输入"0.05"，在"基准1"文本框中输入"B"，如图12-36所示。

图12-36　几何公差的标注

基准符号 $\boxed{B}$ 的标注。可用"多段线""直线"及"文本"等命令直接绘制。基准符号也可设置成图块的形式，以备其他图形调用。

（7）标注表面粗糙度 设置带属性的表面粗糙度图块（ ），或插入在前面章节中已经存储好的表面粗糙度图块，插入时输入相应属性值，完成表面粗糙度的标注。

整理图线。至此，各视图尺寸标注完成，如图 12-37 所示。

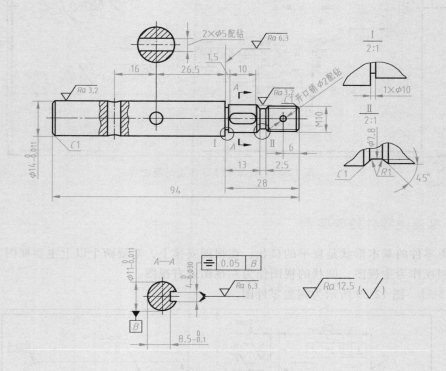

图 12-37 视图中的尺寸标注

（8）标注文字 用"文本"命令标注"A"和"A—A"等，表示断面投射方向的箭头可"分解"一个任意的尺寸标注，将箭头移至所需之处。

返回图纸空间的图纸态，注写"技术要求"等文本内容。即单击状态栏的"模型"按钮，使其变为"图纸"按钮，用"多行文本"命令输入文本内容，"技术要求"字号为 7 号，其余文字为 5 号。

（9）填写标题栏 仍在图纸空间的图纸态，双击标题栏区域（或单击选择标题栏后，再右击选择"编辑属性"），在弹出的"增强属性编辑器"对话框中修改属性值，完成标题栏的填写。最后用"文字"命令注写设计者及日期，如图 12-38 所示。

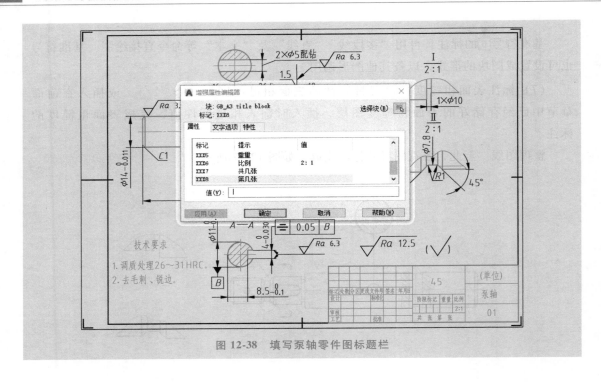

图 12-38　填写泵轴零件图标题栏

12.4.2　盘盖类零件绘制实例

盘盖类零件的基本形状是扁平的盘状，在视图安排上，需要两个以上主要视图，且以非圆视图的剖视作为主视图，圆状的视图作为左视图或右视图。

【例 12-5】　图 12-39 所示为阀盖零件图。

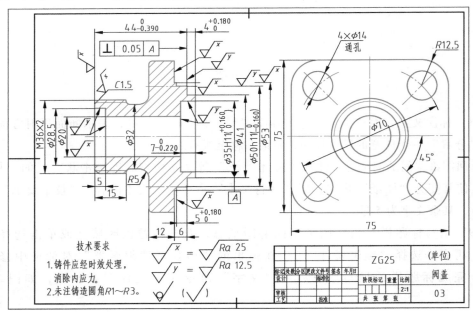

图 12-39　阀盖零件图

具体绘制步骤如下。

1. 设置绘图环境

前面已经创建了一个自制的模板文件，所以只需在此调用该文件即可，不需重新设定。

2. 绘制视图

（1）绘制左视图主要轮廓线

1）绘制多个同心圆。用"直线"命令绘制左视图中水平、竖直两条定位中心线，用"圆"命令绘制多个同心圆。由 M36×2 可知，该螺纹大径为36mm，根据国家标准查表可知其小径约为33.8mm（3/4 细实线圆）。将各圆改至相应图层，用"修剪"和"删除"命令修剪整理中心线圆和细实线圆，如图 12-40 所示。

2）绘制四分之一的阀盖外形。用"直线"命令绘制四分之一阀盖外形。设置圆角半径为12.5mm，用"圆角"命令对外形轮廓倒圆，如图 12-41 所示。

3）镜像为全部的外形轮廓。以竖直中心线为镜像线，用"镜像"命令将四分之一图形镜像为一半的外形轮廓；再以水平中心线为镜像线，用"镜像"命令将上面的图形镜像成整个轮廓。

至此，左视图全部绘制完成，如图 12-42 所示。

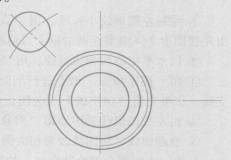

图 12-40　绘制多个同心圆

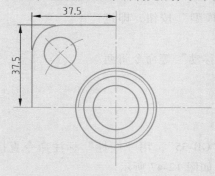

图 12-41　绘制四分之一的阀盖外形

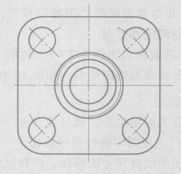

图 12-42　阀盖的左视图

（2）绘制主视图轮廓线

1）绘制一半的轮廓线。由于阀盖结构上下对称，所以只需绘制一半的图形，另一半的图形用"镜像"命令获得。用"直线"命令绘制外形的上半部分轮廓线，如图 12-43 所示。

2）倒角及圆角。设置两个倒角距离均为 1.5mm，用"倒角"命令在左侧倒45°切角。设置圆角半径为5mm，用"圆角"命令对中部右侧倒圆。再设置圆角半径为2mm，仍用"圆角"命令倒另两处圆角，如图 12-44 所示。

3）镜像出下部轮廓线并填充剖面线。

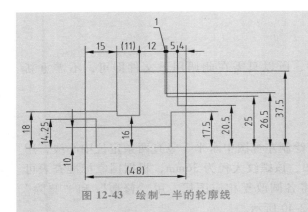

图 12-43　绘制一半的轮廓线

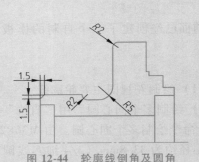

图 12-44　轮廓线倒角及圆角

① 绘制左侧螺纹小径线。用"直线"命令绘制左侧的小径线（为细实线），位置可由左视图中 3/4 细实线圆的最上点追踪获得。

② 以水平中心线为镜像线，用"镜像"命令得到下半部分轮廓线。

③ 用"图案填充"命令进行剖面线的绘制，注意：剖面线需要绘制到轮廓线，即粗实线。也可先将"细实线"层关闭，进行填充后再打开"细实线"层。

④ 由左视图通孔的中心用"对象追踪"补绘两条中心线。

⑤ 整理图线，将图线改至相应图层。

至此，主视图全部绘制完成，如图 12-45 所示。

3. 布局

1）单击"Gb-A3 标题栏"选项卡，进入图纸空间。

2）单击状态栏的"图纸"按钮，使之变为"模型"按钮，即进入图纸空间的模型态。

3）选取视口比例为 2∶1，利用"平移"和"移动"等命令将两个视图合理布局到图纸中，如图 12-46 所示。

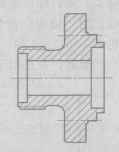

图 12-45　阀盖的主视图

4. 标注

设置当前图层为"尺寸及公差"层。

（1）主视图中线性尺寸的标注　先选择样式"GB-35"，用"线性"标注命令直接进行主视图中线性尺寸的标注，注释比例均为 2∶1，如图 12-47 所示。

标注带 φ 的线性尺寸。先选择该类型的所有尺寸（如 28.5、20、32、41、53 等），再右击选择"特性"，打开"特性"选项板，找到"主单位"区域，在"标注前缀"文本框中输入"%%C"，如图 12-48 所示。单击绘图区确认设置，按<Esc>键退出选择。

（2）标注带有前后缀的尺寸（如 M36×2）　带有前后缀的尺寸标注方法同上例。

1）标注过程中加前后缀。执行"线性"标注命令，在标注过程中，当提示"指定尺寸线位置或[多行文字(M)/文字(T)/角度(A)/水平(H)/垂直(V)/旋转(R)]:"时，输入"M"后按<Enter>键。在弹出的"文字编辑器"选项卡中，在文字输入栏内"36"前输入"M"，"36"后输入"×2"，即 M36×2。单击"关闭文字编辑器"按钮返回绘图区，选取尺寸线标注位置，尺寸标注完成。

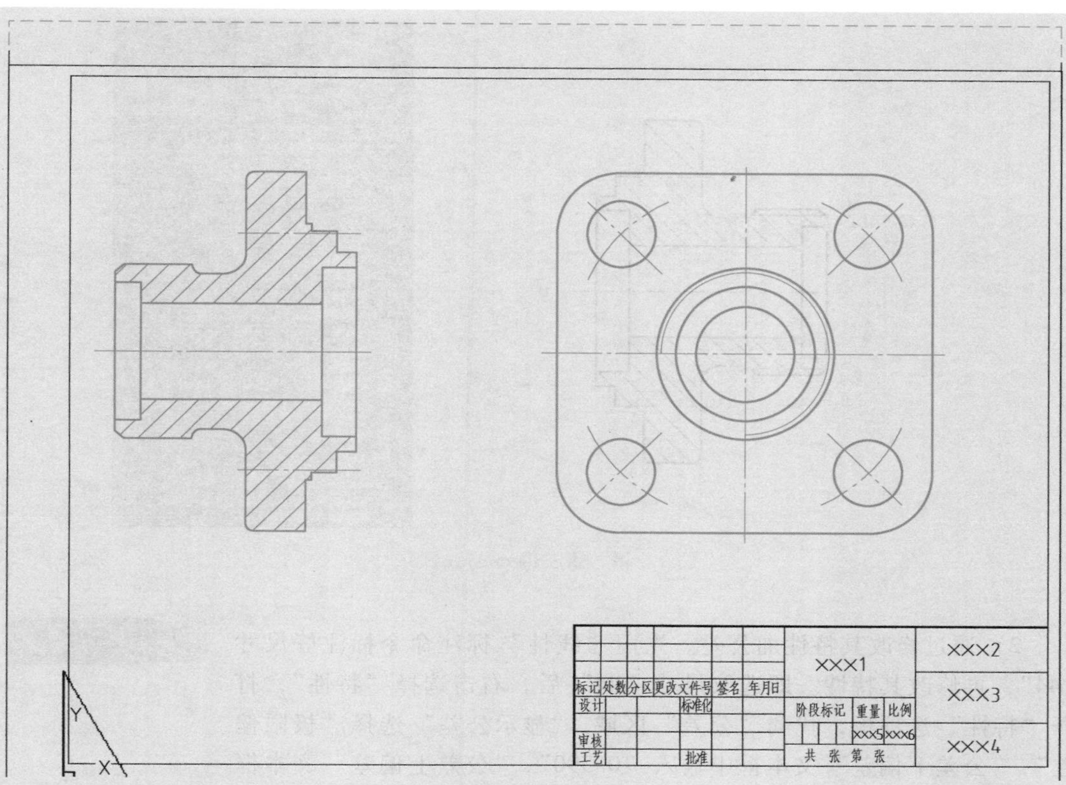
XXX1
XXX2
XXX3
XXX4
标记 处数 分区 更改文件号 签名 年月日
设计 标准化
阶段标记 重量 比例
XXX5 XXX6
审核
工艺 批准
共 张 第 张
Y
X

图 12-46　布局

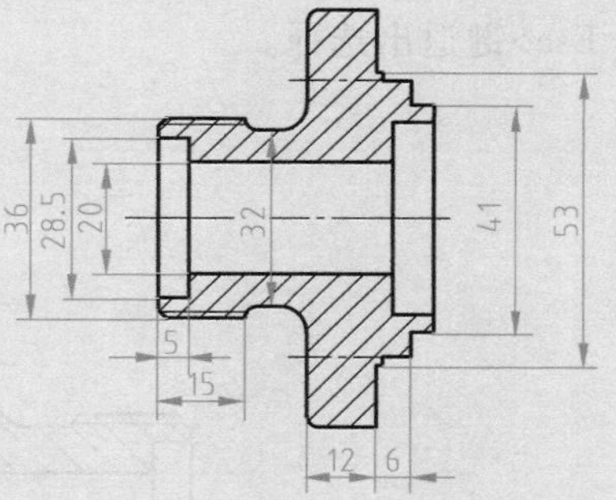
36
28.5
20
32
41
53
5
15
12
6

图 12-47　主视图中线性尺寸的标注

2）标注后修改其特性加前后缀。先用“线性”标注命令标注好尺寸“36”，再修改其特性。即选取尺寸“36”后，右击选择“特性”，打开“特性”选项板，找到“主单位”区域，在“标注前缀”文本框中输入“M”，“标注后缀”文本框中输入“×2”。单击绘图区确认设置，再按<Esc>键退出选择。

（3）标注只带有极限偏差的尺寸（如 $44_{-0.390}^{\ 0}$、$4_{\ 0}^{+0.180}$、$5_{\ 0}^{+0.180}$、$7_{-0.220}^{\ 0}$ 等）以 $44_{-0.390}^{\ 0}$ 为例介绍标注方法。

1）标注过程中加公差。执行“线性”标注命令，在标注过程中，当提示“指定尺寸线位置或[多行文字(M)/文字(T)/角度(A)/水平(H)/垂直(V)/旋转(R)]:”时，输入“M”后按<Enter>键。在弹出的“文字编辑器”选项卡中，在文字输入栏内“44”后输入“0^-0.390”（注：在“0”与“-0.390”之间需输入符号^，即按<Shift+6>键），选中“0^-0.390”后单击“堆叠”按钮 $\frac{a}{b}$，如图 12-49 所示。单击“关闭文字编辑器”按钮返回绘图区，选取尺寸线标注位置，所需形式的带公差尺寸标注完成。

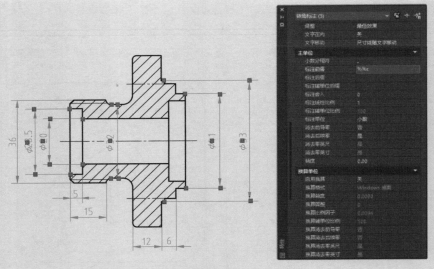

图 12-48　标注带 φ 的线性尺寸

　　2）通过修改其特性加公差。先用"线性"标注命令标注好尺寸"44"，再修改其特性。即选取尺寸"44"后，右击选择"特性"，打开"特性"选项板，找到"公差"区域，"显示公差"选择"极限偏差"，"公差下偏差"文本框中输入"0.390"，"公差上偏差"文本框中输入"0"，"公差精度"选择"0.000"（也可设置"公差消去后续零"为"是"，消除小数点后面的零），如图 12-50 所示。单击绘图区确认设置，再按<Esc>键退出选择。

图 12-49　文本堆叠形式标注尺寸偏差

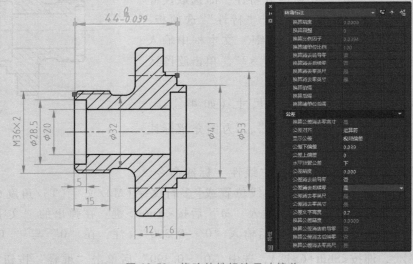

图 12-50　修改特性标注尺寸偏差

其他带极限偏差尺寸的标注方法与此相同。

（4）标注同时带有公差代号和极限偏差的尺寸　带有公差代号和极限偏差的尺寸，如 $\phi35H11$（$^{+0.160}_{0}$）、$\phi50h11$（$^{0}_{-0.160}$）等。

执行"线性"标注命令，在标注过程中，当提示"指定尺寸线位置或[多行文字（M）/文字（T）/角度（A）/水平（H）/垂直（V）/旋转（R）]:"时，输入"M"后按<Enter>键。在弹出的"文字编辑器"选项卡中，在文字输入栏内"35"前后分别输入所需内容，即 ϕ35H11(+0.160^0)。将"+0.160^0"选中后单击右键，选择快捷菜单中的"堆叠"选项，如图12-51所示。单击"关闭文字编辑器"按钮返回绘图区，选取尺寸线标注位置，所需形式的尺寸标注完成。

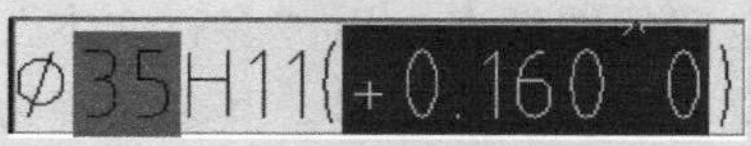

$\phi50h11$（$^{0}_{-0.160}$）的标注方法与此相同。

（5）标注倒角和圆角（如 $C1.5$、$R5$）　执行"快速引线"命令，选择"设置"选项，在弹出的"引线设置"对话框中，选取"注释类型"为"多行文字"，"箭头"为"无"，"附着"为"最后一行加下划线"。分别指定标注位置点、转折点及文字宽度后，当提示"输入注释文字的第一行<（M）>:"时，输入"C1.5"，当提示"输入注释文字的下一行:"时，按<Enter>键即可。

用"半径"命令标注圆角，如图12-52所示。

（6）标注几何公差　执行"快速引线"命令，选择"设置"选项，在弹出的"引线设置"对话框中，选取"注释类型"为"公差"，"箭头"为"实心闭合"。指定标注位置点后，弹出"几何公差"对话框，单击"符号"下的黑色方框，在"特征符号"对话框中选择 ⊥ ，在"公差1"文本框中输入"0.05"，在"基准1"文本框中输入"A"。

基准符号 ▽Ⓐ 的标注可用"多段线""直线"及"文本"等命令。基准符号也可设置成图块的形式，以备其他图形调用。

（7）标注表面粗糙度　设置带属性的表面粗糙度图块，或插入在前面章节中已经存储好的表面粗糙度图块，插入时输入相应属性值，完成表面粗糙度的标注。整理图线，并将被遮挡的图线在所需的位置打断。

至此，主视图尺寸标注完成。

（8）左视图中的尺寸标注　选用样式"GB-35"，先用"线性"和"角度"标注命令进行视图中 75、45°的标注。

左视图中出现两种标注样式：文字方向分别为"与尺寸线对齐"（$\phi70$）和"水平"（$R12.5$、$4×\phi14$）。$\phi70$ 可直接用"直径"标注命令，文字位置可做适当调整。"$R12.5$"

![图 12-51 标注带有公差代号和极限偏差的尺寸]

图 12-51　标注带有公差代号和极限偏差的尺寸

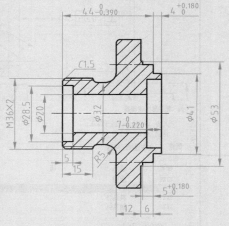

图 12-52　标注倒角和圆角

和"4×φ14"的标注可用样式替代的方式，以使其文本为水平方向，即打开"标注样式管理器"，单击"替代"按钮，在"文字"选项卡中，设置"文字对齐"为"水平"，并将此样式置为当前样式。

用"半径"标注命令标注"R12.5"。

选择"直径"标注命令，当提示"指定尺寸线位置或[多行文字（M）/文字（T）/角度（A）/水平（H）/垂直（V）/旋转（R）]："时，输入"M"后按<Enter>键。在弹出的"文字编辑器"选项卡中，在文字输入栏内"φ14"前输入"4×"即可。"通孔"二字可直接用"文本"命令标注。

（9）标注文字　单击状态栏的"模型"按钮，使其变为"图纸"按钮，即返回图纸空间的图纸态，用"多行文本"命令在合适位置注写"技术要求"等文字。其中"技术要求"字号为7号，其余文字为5号。

（10）填写标题栏　在图纸空间的图纸态，单击标题栏后，再右击选择"编辑属性"，在弹出的"增强属性编辑器"对话框中修改属性值，完成标题栏的填写。

在图纸空间的模型态，选取视口比例为2∶1，调整各视图位置，完成阀盖零件图，如图12-53所示。

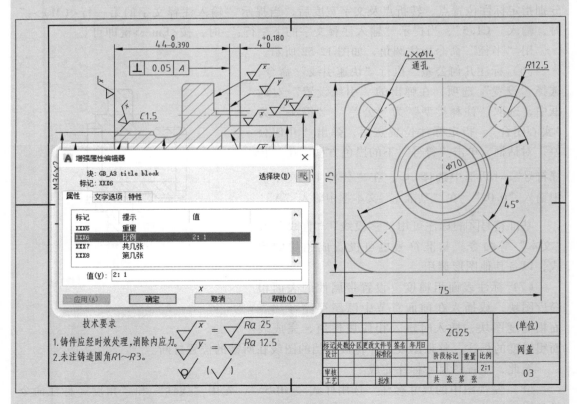

图12-53　填写阀盖零件图标题栏

12.4.3　叉架类零件绘制实例

叉架类零件的形状一般较复杂，在视图安排上，需要两个或两个以上基本视图，且要用局部视图和断面图等表达零件的细部结构。

【例12-6】　图12-54所示为支架零件图。

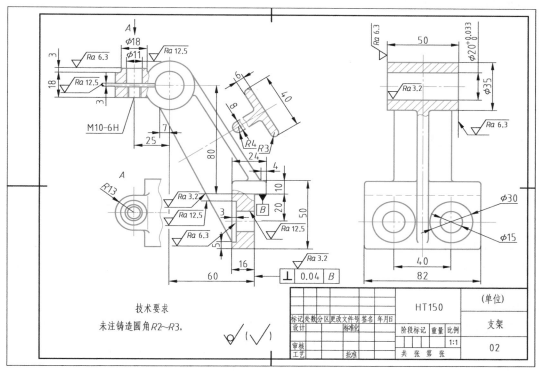

图12-54　支架零件图

具体绘制步骤如下。

1. 设置绘图环境

前面已经创建了一个自制的模板文件，所以只需在此打开该文件即可，不需重新设定。

2. 绘制视图

（1）主视图的绘制

1）绘制上部同心圆和下部安装板的轮廓。设置"中心线"层为当前层，用"直线"和"偏移"命令绘制视图中水平、垂直四条定位线。设置"粗实线"层为当前层，用"圆"和"直线"命令绘制上部的两同心圆及下部的轮廓线，如图12-55所示。

2）绘制安装板上的阶梯孔。用"直线"命令绘制安

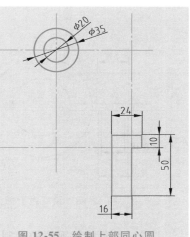

图12-55　绘制上部同心圆和下部安装板的轮廓

装板上的阶梯孔，可先绘制一侧的图线，再用"镜像"命令镜像出另一侧的图线，镜像前后的图形如图 12-56 所示。

3）绘制肋板外形轮廓。用"直线"命令绘制肋板外形两直线，右侧直线与圆相切处需捕捉切点。用"偏移"命令将右侧直线向左偏移 6mm，再用"修剪"和"圆角"命令完成轮廓线，如图 12-57 所示。

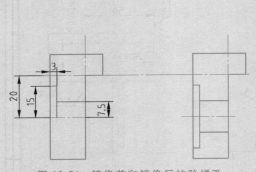

图 12-56　镜像前和镜像后的阶梯孔

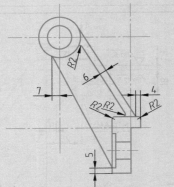

图 12-57　绘制肋板外形轮廓

4）绘制左上部结构。用"直线"命令绘制左上部的外形轮廓，用"修剪"命令对多余图线进行修剪，并倒圆角，圆角半径为 2mm。用"直线"命令绘制上边的通孔。下边 M10 的螺纹孔，根据国家标准可知其大径为 10mm，查表可知其小径约为 8.38mm，且大径用细实线表示，如图 12-58 所示。

5）绘制两处局部剖视。用"样条曲线"命令绘制两处断裂线，并改至"细实线"层，再修剪多余图线。用"图案填充"命令进行剖面线的绘制。注意：剖面线需要绘制到粗实线。也可先将"细实线"层关闭，进行填充后再打开"细实线"层，结果如图 12-59 所示。

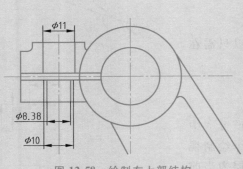

图 12-58　绘制左上部结构

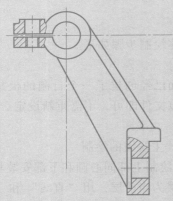

图 12-59　绘制两处局部剖视

（2）A 向局部视图的绘制

1）绘制多个同心圆。用"圆"命令绘制多个同心圆，尺寸也可由主视图中相应结构尺寸追踪获得，其中螺纹大径圆为 3/4 细实线圆。

2）绘制其他的轮廓线。

① 用"直线"命令绘制一侧外形轮廓，注意与主视图中结构的对应关系。

② 用"样条曲线"命令绘制断裂线，并改至"细实线"层。用"修剪""删除"和"圆角"等命令整理轮廓线。

③ 以孔水平中心线为镜像线，用"镜像"命令得到另一侧外形轮廓线，A向局部视图绘制完成，如图12-60所示。

（3）移出断面图的绘制

1）绘制断面一侧的轮廓。对象捕捉模式增设"垂足"和"平行"两项，用"直线"命令绘制与肋板垂直的对称线及一侧的外形轮廓，如图12-61所示。

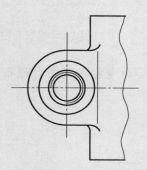

图 12-60　A 向局部视图

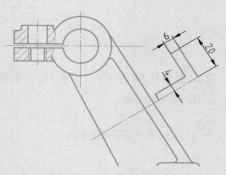

图 12-61　绘制断面一侧的轮廓

2）完成断面图。

① 分别设置半径为3mm和4mm，用"圆角"命令进行倒圆。用"样条曲线"命令绘制断裂线，并改至"细实线"层。将多余图线修剪掉。

② 以对称线为镜像线，用"镜像"命令将一侧的图形镜像为整个断面图，并用"图案填充"命令进行填充，如图12-62所示。

（4）左视图的绘制

1）绘制一侧的轮廓线。

① 用"直线"命令绘制左视图中的定位中心线。

② 用"直线"和"圆"命令绘制一侧的轮廓线，尺寸可由主视图对应点追踪获得，并将虚线改至"虚线"层，如图12-63所示。

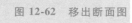

图 12-62　移出断面图

③ 用"直线"命令绘制中间肋板外形。用"圆角"命令对肋板及安装板轮廓倒圆。

2）镜像为全部的图形。以垂直对称线为镜像线，用"镜像"命令将一侧镜像为整个图形。用"图案填充"命令进行填充。

整理图线，左视图全部绘制完成，如图12-64所示。

3. 布局

单击"Gb-A3标题栏"选项卡，进入图纸空间，再双击内部区域，进入图纸空间的模型态。

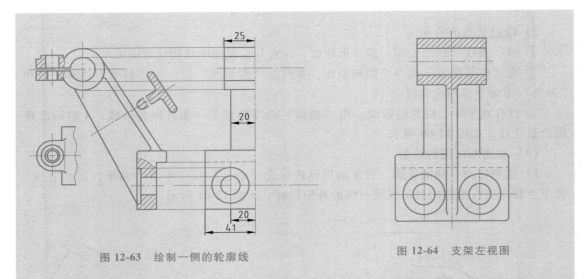

图 12-63 绘制一侧的轮廓线   图 12-64 支架左视图

选取视口比例为 1：1，利用"平移"和"移动"等命令将各视图合理布局到图纸中，如图 12-65 所示。

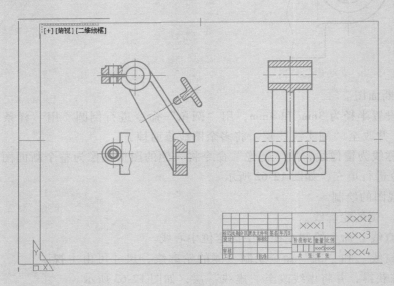

图 12-65 布局

4. 标注

设置当前图层为"尺寸及公差"层。

选用或新建文字样式、修改标注样式、各类尺寸标注、布局等同前例。

12.4.4 箱体类零件绘制实例

在视图安排上，箱体类零件的特点决定了需要两个以上主要视图，还需要根据实际情况采用剖视图、断面图、局部视图和斜视图等多种形式，以清晰表达零件内外形状。

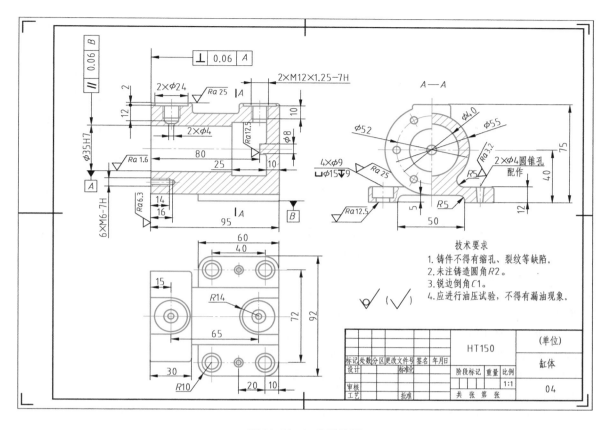

图 12-66　缸体零件图

【例 12-7】　图 12-66 所示为缸体零件图。

具体绘制步骤如下。

1. 设置绘图环境

前面已经创建了一个自制的模板文件，所以只需在此打开该文件即可，不需重新设定。

2. 绘制视图

缸体零件的形状、结构比较复杂，以垂直于前后对称面为主视图投射方向，用全剖的主视图、半剖加局部剖的左视图及俯视图来分别表达内部结构和外部形状。

由缸体零件图可知，左视图比较容易绘制，因此，本例从左视图开始绘制。

（1）绘制左视图主要轮廓线

1）用"直线"命令绘制左视图中缸体内腔水平、垂直两条定位中心线。用"圆"命令绘制多个同心圆，并将各圆改至相应图层。

以垂直中心线为界限，用"修剪"命令修剪各圆，如图 12-67 所示。

2）绘制右侧（即缸体前侧）外形轮廓。用"直线"和"偏移"命令绘制右侧外形轮廓，如图 12-68 所示。

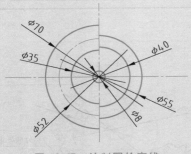

图 12-67　绘制圆轮廓线

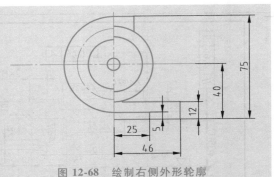

图 12-68　绘制右侧外形轮廓

3）镜像、整理为全部的外形轮廓。以垂直中心线为镜像线，用"镜像"命令将右侧图形镜像，用"修剪"命令修剪、整理外形轮廓，如图 12-69 所示。

4）绘制细部结构。

① 螺纹孔的绘制。该螺纹孔大径为 6mm，由国家标准查表可知小径为 5mm。设极轴增量角为 30°，用"直线"命令绘制 120° 和 240° 的两螺纹孔中心线，在与中心线圆的交点处用"圆"命令绘制 $\phi6$ 和 $\phi5$ 的两小圆，将 $\phi6$ 的圆修剪为 3/4 圆。用"复制"命令将修改后的螺纹孔复制到另两个位置。

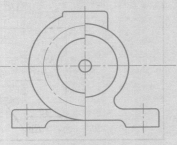

图 12-69　镜像后与修剪后的外形轮廓

② 圆锥孔的绘制。由国家标准查表可知，该圆锥孔小端的直径为 4mm，大端直径约为 4.48mm。用"直线"命令绘制一侧锥孔轮廓线，再以该圆锥孔的中心线为镜像线，用"镜像"命令得到另一侧锥孔轮廓线。

③ 沉孔的绘制。用"样条曲线"命令绘制波浪线，用"直线"命令绘制一侧的沉孔轮廓线，再以该孔中心线为镜像线，用"镜像"命令得到另一侧的沉孔轮廓线。

④ 填充剖面线。用"图案填充"命令，设置图案为"ANSI31"，拾取各填充区域内部点进行剖面线填充。

⑤ 将图线改至相应图层。若中心线间距不符合要求，则可调整线型比例。

至此，左视图全部绘制完成，如图 12-70 所示。

（2）绘制主视图缸体外形主要轮廓线

1）绘制外形轮廓线。用"直线"命令绘制主视图中缸体外形轮廓线，尺寸可由左视图各对应点追踪获得，如图 12-71 所示。

2）绘制内腔轮廓线。用"直线"命令绘制主视图中缸体内腔上部轮廓线，尺寸也可由左视图各对应点追踪获得。用"镜像"命令镜像出内腔下部轮廓线，用"圆角"命令对内外腔轮廓进行倒圆，如图 12-72 所示。

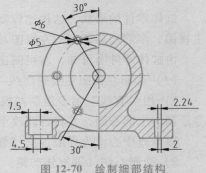

图 12-70　绘制细部结构

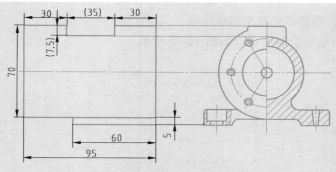

图 12-71 绘制外形轮廓线

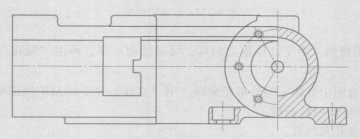

图 12-72 绘制缸体内外腔轮廓线

3）绘制主视图中各螺纹孔。

① 左上部螺纹孔的绘制。该螺纹大径为 12mm，由国家标准查表可知小径约为 10.6mm。用"直线"命令绘制一侧的轮廓线（注意：大径为细实线），如图 12-73 所示。再以该孔中心线为镜像线，用"镜像"命令得到另一侧的轮廓线。

② 右上部螺纹孔的绘制。用"复制"命令将左上部螺纹孔复制到右上部，并修剪、删除掉多余图线。

③ 左下部螺纹孔的绘制。由绘制左视图时已知该螺纹大径为 6mm，小径约为 5mm。方法同左上部螺纹孔的绘制，用"直线"命令绘制一侧的轮廓线（注意：大径为细实线），如图 12-74 所示。再以该孔中心线为镜像线，用"镜像"命令得到另一侧的轮廓线。

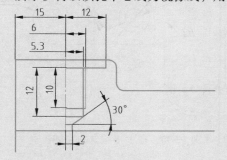

图 12-73 绘制左上部螺纹孔一侧的轮廓线

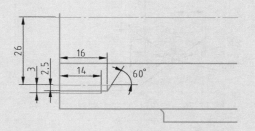

图 12-74 绘制左下部螺纹孔一侧的轮廓线

④ 填充剖面线。用"图案填充"命令进行剖面线的绘制。注意：剖面线需绘制到粗实线。也可先将"细实线"层关闭，进行填充后再打开"细实线"层。

⑤ 整理图线，并将图线改至相应图层。

至此，主视图全部绘制完成，如图 12-75 所示。

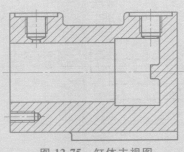

图 12-75　缸体主视图

（3）绘制俯视图　由于缸体前后对称，可只绘制一半，再用"镜像"命令得到另一侧图形。

1）绘制俯视图中缸体一侧外形轮廓线。用"直线"命令绘制俯视图轮廓线，尺寸可由主视图中各对应点追踪获得。

2）绘制螺纹孔及凸台。

① 左侧螺纹孔及凸台的绘制。用"直线"命令绘制孔定位中心线，用"圆"命令绘制各圆，将螺纹大径修剪为 3/4 圆。凸台外形用"直线"和"圆"命令绘制，并修剪、补绘图线，结果如图 12-76 所示。

② 右侧螺纹孔及凸台的绘制。用"直线"命令绘制右螺孔定位中心线，用"复制"命令将所需图线复制到该位置，修剪、补全凸台外形轮廓。注意：内部最小圆需要与主视图中相应图线对应。

3）绘制底板沉孔及圆锥孔。用"直线"命令绘制各孔定位中心线，再用"圆"命令分别绘制各圆（参照左视图中各孔的直径）。分别设置圆角半径为 2mm 和 10mm，用"圆角"命令倒两处圆角，如图 12-77 所示。

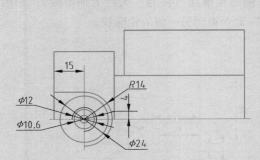

图 12-76　绘制上部左侧螺纹孔及凸台

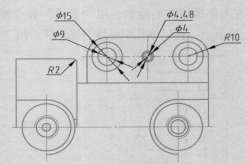

图 12-77　绘制底板沉孔及圆锥孔

4）镜像得到俯视图。以缸体前后对称面为镜像线，用"镜像"命令将所需图线镜像，俯视图的全部图形如图 12-78 所示。

3. 布局

选取视口比例为 1：1，利用"平移"和"移动"等命令将三个视图合理布局到图纸中，如图 12-79 所示。

4. 标注

设置当前图层为"尺寸及公差"层。各类尺寸标注、文本标注、布局等同前例。

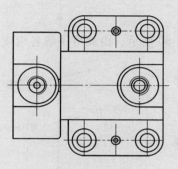

图 12-78　缸体俯视图

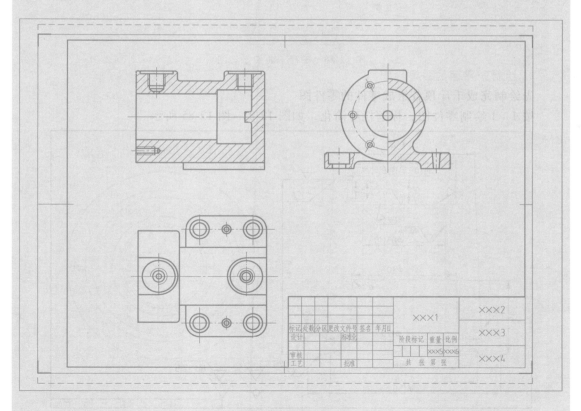

图 12-79　布局

12.5 装配图绘制实例

装配图是表示机器及部件各组成部分的连接、装配关系的图样。在进行设计、装配、调整、检验、安装、使用和维修时都需要装配图。

【例12-8】 绘制千斤顶各零件图，并根据零件图绘制千斤顶装配图。

具体操作步骤如下。

1. 绘制千斤顶装配示意图

千斤顶装配示意图如图12-80所示，由此可了解各组成零件的连接、装配关系。

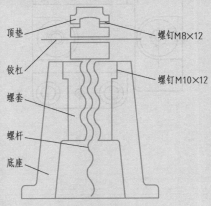

图12-80 千斤顶装配示意图

2. 绘制千斤顶的各零件图

先绘制完成千斤顶各组成零件的零件图。

按1：1绘制零件图，标题栏可简化，如图12-81~图12-85所示。

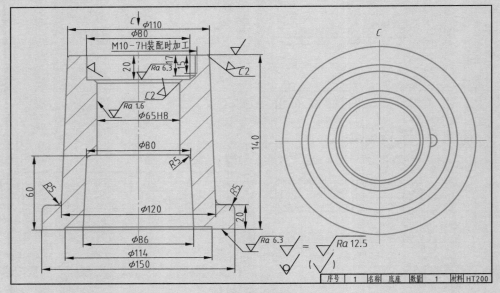

图12-81 底座零件图

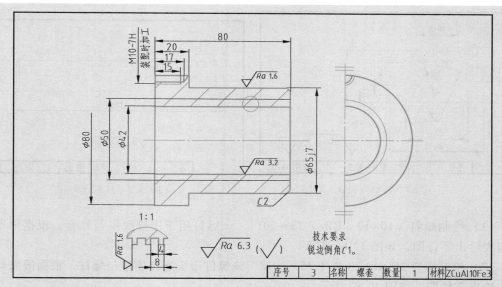

图 12-82 螺套零件图

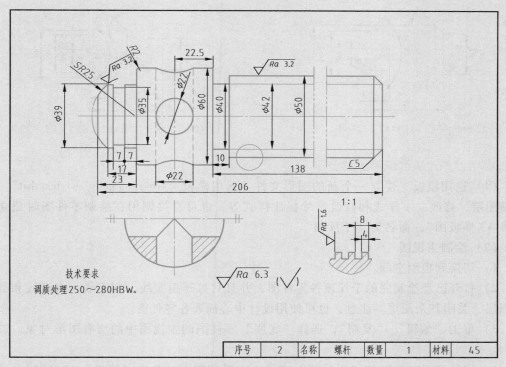

图 12-83 螺杆零件图

3. 绘制千斤顶装配图所需的标准件图

标准件可从工具选项板中调用，或重新绘制并存储为图块，以备其他图形调用。

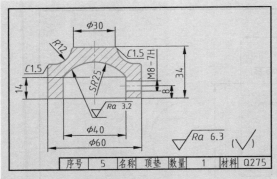

图 12-84　顶垫零件图

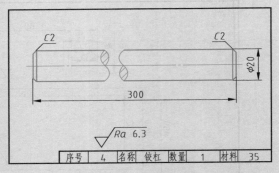

图 12-85　铰杠零件图

（1）绘制螺钉 M10×12　GB/T 73—2017　该螺钉用于连接底座与螺套。根据国家标准查表绘出零件图，如图 12-86 所示。

（2）绘制螺钉 M8×12　GB/T 75—2018　该螺钉用于连接顶垫与螺杆。根据国家标准查表绘出零件图，如图 12-87 所示。

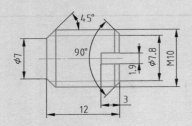

图 12-86　螺钉 M10×12　GB/T 73—2017

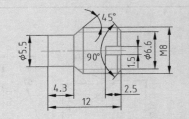

图 12-87　螺钉 M8×12　GB/T 75—2018

4. 绘制千斤顶装配图主要步骤

（1）选用模板　建立一个新的图形文件，选用模板"Gb-a3namedplotstyles. dwt"，建立新图层、修改文字样式和修改尺寸标注样式等。也可直接调用在绘制零件图时建立的"GB-A3 样板图"，命名为"千斤顶"。

（2）绘制主视图

1）切换到模型空间。

2）打开已经绘制完的千斤顶各零件图，并且只打开粗实线、细实线、点画线和剖面线图层，关闭其余图层。注意：也可使用设计中心插入各零件图。

3）单击"编辑"→"复制"，选择"底座"零件图的主视图中的所有图形对象，进行复制。

4）切换到正在绘制的"千斤顶"文件，在模型空间，单击"编辑"→"粘贴"，进行粘贴，如图 12-88 所示。

5）打开已经绘制完的千斤顶各零件图，并且只打开粗实线、细实线、点画线和剖面线图层。单击"编辑"→"带基点复制"，选择"螺套"零件图的主视图中的所有图形对象，进行带基点复制。注意基点的选择，如图 12-89 所示。

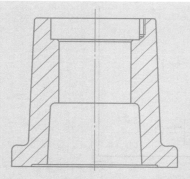
图 12-88　粘贴"底座"的主视图

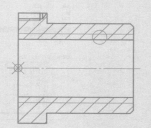
图 12-89　带基点复制"螺套"零件图

6）切换到正在绘制的"千斤顶"文件，单击"编辑"→"粘贴"，进行粘贴"螺套"零件图的主视图，如图 12-90 所示。

7）将粘贴后的图形进行旋转，剪切掉被遮挡的和多余的图线，如图 12-91 所示。也可以先将图形进行旋转，然后粘贴。

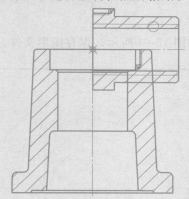
图 12-90　粘贴"螺套"零件图后的主视图

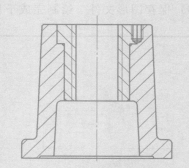
图 12-91　旋转并修剪后的主视图

8）按照上述方法，将其他零件依次复制、粘贴到千斤顶装配图的主视图中。

9）由于装配图中要求相邻金属零件的剖面线反向或方向一致但间隔不等，因此需要调整各零件的剖面线比例或方向，可选择剖面线后右击选择"特性"，在"特性"选项板中修改"比例"或"方向"属性。

（3）绘制向视图　为了理解螺钉 M10×12 GB/T 73—2017 的作用，可以利用"直线"和"圆"等命令绘制，修剪、整理图线后完成 C 向视图。

（4）对装配图进行尺寸标注　利用标注命令，进行千斤顶装配图尺寸标注。

（5）编写零件序号　利用"标注"的"多重引线"命令，绘制序号指引线及注写序号。

（6）注写技术要求　利用"多行文字"命令，在图纸适当位置编写技术要求。

（7）填写标题栏　切换到图纸空间，利用"标题栏"块的右键快捷菜单中的"编辑属性"，修改"标题栏"块的属性值，如图 12-92 所示。

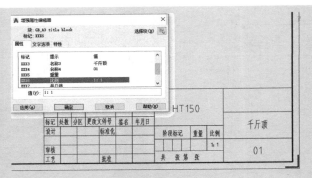

图 12-92　"标题栏"块属性值的修改

（8）填写明细栏　在图纸空间创建表格填写明细栏，或将表单元格定义为带属性的图块，如图 12-93 所示，用时插入即可，这样可方便、美观、整齐地填写明细栏。

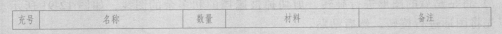

图 12-93　带属性的"明细栏"图块

（9）保存图形文件　绘制完成千斤顶装配图，如图 12-94 所示，保存图形文件。

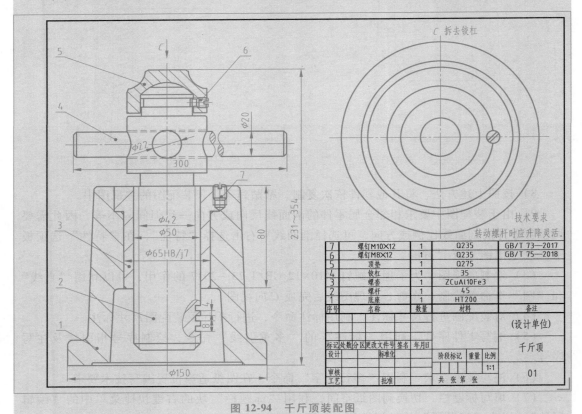

图 12-94　千斤顶装配图

注意：在绘制过程中要经常保存图形文件，以防万一操作不慎图形丢失。

12.6　等轴测图绘制实例

等轴测图实际上是用平面图形模拟三维效果，在等轴测模式下，很多图形对象都有其独特的绘制规则，以产生等轴测图的视觉变形效果。AutoCAD 可以设置专门用于绘制等轴测图的绘图环境，通过选择三个等轴测平面之一，使十字光标、跟踪工具等自动沿相应的等轴测轴对齐，绘制三维对象的二维等轴测视图。

启用"等轴测捕捉"模式有以下方式：单击状态栏的"等轴测草图"工具按钮 ▮ ▼；或在"草图设置"对话框的"捕捉和栅格"选项卡，选中"启用捕捉"和"启用栅格"复选项，在"捕捉类型"选项组中，选中"栅格捕捉"的"等轴测捕捉"单选按钮，如图 12-95 所示。

"等轴测平面"（左等轴测平面 ▮、顶部等轴测平面 ▮、右等轴测平面 ▮）的选择有以下方式：单击状态栏的"等轴测草图"工具按钮后的下拉按钮 ▼；按<F5>键或<Ctrl+E>组合键也可以循环浏览。

在等轴测平面上绘图时，使用椭圆表示圆。要绘制形状正确的椭圆，最简单的方法是使用"ELLIPSE"命令中的"等轴测圆"选项。"等轴测圆"选项仅在等轴测平面处于活动状态时可用。

下面通过具体实例来介绍三维对象在"等轴测捕捉"模式下的绘制方法。

【例 12-9】　绘制如图 12-96 所示支架的等轴测图。

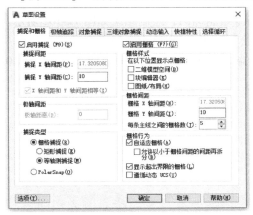

图 12-95　"草图设置"对话框的
"等轴测捕捉"设置

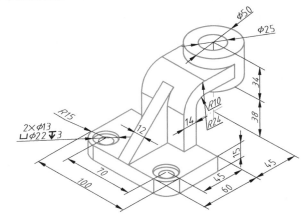

图 12-96　支架的等轴测图

具体操作步骤如下：

1）设置等轴测图的绘图环境，将状态栏各按钮（"栅格""捕捉""正交限制光标""等轴测草图"）设置为打开状态。右击"捕捉"按钮选择"捕捉设置"选项，打开"草图设置"对话框的"捕捉和栅格"选项卡。在"捕捉间距"选项组中，将捕捉间距设为"1"。

2）切换状态栏的"等轴测草图"下拉按钮，选择"顶部等轴测平面" ▮，即将等轴测平面的俯视平面设置为当前平面。执行"直线"命令，绘制长方形底板的等轴测图形。

3）在命令行输入"ellipse"椭圆命令，选择"等轴测圆（I）"选项，切换到等轴测图绘制模式。启用状态栏的"对象捕捉"和"对象捕捉追踪"按钮，捕捉确定椭圆的中心（或先绘制一段辅助线），在指定等轴测圆的半径时，输入"15"，绘制完成 $R15mm$ 的椭圆。再绘制同心的 $\phi22mm$ 的椭圆，如图 12-97 所示。

4）执行"复制"命令，将 $R15mm$ 的椭圆向下 15mm 复制到下表面，将 $\phi22mm$ 的椭圆向下 3mm 复制沉孔表面，再绘制同心的 $\phi13mm$ 的椭圆，绘制结果如图 12-98 所示。

5）将绘制完成的椭圆复制到另一侧，再执行"修剪"命令，进行修剪。并绘制公切线，删除多余的线条。修剪后的底板如图 12-99 所示。

图 12-97　绘制长方体及
两椭圆

图 12-98　复制完成其
他椭圆

图 12-99　修剪后的
底板

6）切换状态栏的"等轴测草图"下拉按钮，选择"右等轴测平面"，即将右侧面设为当前平面。执行"直线"命令，绘制 L 形弯板的轴测图，绘制结果如图 12-100 所示。

7）切换状态栏的"等轴测草图"下拉按钮，使当前轴测平面在"顶部等轴测平面"和"右等轴测平面"之间进行切换，执行"椭圆"命令绘制椭圆，绘制结果如图 12-101 所示。

8）执行"复制"命令，将椭圆进行复制，绘制结果如图 12-102 所示。

9）执行"修剪"和"删除"命令。最后绘制完成肋板，支架等轴测图如图 12-103 所示。

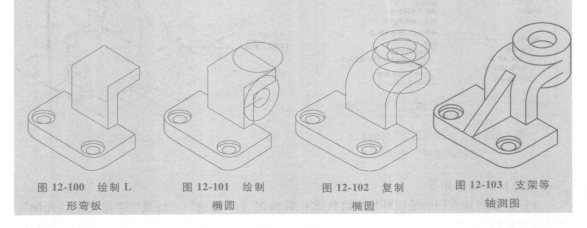

图 12-100　绘制 L
形弯板

图 12-101　绘制
椭圆

图 12-102　复制
椭圆

图 12-103　支架等
轴测图

12.7　三维实体造型绘制实例

本节将通过三维造型实例，比较详细地介绍创建三维实体模型的基本绘制方法，使用户能够尽快地上手绘制三维实体模型。

【例 12-10】 绘制如图 12-104 所示的三维实体机件模型。

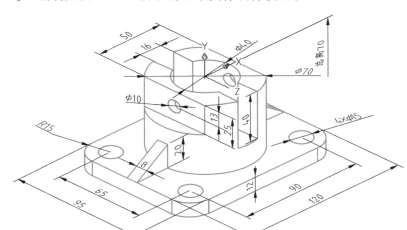

图 12-104 三维实体机件模型

具体操作步骤如下。

（1）设置多视口

1）在"可视化"选项卡"模型视口"选项组中的"视口配置"下设置有两个垂直平铺视口，显示在视窗预览区。

2）将两视口设置不同的视觉样式及视图方向：左视口的视觉样式为"二维线框"，右视口的视觉样式为"概念"，视图方向均为"西南等轴测"，如图 12-105 所示。

图 12-105 设置两个垂直平铺视口

（2）绘制底板

1）激活左侧视口，绘制圆角半径为 15mm 的 120mm×95mm 的长方形。

2）绘制一个直径为 15mm 的小圆，并将其阵列为四个（取消关联阵列对象）。

3）将矩形及四个小圆生成面域，再执行实体编辑的"差集"命令，用矩形面域减去四个小圆面域。

4）将面域沿着 Z 轴正向拉伸 12mm，结果如图 12-106 所示。

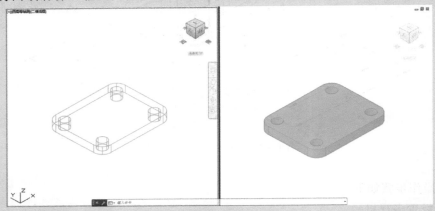

图 12-106　绘制底板

（3）绘制大圆柱

1）利用"对象捕捉追踪"和"极轴追踪"在底板上表面中心绘制 φ70mm 的大圆。

2）将大圆沿着 Z 轴正向拉伸 58mm，结果如图 12-107 所示。

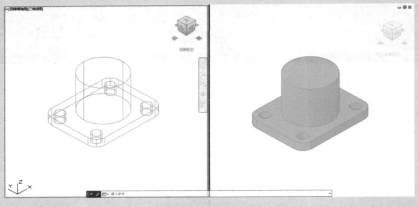

图 12-107　绘制大圆柱

（4）绘制圆柱内孔

1）执行"圆"命令，在大圆柱顶面中心位置绘制 φ40mm 的圆。

2）执行"拉伸"命令，将该圆沿着 Z 轴反方向拉伸 70mm。

3）执行实体编辑的"并集"命令，将底板与大圆柱合并为一个实体。

4）执行实体编辑的"差集"命令，用合并后的实体减去 φ40mm 的圆柱，结果如图 12-108 所示。

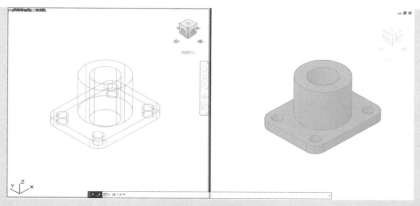

图 12-108 绘制圆柱内孔

（5）绘制肋板

1）执行"圆"命令，在底板上表面中心绘制 φ70mm 的大圆，以方便绘制肋板与圆柱的交线，如图 12-109a 所示。

2）执行"UCS"命令，将 UCS 进行调整，原点置于底板左侧上表面边缘的中点，*XY* 平面为实体前后对称面，*Z* 轴正方向向前。

3）执行"多段线"命令，在 *Z* 轴正方向 4mm 的位置，绘制肋板的轮廓，如图 12-109b 所示。

4）执行"拉伸"命令，将该多段线沿着 *Z* 轴反向拉伸厚度为 8mm 的肋板。

5）执行"镜像"命令，以大圆柱轴线为对称轴，镜像复制肋板。

6）执行"并集"命令，将机体与两肋板合并为一个实体，其结果如图 12-110 所示。

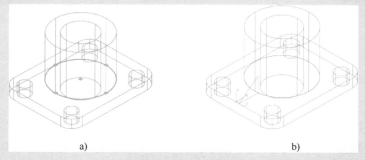

a)   b)

图 12-109 绘制肋板轮廓

（6）大圆柱两侧切扁

1）执行"矩形"或"多段线"命令，利用"极轴追踪"，在前后对称面上，从上向下绘制一个 20mm×25mm 的矩形轮廓，如图 12-111a 所示。

2）执行"拉伸"命令，将矩形沿着 *Z* 轴反向拉伸厚度为 40mm 的长方体，如图 12-111b 所示。

3）执行"拉伸面"命令，将长方体沿着 *Z* 轴正向拉伸 40mm，如图 12-111c 所示。

4）执行"镜像"命令，以大圆柱轴线为对称轴，将长方体镜像复制，其结果如图 12-111d 所示。

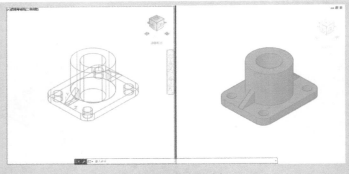

图 12-110 绘制肋板

5）执行"差集"命令，从实体中减去两个长方体，相当于将大圆柱两侧切扁，结果如图 12-112 所示。

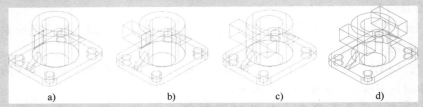

a)　　　　　　　　b)　　　　　　　　c)　　　　　　　　d)

图 12-111 绘制大圆柱两侧的长方体

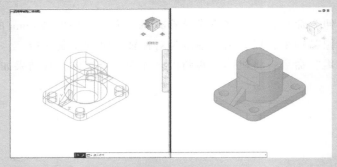

图 12-112 大圆柱两侧切扁

（7）大圆柱中间开槽

1）执行"矩形"或"多段线"命令，利用"极轴追踪"，在前后对称面上，从上向下绘制一个 16mm×40mm 的矩形轮廓，如图 12-113a 所示。

2）执行"拉伸"命令，将矩形沿着 Z 轴反向拉伸厚度为 40mm 的长方体，如图 12-113b 所示；再执行"拉伸面"命令，将长方体沿着 Z 轴正向拉伸 40mm，如图 12-113c 所示。

3）执行"差集"命令，从实体中减去长方体，其结果如图 12-114 所示。

（8）大圆柱左右打小圆孔

1）执行"UCS"命令，将 UCS 坐标平面移至大圆柱左侧平面上。

2）执行"圆"命令，利用"对象追踪"绘制一个小圆，执行"拉伸"命令，将小圆沿 Z 轴正向拉伸 70mm 形成小圆柱体，如图 12-115a 所示。

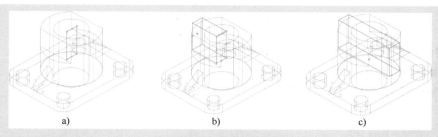

图 12-113 绘制大圆柱中间长方体

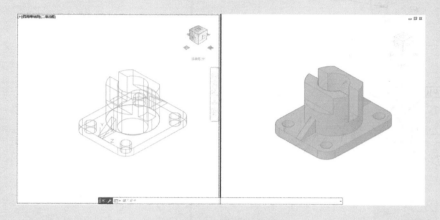

图 12-114 大圆柱中间开槽

3）执行"差集"命令，从机体中减去小圆柱体，即大圆柱左右打小圆孔，完成三维实体绘制，其结果如图 12-115b 所示。

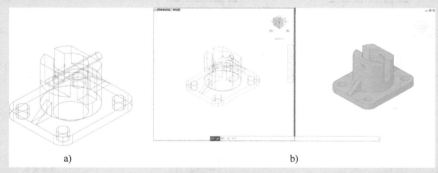

图 12-115 大圆柱左右打小圆孔

（9）模型渲染 执行"可视化"选项卡中的"渲染"命令，在打开的"渲染"对话框中可快速渲染右侧视口中的模型，其效果如图 12-116 所示。

图 12-116 模型渲染效果

思考与练习

1. 怎样定制符合技术规范的样板文件？
2. 绘制如图 12-117 所示的平面图形。
3. 绘制如图 12-118 所示的电路图。

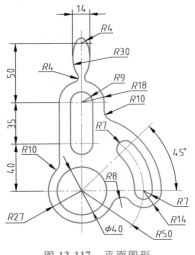

图 12-117　平面图形

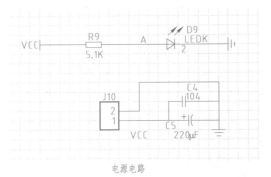

图 12-118　电路图

4. 绘制如图 12-119~图 12-122 所示的零件图。

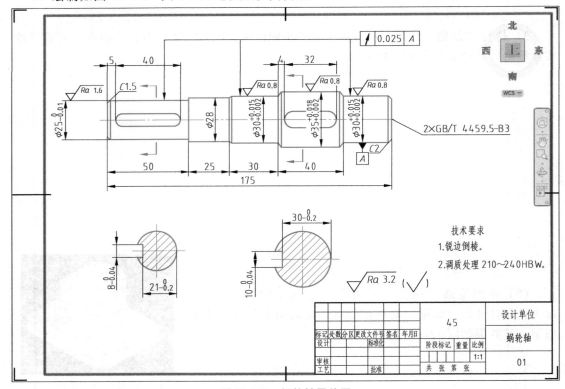

图 12-119　蜗轮轴零件图

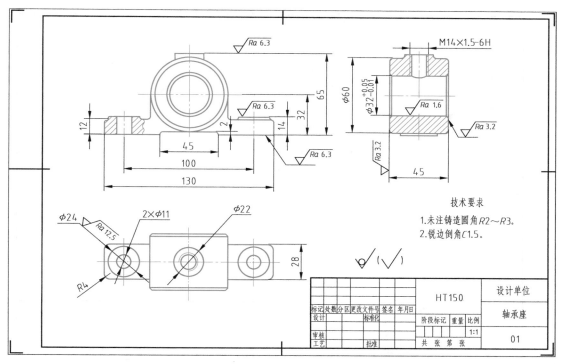

图 12-120 轴承座零件图

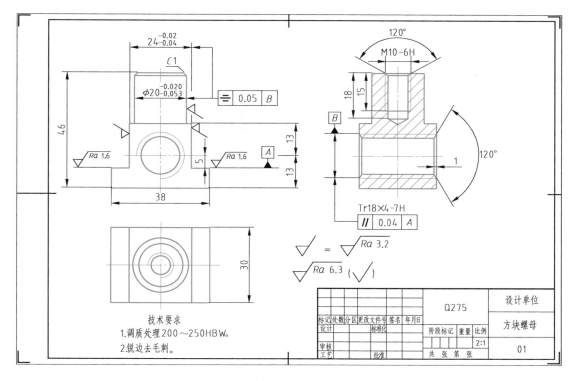

图 12-121 方块螺母零件图

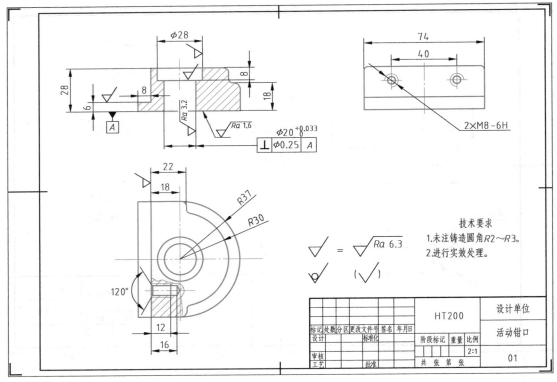

图 12-122　活动钳口零件图

5. 绘制如图 12-123 所示的三维实体模型。

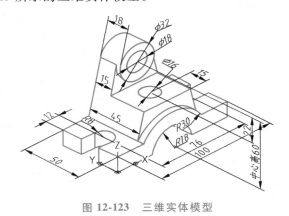

图 12-123　三维实体模型

相关拓展

绘制一种机械臂关节零件图，如图 12-124 所示。

关节机器人在工业生产制造中的应用已经越来越普遍，在设计制造机械臂关节过程中，需要考虑将力矩电动机、编码器反馈、制动抱闸和谐波减速器等多个运动控制传动组件集成到关节中，同时还必须确保机械臂快速、灵活和可靠的运动性能。

我国天宫空间站的机械臂从小到大应有尽有。其中核心舱机械臂长约 10m，质量为

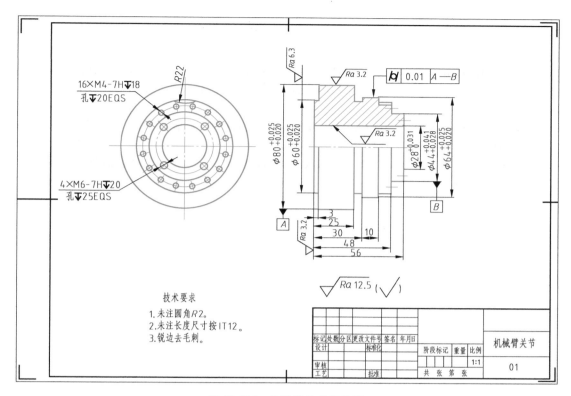

图 12-124　机械臂关节零件图

738kg，承载能力为 25t。核心舱机械臂是七自由度机械臂，灵活度达到了类似人类手臂的运动能力。7 个活动关节采用肩部 3 关节、肘部 1 关节及腕部 3 关节的配置，这样布局的好处是可以头尾互换，通过末端执行器及目标适配器实现在空间站舱体外表面进行爬行。该机械臂的全部核心部件为国产化，负载自重比、操控精度等指标均达到世界领先水平。

参 考 文 献

［1］ 钟日铭. AutoCAD 2020 中文版入门·进阶·精通［M］. 6 版. 北京：机械工业出版社，2019.

［2］ 孙海涛，李永健，胡仁喜，等. AutoCAD 2020 中文版从入门到精通［M］. 北京：机械工业出版社，2020.

［3］ CAD/CAM/CAE 技术联盟. AutoCAD 2022 中文版从入门到精通：标准版［M］. 北京：清华大学出版社，2022.

［4］ 曹爱文，李鹏. 等. AutoCAD 2020 中文版从入门到精通［M］. 北京：人民邮电出版社，2020.

［5］ 布克科技，姜勇，周克媛，等. 从零开始：AutoCAD 2020 中文版基础教程［M］. 北京：人民邮电出版社，2021.